Erhöhung der Planungsproduktivität am Beispiel der Auftragsabwicklung im Werkzeugbau

Von der Fakultät für Maschinenwesen
der Rheinisch-Westfälischen Technischen Hochschule Aachen
zur Erlangung des akademischen Grades eines
Doktors der Ingenieurwissenschaften
genehmigte Dissertation

vorgelegt von

Florian Giehler

Berichter:

Univ.-Prof. Dr.-Ing. Dipl.-Wirt.Ing. Günther Schuh
Univ.-Prof. Dr.-Ing. Dr.-Ing. E.h. Dr. h.c. Fritz Klocke

Tag der mündlichen Prüfung: 07. Juli 2010

ERGEBNISSE AUS DER PRODUKTIONSTECHNIK

Florian Giehler

Erhöhung der Planungsproduktivität am Beispiel der Auftragsabwicklung im Werkzeugbau

Herausgeber:
Prof. Dr.-Ing. Dr.-Ing. E.h. Dr. h.c. F. Klocke
Prof. Dr.-Ing. Dipl.-Wirt.Ing. G. Schuh
Prof. Dr.-Ing. C. Brecher
Prof. Dr.-Ing. R. Schmitt

Band 16/2010

WZL RWTH AACHEN

Fraunhofer IPT

Bibliografische Information der Deutschen Nationalbibliothek
Die Deutsche Nationalbibliothek verzeichnet diese Publikation in der Deutschen Nationalbibliografie; detaillierte bibliografische Daten sind im Internet über http://dnb.ddb.de abrufbar.

Florian Giehler:

Erhöhung der Planungsproduktivität am Beispiel der Auftragsabwicklung im Werkzeugbau

1. Auflage, 2010

Gedruckt auf holz- und säurefreiem Papier, 100% chlorfrei gebleicht.

Wissenschaftsverlag des Instituts für Industriekommunikation und Fachmedien an der RWTH Aachen
Steinbachstr. 25, 52074 Aachen
Internet: www.apprimus-verlag.de, E-Mail: info@apprimus-verlag.de

Druck: KN Digital Printforce GmbH, Stuttgart

ISBN 978-3-940565-73-0

D 82 (Diss. RWTH Aachen University, 2010)

Vorwort

Die vorliegende Arbeit entstand während meiner Tätigkeit als wissenschaftlicher Mitarbeiter am Lehrstuhl für Produktionssystematik des Werkzeugmaschinenlabors WZL der RWTH Aachen.

Zunächst möchte ich Herrn Prof. Günther Schuh, dem Inhaber des Lehrstuhls für Produktionssystematik, für die Möglichkeit zur Promotion und das Vertrauen in meine Arbeit danken. Das von ihm geschaffene praxisnahe und herausfordernde Umfeld haben wesentlich zum Gelingen dieser Arbeit beigetragen, die von ihm gewährten Freiräume waren ein steter Ansporn.

Danken möchte ich auch Herrn Prof. Fritz Klocke für die Übernahme des Koreferats sowie für die Möglichkeit, das Thema mit ihm diskutieren zu können. Ebenso danken möchte ich Frau Prof. Sabina Jeschke für die Übernahme des Vorsitzes sowie Herrn Prof. Loosen für die Übernahme des Beisitzes.

Von sehr hoher Bedeutung war für mich die freundschaftliche und anspruchsvolle Zusammenarbeit mit den Kollegen am WZL und am Fraunhofer IPT, insbesondere im *„aachener werkzeug- und formenbau“*. Der gelebte Laborgeist hat mich immer wieder angespornt und mich begeistert.

Danken möchte ich dem Oberingenieur der Abteilung Unternehmensentwicklung, Dr. Wolfgang Boos, sowie seinem Vorgänger, Dr. Christoph Klotzbach, von denen ich unglaublich viel lernen durfte. Für die vielen Diskussionen zum Thema meiner Arbeit danke ich Sebastian Döring, Fabian Gaus, Stefan Kozielski, Magdalena Völker, Kristian Kuhlmann, Moritz Rittstieg, Robin Huesmann und Hagen Ziskoven. Allen anderen Kollegen der Abteilung Unternehmensentwicklung, des WZL, des IPT und des WZLforum danke ich für die vielen Möglichkeiten zur Zusammenarbeit und zum gedanklichen Austausch während und nach der Arbeit.

Meinen Diplom- und Studienarbeitern sowie studentischen Mitarbeitern Jan Eilers, Benjamin Subei, Andreas Hohmann, Markus Möhrle und Felix Brömmelhaus danke ich für die Unterstützung bei der Erstellung der Arbeit.

Eine Basis dieser Arbeit bilden die Projekte mit Werkzeugbaubetrieben, in denen zunächst die Idee zu dieser Arbeit entstanden ist und in denen ich schließlich die Methodik anwenden konnte. Mein Dank gilt allen Beteiligten für die wertvolle Unterstützung in zahlreichen Diskussionen.

Ganz besonders danken möchte ich meinen lieben Eltern. Sie haben mir ein sorgenfreies Leben ermöglicht, mich liebevoll und vorbehaltlos unterstützt und mir vielfältige Freiheit zur Entfaltung gegeben.

München, im Juli 2010 Florian Giehler

Inhaltsübersicht

Inhaltsverzeichnis

Abkürzungsverzeichnis

a. a. O.	am angegebenen Ort (gleiche Quelle wie vorherige)
aktual.	aktualisiert(e/es)
Aufl.	Auflage
APS	Advanced Planning and Scheduling
bspw.	beispielsweise
bzgl.	bezüglich
bzw.	beziehungsweise
d. h.	das heißt
Diss.	Dissertation
ebd.	ebenda (gleiche Quelle und gleiche Stelle wie vorherige)
ERP	Enterprise Resource Planning
et al.	et alii (und andere)
erw.	erweitert(e/es)
evtl.	eventuell
f.	und folgende Seite
ff.	und folgende Seiten
ggf.	gegebenenfalls
h	Stunde
Habil.	Habilitationsschrift
Hrsg.	Herausgeber
i. A. a.	in Anlehnung an
i. d. R.	in der Regel
IPT	Fraunhofer Institut für Produktionstechnologie IPT
Nr.	Nummer
o. Ä.	oder Ähnliches
OR	Operations Research
PDCA	Plan-Do-Check-Act
PPS	Produktionsplanung und -steuerung

RWTH	Rheinisch-Westfälische Technische Hochschule
S.	Seite
Sp.	Spalte
TPS	Toyota-Produktionssystem
u. d. T.	unter dem Titel
überarb.	überarbeitet(e/es)
Univ.	Universität
unveränd.	unverändert(e/es)
vgl.	vergleiche
vollst.	vollständig
WZL	Werkzeugmaschinenlabor WZL der RWTH Aachen
z. B.	zum Beispiel
ZBB	Zero Base Budgeting
zugl.	zugleich

Abbildungsverzeichnis

1 Einleitung

1.1 Problemstellung

Der europäische Werkzeugbau steht durch hohe Überkapazitäten seit einigen Jahren massiv unter Druck.[1] Gerade die Anbieter aus Niedriglohnländern fordern die Branche mit einfacheren Werkzeugen in ausreichender Qualität zu einem erheblich niedrigeren Preis heraus und gewinnen so Marktanteile in Deutschland.[2] Nur mit einem gezielten Einsatz des Know-hows ist es dem Werkzeugbau in Hochlohnländern möglich, mit den Werkzeugen einen hohen Kundennutzen sicherzustellen um damit höhere Preise zu rechtfertigen.[3]

Während der zwischenzeitliche Aufschwung bis zum Jahr 2008 eine Erholung auf der Nachfrageseite brachte, hat die Weltwirtschaftskrise seit Ende 2008 auch den Werkzeugbau erreicht. Bei einem Rückgang des Auftragseingangs im ersten Halbjahr von 36% gegenüber dem Vorjahr wurde nominal 30% weniger umgesetzt.[4] Dies gilt vor dem Hintergrund, dass der Einfluss der Krise auf den Werkzeugbau durch dessen Rolle in der Wertschöpfungskette gedämpft wird: Einerseits ist die Modellvielfalt, die wesentlich für die Auftragssituation des Werkzeugbaus ist, nicht so konjunkturabhängig wie die Umsätze der Serienproduzenten. Andererseits wird von Seiten der Serienproduzenten schon seit etlichen Jahren versucht, Komplexität und Kosten der Modellvielfalt zu reduzieren, was auch die Anzahl benötigter Werkzeuge reduziert.[5] Daher ist unabhängig von der konjunkturellen Lage damit zu rechnen, dass Werkzeugbauunternehmen produktiver werden müssen, um wettbewerbsfähig zu bleiben.

Während die Werkzeuge für hoch entwickelte rationale Fertigungsprozesse eingesetzt werden[6] und sich Ansätze der Industrialisierung langsam auch in der Herstellung der Werkzeuge selbst durchsetzen[7], erfolgen die indirekten Planungstätigkeiten in der Auftragsabwicklung im Werkzeugbau häufig noch weitgehend improvisiert und teilweise sogar chaotisch[8]. Somit wird im Projektmanagement und in der Arbeitsplanung zwar mit hohem Aufwand geplant, allerdings nicht immer an den richtigen Stellen, meist ohne Berücksichtigung möglicher Unsicherheiten der Unikatfertigung und daher auch nicht immer umsetzbar. Daher wird anschließend häufig in der Werk-

---

1 Vgl. Möller (Globalisierung bleibt Realität), 2009, S. 1
2 Vgl. Schuh; Klocke (Werkzeugbau in China), 2006, S. 9 ff.
3 Vgl. Henriques (New Business Models for the Tooling Industry), 2008, S. 89
4 Vgl. o. V. (Konjunktur der Herstellung von Werkzeugen), 2009, S.2
5 Vgl. Frick (Geschäftsmodelle im Werkzeugbau), 2006, S. 1; Boos (Modulare Werkzeuge), 2008, S. 2 und 10 ff.
6 Vgl. Boos (Modulare Werkzeuge), 2008, S. 31ff.
7 Vgl. Schuh et al. (Strategien im Werkzeugbau), 2008, 436 ff.
8 Vgl. Klotzbach (Gestaltungsmodell), 2007, S. 68.; und Flachskampf et al. (Planungsprozesse in KMU), 2007, S. 97 ff.

zeugfertigung von Meistern, Vorarbeitern oder Werkzeugmachern neu geplant, oder die Werkzeuge werden ohne Berücksichtigung der Planung gefertigt.[9] Eine nicht zufrieden stellende Planung lässt sich insbesondere darauf zurückführen, dass der Zusammenhang zwischen Genauigkeit und Vollständigkeit einerseits und Umsetzbarkeit andererseits nicht bekannt ist sowie der Nutzen der unterschiedlichen Planungstätigkeiten nicht systematisch bewertet werden kann. Gleichzeitig ist die Arbeitsteilung im Werkzeugbau deutlich geringer als in der Serienproduktion: Vielfach wird der Werkzeugmacher schon in der Konstruktionsphase mit einbezogen, später ist er teilweise bei der mechanischen Fertigung der Werkzeugeinzelteile involviert und letztlich für die Montage und den Try-out verantwortlich. Dies erklärt auch, warum der Bedarf nach einer detaillierten übergeordneten Planung von Mitarbeitern häufig gar nicht gesehen wird.[10] Die Folgen dieser Praxis sind die häufig noch hohe Durchlaufzeit bei einem geringen Anteil produktiver Zeit sowie die schlechte Termintreue, die ein Zeichen des niedrigen Planungsnutzens darstellen.[11]

Der grundlegende Gedanke, dass sich deterministische Planung auch vollständig umsetzen ließe, ist auch in anderen produzierenden Unternehmen häufig nicht zutreffend.[12] Der Gedanke passt aber erst recht nicht zum Werkzeugbau, in dem Einzelstücke gefertigt werden und in dem bei einigen Produktionsschritten noch ein Stück „Rest-Alchemie“ existiert,[13] und er passt auch nicht zu indirekten Aufgaben, die häufig zu Überkomplizierung neigen.[14]

Die deterministischen Prinzipien üblicher PPS-Systeme der Serienproduktion sind nicht auf den Werkzeugbau ausgerichtet. Interne Werkzeugbauabteilungen, die das PPS- bzw. ERP-System der Serienfertigung des Mutterunternehmens anwenden müssen, sind hiermit oft unzufrieden[15] und nutzen zusätzlich für die Feinplanung weitere Tabellenkalkulationslösungen oder manuelle Plantafeln zur Darstellung des Status der Aufträge. Externe Werkzeugbautriebe dagegen greifen häufig nur auf eine solche selbst entwickelte Lösung zurück.[16]

---

[9] Vgl. Leipold (Software zur Planung und Steuerung im Werkzeug- und Formenbau), 2009, S. 60

[10] Vgl. Eversheim; Klocke (Werkzeugbau mit Zukunft), 1998, S. 21

[11] Beispielsweise lag die durchschnittliche Termintreue aller Teilnehmer am Wettbewerb „Excellence in Production“ zum „Werkzeugbau des Jahres 2009“ bei nur 74 %. Quelle: Erhebung des WZL und Fraunhofer IPT.

[12] Vgl. Pelzmann (Ohnmacht der Manager), 2009, S. 19; Schuh et al. (High Resolution Production Management), 2007, S. 439 und Malik (Strategie des Managements), 2008, S. 61

[13] Insbesondere bei der Ertüchtigung der Werkzeuge ist viel Erfahrung und „Bauchgefühl“ notwendig, ohne dass von den beteiligten Mitarbeitern erklärt werden kann, warum sie eine Sache so machen, wie sie sie machen. Vgl. Haasler (Hochtechnologie und Handarbeit), 2004, S. 118 f., Frick (Geschäftsmodelle im Werkzeugbau), 2006, S. 28 und Klotzbach (Gestaltungsmodell), 2007, S. 51

[14] Vgl. Klein (Pathologie der Organisation), 2008, S. 20 ff.

[15] Die grundsätzliche Ausrichtung der meisten ERP-Systeme auf die Serienproduktion und die Forderung nach einem unternehmensweit einheitlichen Systemeinsatz sind verständlich, vernachlässigen aber nach Erfahrung des Autors in vielen Fällen die Anforderungen des Werkzeugbaus.

[16] Vgl. Leipold (Software zur Planung und Steuerung im Werkzeug- und Formenbau), 2009, S. 60 und Zwicker (Planung und Steuerung im Werkzeug- und Formenbau), 2008, S. 32 ff.

Notwendig ist statt dieser deterministischen Planung vielmehr ein Management im Sinne einer Abstimmung des Übergangs zwischen Planung und Steuerung sowie eine Berücksichtigung diverser Anforderungen und der gegenseitigen Abhängigkeiten.[17] Durch die Ermöglichung einer sinnvollen funktionierenden Planung muss es Ziel sein, den Glauben an die Planung zurückzugewinnen, ohne dass von einer deterministischen vollständigen Umsetzung aller Planungsaspekte ausgegangen werden kann.

Eine wesentliche Frage ist hierbei, an welchen Stellen im Prozess welcher Aufwand für Planungsaufgaben getrieben werden sollte, um das Verhältnis von Planungsaufwand und Planungsnutzen zu optimieren, und an welchen Stellen stattdessen Improvisation in Kauf genommen werden sollte.[18] Hierfür ist es notwendig, den Nutzen von Planungstätigkeiten zu bewerten.

1.2 Zielsetzung

Das übergeordnete Ziel dieser Arbeit ist es, einen Beitrag zur Stärkung der Wettbewerbsfähigkeit des deutschen Werkzeugbaus im internationalen Vergleich zu leisten. Ansatzpunkt hierfür ist die Verbesserung der Planungsproduktivität in der Auftragsabwicklung des Werkzeugbaus. Unter Planungsproduktivität wird in dieser Arbeit das Verhältnis von Nutzen und Aufwand der Planungsaktivitäten verstanden. Werkzeugbaubetriebe sollen dabei unterstützt werden, mit einem möglichst geringen Aufwand für Planungsaufgaben in der Auftragsabwicklung einen möglichst hohen Nutzen für den zu planenden oder zu steuernden Prozess zu erzielen.

Im Rahmen dieser Arbeit wird unter Planung eine gedankliche Vorwegnahme zukünftiger Ereignisse sowie die Ermittlung und Bewertung möglicher eigener Handlungsalternativen zur Verbesserung zukünftiger eigener Entscheidungen und Tätigkeiten verstanden.[19]

Um in der betrieblichen Praxis eine positive Veränderung zu erzielen, ist es für eine konzeptionelle Arbeit notwendig, eine Methodik zu entwickeln, die sich im Anschluss für die vorgesehenen Zwecke einsetzen lässt. Eine solche Methodik[20] soll in dieser Arbeit entwickelt werden.

Vor diesem Hintergrund lässt sich das Ziel der Arbeit zusammenfassen:

---

[17] Vgl. Flachskampf et al. (Planungsprozesse in KMU), 2007, S. 98 f.

[18] Vgl. Eversheim; Klocke (Werkzeugbau mit Zukunft), 1998, S. 249 und Klieber (Wie viel Arbeitsplanung brauchen wir?), 2009, S. 37

[19] Vgl. Kosiol (Bausteine der Betriebswirtschaftslehre), 1973, S. 307

[20] Vgl. Abschnitt 4.1.3, der sich mit dem Begriff der Methodik detailliert auseinander setzt sowie die Erläuterungen von ULRICH, der von Regeln für die Entwicklung solcher Gestaltungsmodelle für die Veränderung der sozialen Wirklichkeit im Sinne einer Hilfestellung für die Praxis zur Lösung realer Probleme spricht: Ulrich (Management), 1984, S. 150

Erarbeitung einer Methodik zur Verbesserung des Verhältnisses von Planungsnutzen und Planungsaufwand in der Auftragsabwicklung im Werkzeugbau

Um dieses Ziel zu erreichen, soll die Methodik die Festlegung des Umfangs und die Allokation von Planungsaufwand unterstützen. Dabei ist zu bewerten, wie Planungsaufwand bestmöglich auf verschiedene Planungsaufgaben zu verteilen ist und an welchen Stellen innerhalb der Auftragsabwicklung im Werkzeugbau wie detailliert geplant werden soll.

1.3 Forschungsfrage

Um den Betrachtungsbereich der Arbeit einzugrenzen und den Forschungsprozess auszurichten, empfiehlt KUBICEK die Formulierung grundlegender Forschungsfragen[21]. Zur Vorbereitung auf die Formulierung der Forschungsfrage soll die Arbeit daher wie folgt abgegrenzt werden:

- **Untersuchungsobjekt** ist die Auftragsabwicklung im Werkzeugbau.
- **Untersuchungsgegenstand** ist die Verbesserung der Planungsproduktivität in der Auftragsabwicklung im Werkzeugbau.
- **Untersuchungsmotivation** ist der hohe Wettbewerbsdruck in der Branche des Werkzeugbaus und die Erkenntnis, dass in der Auftragsabwicklung mit einem hohen Planungsaufwand häufig ein nur geringer Planungsnutzen erzielt wird.
- Wichtige **Einflussfaktoren** der Untersuchung sind die Eigenschaften von Werkzeugbaubetrieben, die die Möglichkeit der Veränderung der Auftragsabwicklung bedingen.
- **Untersuchungsziel** ist die Entwicklung einer Methodik, um die Planungsproduktivität im Sinne des Verhältnisses von Nutzen und Aufwand der Planung in der Auftragsabwicklung im Werkzeugbau zu bewerten und signifikant zu steigern.

Auf Basis der dargestellten Problemstellung und um die definierte Zielsetzung zu erreichen, lässt sich folgende grundlegende und handlungsleitende Forschungsfrage formulieren:

„Wie kann die Planungsproduktivität in der Auftragsabwicklung im Werkzeugbau durch eine bestmögliche Verteilung von Planungsaufwand auf operative Planungstätigkeiten maximiert werden?“

21 KUBICEK fordert, dass „nicht mehr Hypothesen im Sinne genereller Behauptungen über die Realität, sondern Fragen an die Realität zum konzeptionellen Forschungsmedium erhoben werden“. Kubicek (Bezugsrahmen), 1977, S. 16

In Verbindung mit dieser Fragestellung lassen sich weitere Teilfragen ableiten, deren Beantwortung zum Erreichen des Forschungsziels beiträgt. Die folgenden abgeleiteten Teilfragen legen gleichzeitig die innere Struktur des Forschungsvorhabens fest:

- Wie lassen sich operative Planungstätigkeiten in der Auftragsabwicklung des Werkzeugbaus beschreiben?
- Wie lässt sich der Nutzen operativer Planungstätigkeiten über die Kausalitäten zwischen einzelnen Aufgaben erklären und bewerten?
- Wie lässt sich ein sinnvolles Maß an Aufwand für die Planung ermitteln?
- Wie lassen sich alternative Verteilungen des Planungsaufwands finden, miteinander vergleichen, bewerten und auswählen?

1.4 Forschungskonzeption

Nach BINDER und KANTOWSKI ist wissenschaftliche Forschung durch eine Prozesshaftigkeit gekennzeichnet, die bildhaft als Reise dargestellt werden kann: Beginnend mit dem Start der Reise an einem bekannten Ort, erschließt sich der Forschende im Verlauf seiner Reise nach Möglichkeit Neuland. Diesem Verständnis folgend ist die vorliegende Arbeit die Dokumentation einer Forschungsreise.[22]

Um den wissenschaftlichen Gang der Arbeit nachvollziehbar zu machen, sollen zunächst der Ausgangspunkt und die verwendeten Mittel erläutert werden. Es sind die Paradigmen zu erläutern, die gewissermaßen die „Weltsicht" des Autors darstellen.[23] Die Auseinandersetzung ist für eine Arbeit von Bedeutung, die sich mit der Auftragsabwicklung in der Produktion und damit mit menschlichem Verhalten zur Steuerung technischer Systeme auseinandersetzt. Eine solche Arbeit bewegt sich zwangsläufig an der Grenze zwischen Ingenieur- und Wirtschaftswissenschaften.[24]

Grundlegende Erkenntnisperspektive - Epistemologischer Bezugsrahmen

Die grundlegende Erkenntnisperspektive erläutert die Grundannahmen, Paradigmen und Vorurteile, auf denen Erkenntnisprozesse aufbauen und die die mögliche Erkenntnis beschränken. Diese Vorurteile müssen als grundlegende Überzeugung anerkannt werden und können nicht ultimativ nachgewiesen werden.[25]

Der epistemologische Bezugsrahmen setzt sich nach BECKER aus der Definition der folgenden Aspekte der Erkenntnis zusammen:[26]

---

[22] Vgl. Binder; Kantowsky (Technologiepotentiale), 1996, S. 3

[23] Vgl. Binder; Kantowsky (Technologiepotentiale), 1996, S. 3 und Kuhn (Struktur wissenschaftlicher Revolutionen), 1988, S. 10 und 57 ff.

[24] Vgl. Ulrich; Hill (Grundlagen - Teil 1), 1976, S. 306

[25] Vgl. Ulrich; Hill (Grundlagen - Teil 1), 1976, S. 307; Guba; Lincoln (Paradigms), 1994, S. 105

[26] Vgl. Becker (Referenzmodellierung), 2004, S. 3

1. Gegenstand der Erkenntnis (Realität oder menschliches Gedankenkonstrukt)
2. Relation der Erkenntnis zum Erkenntnisgegenstand (subjektive oder objektive Erkenntnis)
3. Wahrheit der Erkenntnis
4. Quelle der Erkenntnis (Empirie oder Intellekt)
5. Mittel der Entstehung der Erkenntnis (induktiv oder deduktiv)

Ausgangspunkt der Erläuterung dieser Erkenntnisperspektive soll die Einordnung der Arbeit in das Spektrum der Wissenschaften nach ULRICH sein:

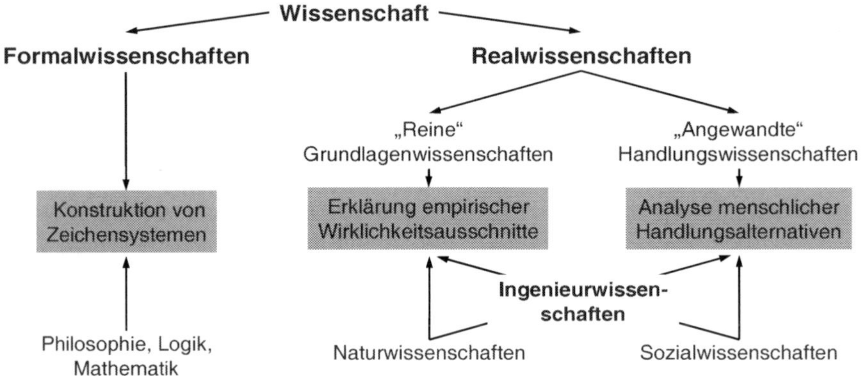

Abbildung 1-1: Spektrum der Wissenschaften[27]

Formalwissenschaften beschäftigen sich mit abstrakten und in der Realität nicht beobachtbaren Entitäten wie Zahlen, Mengen und Sätzen bzw. Beziehungen zwischen diesen, so dass sich der Beweis der Forschungsergebnisse auf die Prüfung von logischen Widersprüchen beschränken muss. Realwissenschaften dagegen beschäftigen sich mit Objekten, die sich in der Realität beobachten lassen. Sie haben das Ziel, sinnvoll wahrnehmbare Wirklichkeitsausschnitte empirisch zu beschreiben, zu erklären und zu gestalten.[28]

Realwissenschaften lassen sich darüber hinaus in „reine“ Grundlagenwissenschaften und „angewandte“ Handlungswissenschaften unterscheiden. Während erstere (beispielsweise die Naturwissenschaften) überwiegend auf Erklärungsmodelle für Wirklichkeitsausschnitte zielen, stehen bei letzteren (beispielsweise den Sozialwissenschaften) die Analyse menschlicher Handlungsalternativen zur Gestaltung techni-

---

[27] Vgl. Ulrich; Hill (Grundlagen - Teil 1), 1976, S. 305. Das Verständnis von Handlungswissenschaften geht im Sinne des Aufzeigens von Möglichkeiten damit deutlich über die rein beschreibende Darstellung des Inhalts von Unternehmen hinaus. Vgl. Koch (Konzeption in der Betriebswirtschaftslehre), 1977, S. 284

[28] Vgl. Ulrich; Hill (Grundlagen - Teil 1), 1976, S. 305 und Schanz (Grundfragen), 1995, S. 2192 f.

scher und sozialer Systeme im Vordergrund.[29] In der angelsächsischen Literatur der Forschungsmethodologie wird auch von „Design Science“ (Gestaltung von Handlungen) im Gegensatz zur „Behavioral Science“ (Erklärung von Handlungen) gesprochen.[30]

Diese Arbeit bewegt sich an der Schnittstelle zwischen Ingenieurwissenschaften und Betriebswirtschaftslehre und hat als Inhalt die Entwicklung einer Methodik zur Gestaltung neuer Realitäten. Daher ist sie den Handlungswissenschaften zuzuordnen, bedient sich aber gleichzeitig auch aus den Erkenntnissen, die die Grundlagenwissenschaften liefern.

Der Forschungsprozess zielt folglich nicht auf die Überprüfung theoriegeleiteter Hypothesen an der Realität ab, sondern auf die Konstruktion und Entwicklung wissenschaftlicher Aussagesysteme zur Schaffung neuer Realitäten.[31]

Forschungsmethodologie

Laut POPPER beginnt die Erkenntnis „nicht mit der Wahrnehmung, Beobachtung oder Sammlung von Daten und Tatsachen, sondern mit Problemen.“[32] In den Handlungswissenschaften sind diese Probleme das pragmatische Wissenschaftsziel des Nutzens der geförderten Erkenntnis.[33] Die Frage nach der Wahrheit der Erkenntnisse im Sinne von BECKER[34] stellt sich damit nur mittelbar.

Fortschritt entsteht nach KUBICEK aus der Gewinnung kontraintuitiver Erkenntnis, der Analyse unbeabsichtigter Wirkung planvoller Handlungen und dem Aufzeigen von Perspektiven, die Gemeinsamkeiten von zuvor kategorial als verschieden angesehener Phänomene aufzeigt.[35]

Zielsetzung der vorliegenden Arbeit ist die Erarbeitung einer Methodik als Mittel zur Entwicklung einer erst noch zu schaffenden Realität. Die Methodik soll daher nicht anhand des empirischen Beweises einzelner Theorien oder Modelle überprüft werden, sondern anhand ihrer praktischen Anwendbarkeit. Die Prüfstrategie empirischer Forschung erscheint mit ihren rein deduktiv-nomologischen Erklärungsansätzen und ihrer formal verfahrenstechnischen Orientierung wenig geeignet, wenn nicht sogar hinderlich bei der Verfolgung dieses Ziels.[36] Für die Handlungswissenschaften lässt

---

[29] Vgl. Ulrich; Hill (Grundlagen - Teil 1), 1976, S. 305 f.
Die Unterschiede zwischen Ingenieur- und Sozialwissenschaftler finden sich somit weniger in den übergeordneten Zielen, als vielmehr in der Forschungsmethodologie. Vgl. Jürgensohn (Psycho-Ingenieurwesen), 2005, S. 46 ff.

[30] Vgl. Hevner et al. (Design Science), 2004, S. 75

[31] Vgl. Kubicek (Bezugsrahmen), 1977, S. 12 f. und Ulrich (Management), 1984, S. 174

[32] Vgl. Popper (Logik der Sozialwissenschaften), 1969, S. 104

[33] Vgl. Schanz (Grundfragen), 1995, Sp. 2190 ff.

[34] Vgl. Becker (Referenzmodellierung), 2004, S. 3

[35] Vgl. Kubicek (Bezugsrahmen), 1977, S. 7

[36] Vgl. Kubicek (Bezugsrahmen), 1977, S. 7 und Ulrich (Management), 1984, S. 174 f.

sich daraus die Forderung einer eigenen Forschungsmethodologie ableiten, die als explorative Forschung bezeichnet wird.[37]

Nach KUBICEK ist hierfür ein iterativer Lernprozess sinnvoll, der zur Konstruktion wissenschaftlicher Aussagen führt. Der Lernprozess wird geleitet von theoretischen Absichten, die auf systematischem Erfahrungswissen des Forschers basieren.[38] Das Stellen von „Fragen an die Realität", das Sammeln empirischer Informationen und die Verarbeitung des dabei gewonnenen Erfahrungswissens in der Theorie durch kritische Reflexion sowie Differenzierung und Abstraktion sollen zu neuen Fragen und schließlich zu Erkenntnissen über die Realität führen.[39]

Die folgende Abbildung stellt diesen explorativen Forschungsprozess dar:

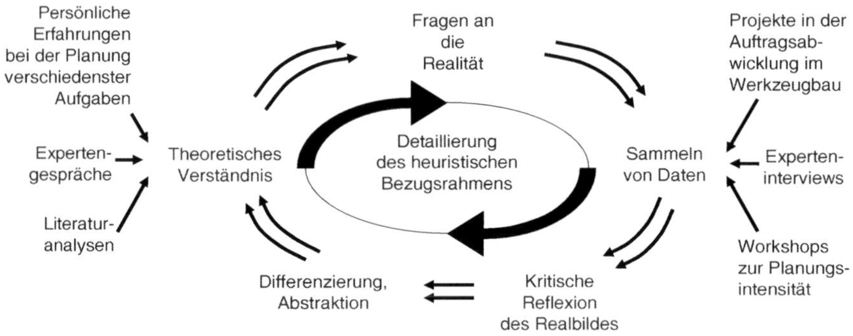

Abbildung 1-2: Explorativer Forschungsprozess dieser Arbeit[40]

Teile der wissenschaftlichen Gemeinschaft sehen die Praxistauglichkeit und die wissenschaftliche Fundiertheit noch immer als Spannungsfeld, das sich nur sehr begrenzt auflösen ließe. Der explorative Forschungsprozess dieser Arbeit beschreibt die Positionierung in diesem Spannungsfeld zur Verbindung der Gegenpole.[41]

Den Kern des Forschungsprozesses bildet ein heuristischer Bezugsrahmen, der das Vorverständnis des Forschers expliziert und den Forschungsprozess steuert. Der Ausgangspunkt des heuristischen Bezugsrahmens dieser Arbeit ist das in Abschnitt 1.2 erläuterte Problem der fehlenden Bewertbarkeit von Planungsaktivitäten.

---

[37] Vgl. Kubicek (Bezugsrahmen), 1977, S. 13; Ulrich (Management), 1984, S. 192 und Tomczak (Forschungsmethoden), 1992, S. 83

[38] Vgl. Kubicek (Bezugsrahmen), 1977, S. 13

[39] Vgl. Kubicek (Bezugsrahmen), 1977, S. 15. Von besonderer Bedeutung ist nach KUBICEK dabei der persönliche Kontakt des Forschers zur Praxis in der Praxis, vgl. Kubicek (Bezugsrahmen), 1977, S. 16. In der qualitativen Sozialforschung findet sich auch der Begriff des „hermeneutischen Zirkels" bzw. der „hermeneutischen Spirale". Vgl. Lamnek (Qualitative Sozialforschung), 2005, S. 62 ff.

[40] Darstellung i. A. a. Tomczak (Forschungsmethoden), 1992, S. 84; Vgl. Kubicek (Bezugsrahmen), 1977, S. 16

[41] Einen Einstieg in die Debatte bzgl. der Vereinbarkeit von „Rigor" und „Relevance" bietet o. V. (Rigor vs. Relevance), 2007. Vgl. hierzu auch Ulrich (Management), 1984, S. 200 ff.

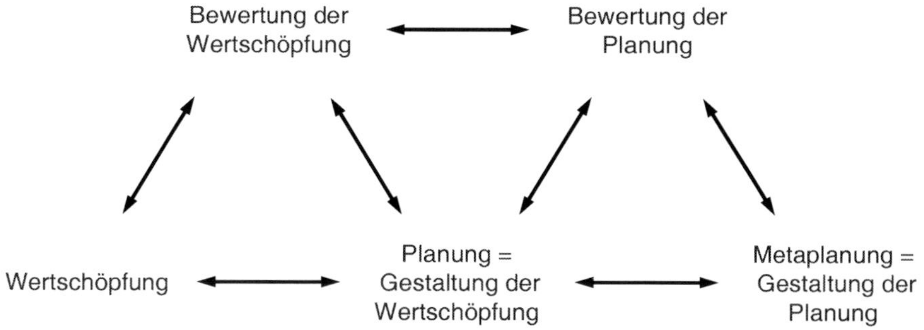

Abbildung 1-3: Erster heuristischer Bezugsrahmen

Eine Bewertung der Wertschöpfung wird in der Praxis genutzt, um die Wertschöpfung planerisch zu gestalten. Analog müsste eine Bewertung der Planung in der Praxis genutzt werden, um die Planung selbst zu gestalten. Aufgrund des Fehlens einer Bewertung der Planung in der Praxis ist diese Gestaltung der Planung im Sinne einer Metaplanung nur sehr eingeschränkt möglich, so dass die Planungsproduktivität vergleichsweise gering ist.

Die Fragen nach Beziehungen und Mechanismen zwischen den Entitäten innerhalb des heuristischen Bezugsrahmens müssen im Laufe des Forschungsprozesses noch beantwortet werden. Dieser Prozess erfolgt durch die ständige Interaktion von Fragen an die Realität; der Sammlung von Daten über die Realität und der theoretischen Verarbeitung dieser Daten zu einem verfeinerten theoretischen Verständnis.

Erste Berührungen zur Thematik der Planung von Produktionsprozessen ergaben sich für den Autor noch während des Studiums durch Forschungsarbeiten zum Produktionsanlauf.[42] Der Kontakt zur Branche des Werkzeugbaus entstand durch die Mitarbeit und später Projektleitung an Projekten mit Werkzeugbaubetrieben durch die Branchengruppe des „*aachener werkzeug- und formenbau*“ am Werkzeugmaschinenlabor WZL der RWTH Aachen. Hier ergab sich der Eindruck großer Unterschiede zwischen der Automobilindustrie und der Werkzeugbaubranche, obwohl der Werkzeugbau auch als Ausrüster der Automobilindustrie tätig wird. Durch die Leitung eines Projekts der „*aachener initiative modell-, werkzeug- und formenbau*“ zum Thema „Optimierung der Planungsintensität in der Auftragsabwicklung im Werkzeugbau“ ergab sich schließlich die Möglichkeit, die eigenen Ideen im Sinne des Prozesses der explorativen Forschung anzuwenden und dabei weiter zu entwickeln.

[42] Aus den Forschungsarbeiten zu diesem Thema ist später Schuh et al. (Anlaufmanagement in der Automobilindustrie), 2008 hervorgegangen.

1.5 Struktur der Arbeit

Der Aufbau der Arbeit orientiert sich an der „Strategie angewandter Forschung“ nach ULRICH, die ebenso wie der erläuterte explorative Forschungsansatz nach KUBICEK den Praxisbezug in den Fordergrund stellt.[43] Um den Praxisbezug des Forschungsprozesses sicherzustellen, schlägt ULRICH einen Forschungsprozess vor, der mit der Problemstellung der Praxis beginnt und mit der Beratung der Praxis endet.[44]

An diese Vorgehensweise angelehnt beginnt die vorliegende Dissertation mit der Darstellung des Untersuchungsobjekts in der Praxis und entwickelt dann auf Basis existierender problemrelevanter Theorien und Verfahren ein Lösungskonzept im Anwendungszusammenhang. Dieses wird abschließend anhand von Praxisbeispielen überprüft.

Den Aufbau dieser Arbeit stellt die folgende Abbildung dar.

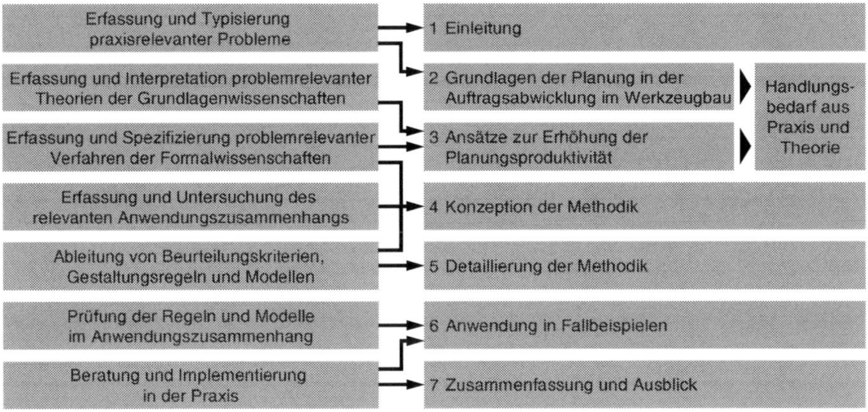

Abbildung 1-4: Struktur der Arbeit

Das **erste Kapitel** der Arbeit führt in die Problemstellung ein, zeigt die Zielsetzung der Arbeit auf und erläutert das forschungsmethodische sowie inhaltliche Vorgehen.

Das **zweite Kapitel** beschreibt die für die Arbeit relevanten Grundlagen des Untersuchungsobjekts „Planung in der Auftragsabwicklung im Werkzeugbau“. Zunächst werden hierzu der Begriff der operativen Planung, sowie die Aufgaben und Ausprägungen der Auftragsabwicklung erläutert. Anschließend wird auf die Branche des Werkzeugbaus und die werkzeugbauspezifischen Herausforderungen in der Auftragsabwicklung eingegangen. Schließlich wird der Handlungsbedarf aus der Praxis der kundenindividuellen Einzelfertigung bezüglich der Ausgestaltung der Auftragsabwicklung abgeleitet.

---

[43] Vgl. Ulrich (Management), 1984, S. 192 und Kubicek (Bezugsrahmen), 1977, S. 12 ff.

[44] Vgl. Ulrich (Management), 1984, S. 193

Im **dritten Kapitel** werden existierende Ansätze beschrieben, die zur Lösung der Fragestellung relevant sind. Hierfür werden zunächst Anforderungen beschrieben, die zur Lösung des Praxisproblems an die Ansätze zu stellen sind. Es werden Ansätze zur Darstellung von Planungsproblemen auf ihre Eignung zur Beschreibung realer Planungstätigkeiten untersucht. Die Möglichkeiten einer Bewertung der Produktivität werden im Hinblick auf die Anwendbarkeit für die Problemstellung diskutiert. Darüber hinaus werden auch Gestaltungsansätze zur Konzeption und Veränderung von Planungssystemen vorgestellt. Die vorgestellten Ansätze werden auf Basis ihrer Anwendbarkeit sowie im Hinblick auf ihre Eignung zur Lösung des Praxisproblems der geringen Planungsproduktivität in der Auftragsabwicklung im Werkzeugbau bewertet.

In **Kapitel vier** wird die Methodik zur Erhöhung der Planungsproduktivität für die Auftragsabwicklung des Werkzeugbaus konzipiert. Da es der Vorgehensweise in der Praxis an Systematik mangelt und die existierenden wissenschaftlichen Ansätze für die spezielle Problemstellung keine praxistaugliche Lösung darstellen, wird auf Basis wissenschaftlicher Prinzipien eine sowohl praxistaugliche als auch pragmatisch anwendbare Methodik konzipiert. Diese Methodik ermöglicht die Auslegung der Planungsaufgaben in der Auftragsabwicklung im Werkzeugbau durch eine gezielte Festlegung des jeweiligen Umfangs an Aufwand. Als Hilfsmittel der Methodik werden eine Beschreibung der Planungstätigkeiten sowie ein Modell des Grenznutzens des Planungsaufwands entwickelt und diese Hilfsmittel in die Methodik eingebunden.

In **Kapitel fünf** werden die Elemente der Methodik ausdetailliert und ihre Anwendung in der Praxis beschrieben.

Kapitel sechs dient der kritischen Reflexion durch die Anwendung des Gestaltungsmodells in Praxisbeispielen. Damit findet die Überprüfung im Anwendungszusammenhang statt.

In **Kapitel sieben** werden zunächst die Ergebnisse der Arbeit zusammengefasst. Schließlich wird diskutiert, inwiefern sich die Ideen der Arbeit auf andere Anwendungsbereiche übertragen lassen könnten: So erscheint es naheliegend, dass die Verteilung des Planungsaufwands mit Hilfe einer Bewertung des Planungsnutzens auch außerhalb der Auftragsabwicklung des Werkzeugbaus möglich und sinnvoll ist.

2 Grundlagen der Planung in der Auftragsabwicklung im Werkzeugbau

In diesem Kapitel wird die Problemstellung erläutert, die dieser Arbeit zu Grunde liegt. Hierfür wird in den Abschnitten 2.1 bis 2.3 auf die operative Planung, die Auftragsabwicklung sowie die Branche des Werkzeugbaus eingegangen. In Abschnitt 2.4 werden schließlich Herausforderungen in der Planung in der Auftragsabwicklung im Werkzeugbau problematisiert. Hieraus wird in Abschnitt 2.5 ein Handlungsbedarf der Praxis abgeleitet.

2.1 Operative Planung

Planung ist eine wesentliche Tätigkeit des Menschen, auf der fast alle Ausprägungen der Gesellschaft basieren.[45] Planung dient der Gestaltung der Zukunft und ist für diese Gestaltung unabdingbar. Unternehmerische Tätigkeiten, auf die sich diese Arbeit bezieht, benötigen Planung, um die Auswirkungen der Tätigkeiten sowie die zur Erreichung gesetzter Ziele notwendigen Tätigkeiten und ihre Abhängigkeiten untereinander verständlich und gezielt beeinflussbar zu machen.[46]

2.1.1 Begriffsbestimmung zum Inhalt und Charakter der Planung

Obwohl das Thema der Planung nicht neu ist, wird der Begriff der Planung in der Literatur sehr unterschiedlich aufgefasst; es besteht kein allgemein anerkannter Planungsbegriff für alle Anwendungszusammenhänge.[47] Eine Definition, der im Folgenden gefolgt werden soll, stammt von KOSIOL:

> „Planung ist ein geistiger Akt, der alle Überlegungen über die erstrebten Ziele sowie über die Mittel und Wege zu ihrer Erreichung umfaßt."[48]

Ein wesentlicher Unterschied zwischen den verschiedenen Verständnissen von Planung liegt vor allem in der Frage, ob Planung überwiegend Entscheidungsfreiräume eingrenzt bzw. einzugrenzen hat, oder ob durch Planung nicht auch Entscheidungsfreiräume ausgedehnt werden können.[49] Hierfür ist zu unterscheiden, ob alle prinzipiell möglichen Entscheidungsalternativen betrachtet werden sollen, oder nur diejenigen, die auch (durch Kenntnis und Beherrschung des Planers) faktisch zur Verfü-

---

[45] Vgl. Kosiol (Bausteine der Betriebswirtschaftslehre), 1973, S. 307

[46] Vgl. Goeldel (Gestaltung der Planung), 1997, S. 1. Als Beispiele operativer Planung erläutert SCHIEGG die Planung und Steuerung von Beschaffung, Produktion und Distribution und grenzt diese voneinander ab. Vgl. Schiegg (Strukturen der Planung und Steuerung), 2005, S. 49

[47] Eine Übersicht über ausgewählte nicht fachspezifische Planungsdefinitionen bietet beispielsweise Reihlen (Entwicklungsfähige Planungssysteme), 1997, S. 11 f.

Verschiedene wissenschaftliche Fachgebiete nutzen den allgemeinen Begriff der „Planung", obwohl es sich um sehr spezifische Sachverhalte wie Unternehmensplanung oder Bauplanung handelt. Vgl. z. B. Stockhammer (Honorierung von Planungsleistungen), 2009

[48] Kosiol (Bausteine der Betriebswirtschaftslehre), 1973, S. 307

[49] Vgl. Weise (Planung und Steuerung von Innovationsprojekten), 2007, S. 58

gung stehen. Während die erste (sehr große) Gruppe der Möglichkeiten durch Planungs*entscheidungen* abnimmt, nimmt die zweite Gruppe durch Planungsaufwand (im Sinne einer *Erarbeitung* der Möglichkeiten) zu.[50]

Im Gegensatz zu anderen Autoren berücksichtigt SCHOLL ausdrücklich nicht nur die Entscheidung als Inhalt der Planung. Vielmehr unterscheidet er zwischen den folgenden Teilaktivitäten der Planung:

1. **Erkennen** von Entscheidungs-Problemen
2. **Problemanalyse** durch eine Beschreibung und Strukturierung des Problems, ggf. Zerlegen komplexer Probleme in handhabbare Teilprobleme
3. **Zielbildung** mittels Festlegung konkreter Planungsziele bzw. Zielkriterien im Sinne der übergeordneten Unternehmensziele
4. **Prognose** zukünftiger Entwicklungen und sich daraus ergebender Daten
5. **Alternativensuche** und Erkennen von möglichen Handlungsalternativen unter Berücksichtung bestehender Restriktionen
6. **Bewertung** der Alternativen im Hinblick auf die zugrunde liegenden Ziele unter Verwendung der prognostizierten Daten
7. **Entscheidung** durch Auswahl der zu realisierenden Alternativen[51]

Im Rahmen dieser Arbeit soll davon ausgegangen werden, dass durch die Teilaktivität der Alternativensuche der faktisch zur Verfügung stehende Lösungsraum erweitert und durch eine Entscheidung verkleinert wird. Die Entscheidung stellt dabei zwar die Funktion mit den größten direkten Auswirkungen dar, die Aufgabe der Entscheidung als Tätigkeit fällt aber zeitmäßig nach einer guten Bewertung der Alternativen kaum ins Gewicht. Die Kombination aus Alternativensuche und Bewertung ist darüber hinaus diejenige Planungsaufgabe, bei der eine Erhöhung des Aufwands ceterus paribus (d. h. bei gleichem Zeitpunkt für den Abschluss der Bewertung und bei der gleichen Übersichtlichkeit über gefundene Alternativen etc.) möglich ist, die die Qualität des Gesamtplanungsprozesses und damit den Nutzen der Planung erhöht.[52]

2.1.2 Anforderungen an Planung

SCHOLL definiert Anforderungen an Pläne und die Planerstellung vor dem Hintergrund der Nützlichkeit:[53]

---

[50] KOSIOL zu Folge stellt sich die Frage, mit welchen Informationen eine Entscheidung getroffen werden soll. Dabei tritt „Informationswiderstand" auf: Je höher dieser ist, desto schwerer lassen sich weitere Informationen sammeln. Kosiol (Bausteine der Betriebswirtschaftslehre), 1973, S. 396

[51] Vgl. Scholl (Robuste Planung und Optimierung), 2001, S.16; Eine ähnliche Struktur findet sich auch bei Wall (Planungs- und Kontrollsysteme), 1999, S. 16.

[52] Vgl. Pfohl; Stölzle (Planung und Kontrolle), 1997, S.19 zur Erweiterung des Handlungsspielraums durch Planung und a. a. O. S. 66 ff. zur Beschreibung der Funktionen der Planung.

[53] Vgl. Scholl (Robuste Planung und Optimierung), 2001, S. 93 ff.

- Die **Robustheit** als wichtigste Anforderung beschreibt die Unempfindlichkeit einer Planung gegenüber unvorhersehbaren zukünftigen Umweltlagen.[54]
- Die **Stabilität** bezeichnet die Eigenschaft einer Planung, bei zukünftigen Umweltlagen ohne oder mit einem Minimum an Planänderungen auszukommen. Die Stabilität wird auch als **geringe Nervosität** bezeichnet.
- Die **Flexibilität** bezeichnet die Möglichkeit einer Planung, sich einer zukünftigen Umweltlage bestmöglich anzupassen.[55]
- Die **Elastizität** bezeichnet die Möglichkeit, die Flexibilität ohne großen Aufwand zu nutzen.[56]
- Die **Optimalität** eines Plans bedeutet, dass der Erwartungswert der sich durch den Plan ergebenden Situation maximal wird, d. h. dass unter allen denkbaren Umweltlagen im Mittel das beste Ergebnis erzielt wird.
- Aktuell wird häufig der Begriff der **Wandlungsfähigkeit** genutzt, der die Fähigkeit beschreibt, auf zukünftige unbekannte und nicht kennbare Umweltlagen vorbereitet zu sein und der damit über die Flexibilität hinaus geht.[57]
- Der Begriff der **Wirtschaftlichkeit** oder **Effizienz** einer Planerstellung selbst fehlt hier jedoch. Auch die Elastizität beschreibt nicht die Wirtschaftlichkeit der ursprünglichen Planerstellung. In der theoretischen Planungsliteratur spielt er eine untergeordnete Rolle, obwohl insbesondere praxisorientierte Quellen dem Aufwand für die Planung eine wesentliche Rolle zuweisen.[58]

2.1.3 Eigenschaften von Planung

Trotz der fehlenden einheitlichen Definition der Planung gibt es Erläuterungen, die sich auf den existierenden Grundkonsens beschränken. Dieser Grundkonsens wird in der Literatur an Merkmalen festgemacht, die im Folgenden beschrieben sind:

---

[54] Die Robustheit kann nach SCHOLL je nach Aspekt der Planung in Informations-, Ergebnis-, Optimalitäts-, Zuverlässigkeits-, Bewertungs- und Planungsrobustheit unterschieden werden. Vgl. Scholl (Robuste Planung und Optimierung), 2001, S. 98 ff.

[55] Vgl. Westkämper (Turbulentes Umfeld), 2008, S. 13

[56] Aus dem Sachverhalt leitet KOSIOL die Forderung nach einer provisorischen Planung mit möglichst später Entscheidung ab. Vgl. Kosiol (Bausteine der Betriebswirtschaftslehre), 1973, S. 342

SCHOLL spricht hier von „opportunistischer Koordinierung", die die Kombination von „größtmöglicher Auswahlfreiheit" und „kleinstmöglicher Bindung" umfasse. Vgl. Scholl (Robuste Planung und Optimierung), 2001, S. 140

[57] Vgl. Bergholz (Objektorientierte Fabrikplanung), 2006, S. 41 f., Spath et al. (Organisatorische Wandlungsfähigkeit), 2008, S. 65 Westkämper (Turbulentes Umfeld), 2008, S. 13 und Milberg; Möller (Changeable production systems), 2008, S. 417 f.

[58] HUNGENBERG erläutert die häufig unterschätzte Bedeutung der Kosten der Planung: Hungenberg (Optimierung von operativen Planungssystemen), 1993, S. 236; Dagegen weist SCHUH im Zusammenhang der Fabrikplanung darauf hin, dass es bisher keine brauchbaren Ansätze zur Bewertung des Verhältnisses von Aufwand und Nutzen der Planung gibt. Vgl. Schuh et al. (Frei konfigurierbare Planungsprozesse), 2009, S. 196 f.

Zukunftsbezug

Unter Planung wird eine Aktivität verstanden, die sich auf einen späteren Zeitpunkt bezieht als den, zu dem sie ausgeführt wird. Planung wird daher auch als „prospektives Denkhandeln" angesehen und damit von der Ausführung abgegrenzt.[59] Durch den Zukunftsbezug unterscheidet sich Planung insbesondere von der Kontrolle.[60]

Rationalität

Planung wird grundsätzlich als ein zielgerichteter, bewusst durchgeführter und rationaler Prozess verstanden. Aufgrund der unterschiedlichen persönlichen Einstellungen und Verhaltensweisen der an diesem Planungsprozess Beteiligten gibt es allerdings in jeder Planung auch nicht rationale Einflüsse. Hierdurch können sich Planungsergebnisse bei gleicher Aufgabenstellung deutlich unterscheiden.[61]

Gestaltungscharakter

Die Planung hat als Ziel die tatsächliche Beeinflussung der Zukunft. Die Ergebnisse der Planung sollen einen Rahmen für die in der Zukunft zu treffenden weiteren Planungsaktivitäten, Entscheidungen oder Tätigkeiten darstellen. Die Planung und deren Ergebnisse beeinflussen somit die Zukunft.[62] Durch den Gestaltungscharakter unterscheidet sich Planung insbesondere von der Prognose.[63]

Prozesscharakter

Die Planung stellt einen Prozess dar, der aus verschiedenen Prozessschritten besteht, in denen Informationen ausgewertet bzw. Wissensdefizite reduziert, mögliche Entscheidungen bewertet und Entscheidungen getroffen werden. Dieser Prozess wiederholt sich ständig: Einerseits wiederholt er sich in verschiedenen Schritten innerhalb der Abwicklung eines Auftrags, wobei die Verknüpfung häufig auch kybernetisch als Regelkreis dargestellt wird.[64] Andererseits wiederholt sich der Planungsprozess auf den gleichen Ebenen bei jedem Auftrag von neuem.

Planung als Informationsverarbeitung

Wesentliche Aufgaben der Planung sind die Informationsverarbeitung und -bereitstellung. Des Weiteren lassen sich noch Informationsgewinnung, -aufnahme, -übertragung, -speicherung, -abgabe und -verwendung unterscheiden.[65]

---

59 Vgl. Goeldel (Gestaltung der Planung), 1997, S. 11

60 Vgl. Reihlen (Entwicklungsfähige Planungssysteme), 1997, S. 24 ff.

61 Vgl. Goeldel (Gestaltung der Planung), 1997, S. 12

62 Vgl. Goeldel (Gestaltung der Planung), 1997, S. 12

63 Vgl. Reihlen (Entwicklungsfähige Planungssysteme), 1997, S. 21 ff.

64 Vgl. Reihlen (Entwicklungsfähige Planungssysteme), 1997, S. 26 ff.
Die Kybernetik nutzt die Prinzipien der Regelungstechnik für die Erklärung und Steuerung technisch-sozialer Systeme. Vgl. Malik (Strategie des Managements), 2008, S. 75 ff.

65 Vgl. Wall (Planungs- und Kontrollsysteme), 1999, S. 36 ff.

Da Planung im idealtypischen rationalen Sinne auf Informationen aufbaut, ist sie auch von der Qualität der Informationen abhängig. Etliche Ansätze setzen daher ein Szenario vollständiger Information voraus, auf Basis dessen sich Planung und Entscheidung deduktiv und optimal durchführen lassen können. In der Realität dagegen existieren Planungsaufgaben ohne vollständige Information; eine Begrenzung der Planung auf den Fall der vollständigen Information würde zur Irrelevanz der Planung führen.[66]

Funktionen der Planung

Aus den fünf erläuterten Eigenschaften ergibt sich, dass eine Planung bestimmte Zwecke verfolgt. Hierfür können Planungstätigkeiten bestimmte Funktionen übernehmen:[67]

- Reduktion von Unsicherheit
- Koordination
- Verbesserung der Leistungsmotivation durch Information
- Flexibilitätserhöhung
- Unterstützung der Informationsverarbeitung
- Unterstützung der Konsensbildung und Konfliktaustragung

Eine solche Liste kann weder vollständig, noch redundanzfrei sein, sondern kann nur den Zweck verfolgen, die Funktionen der Planung im Unternehmen zu verdeutlichen. REIHLEN grenzt Planung von Management so ab, dass Management die Planung, die Durchführung/ Durchsetzung und deren Kontrolle umfasst bzw. hierfür jeweils verantwortlich ist.[68] Der Begriff Planung umfasst somit nur einen Teil dessen, was Management ausmacht. Zusammenfassend lässt sich sagen, dass die übergeordnete Funktion der Planung darin besteht, den Erwartungswert (das zu erwartende Ergebnis) von nachgelagerten beplanten Unternehmensaktivitäten zu verbessern.[69] Diesem Verständnis wird auch in dieser Arbeit gefolgt.

Ebenen der Planung

Je nach verwendeter Definition wird Planung auf verschiedenen Ebenen angesehen. Insbesondere im angelsächsischen Raum wird das Wort „planning" im Sinne von strategischer Planung genutzt, im deutschsprachigen Raum dagegen gibt es sowohl

---

[66] REIHLEN erläutert vor diesem Hintergrund, welche Anforderungen an eine rationale Planung bei unvollständiger Information zu stellen sind und entwickelt ein Planungssystem, das den Umgang mit unvollständiger Information beschreibt: Reihlen (Entwicklungsfähige Planungssysteme), 1997

[67] Vgl. Goeldel (Gestaltung der Planung), 1997, S. 13 ff.

[68] Vgl. Reihlen (Entwicklungsfähige Planungssysteme), 1997, S. 19

[69] Verworn erläutert anhand der Analyse empirischer Studien, dass dies aus Einschätzung der Planungsverantwortlichen auch grundsätzlich gelingt, dass sich jedoch Erfolgsfaktoren oder gar der Nutzen von Planung kaum angeben lässt. Vgl. Verworn (Bedeutung von Planungsaktivitäten), 2007, S. 250 ff.

die strategische als auch die operative Planung. Die strategische Planung bezieht sich in der Regel auf das Unternehmen und wird daher auch Unternehmensplanung genannt, während sich die operative Planung beispielsweise auf konkrete Kunden, einzelne Produkte, bestimmte Ressourcen oder konkrete Aufträge bezieht. In beiden Fällen gibt es aber nach jeder Ebene der Planung noch eine weitere Ebene, die die Ergebnisse der Planung umsetzt.

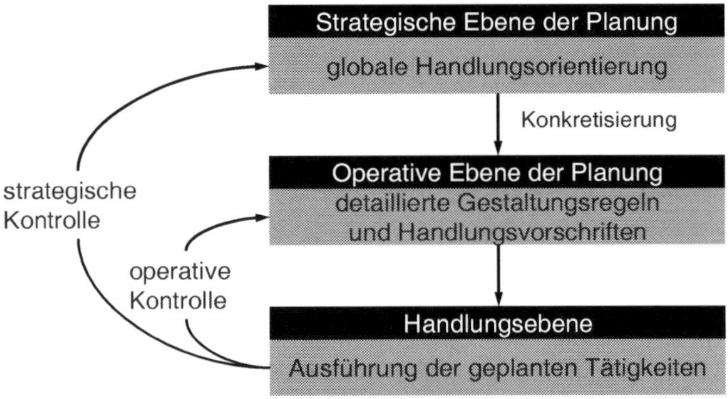

Abbildung 2-1: Modell der Ebenen der Planung[70]

In der Praxis finden sich Planungstätigkeiten darüber hinaus nicht nur auf zwei unterschiedlichen Ebenen, sondern es wird beispielsweise auf den Ebenen des Konzerns, des Geschäftsbereichs, des Werks, der Produktlinie, des Kunden und des Auftrags geplant. Die jeweils operativeren Planungsprozesse basieren auf den Festlegungen der jeweils strategischeren, während die strategischeren Planungsprozesse die Situation der operativeren Prozesse berücksichtigen bzw. berücksichtigen sollten.[71]

Grenzen der Planung

SZYPERSKI nennt als wesentliche Grenzen der Planung die folgenden vier Argumente für die Begrenztheit der Planung:

Das **Theorieargument** bezeichnet das Fehlen einer einheitlichen vollständigen empirisch-kognitiven Planungstheorie realer Planungsprozesse. Es stellt laut SZYPERSKI allerdings kein Ausschlusskriterium für wirksame Planung dar.[72]

---

[70] Vgl. Reihlen (Entwicklungsfähige Planungssysteme), 1997, S. 38

[71] Vgl. Reihlen (Entwicklungsfähige Planungssysteme), 1997, S. 36 ff.
EVERSHEIM beschreibt die Gestaltungsfelder bei der Abstimmung dieser Ebenen der Planung. Vgl. Eversheim (Arbeitsvorbereitung), 2002, S. 206 ff. und Abschnitte 3.4.2, 3.4.5 und 3.4.7

[72] Vgl. Szyperski; Welters (Grenzen und Zweckmäßigkeit der Planung), 1976, S. 267

Das **Instrumentalargument** bezeichnet das Fehlen einer einheitlichen Zielsetzung von Planungsproblemen. Dies betreffe insbesondere die Ansprüche an die Sicherheit der Planungsaussagen und gelte daher in sehr unterschiedlichem Maße für verschiedene Planungsaufgaben.[73]

Das **Komplexitätsargument** beschreibt die Dichotomie zwischen Planungsnotwendigkeit und Planungsmöglichkeit. Diese Grenze tritt dann auf, wenn die Komplexität, d. h. die Vielfalt des Planungsobjekts und insbesondere die Dynamik des Verhaltens des Planungsobjekts größer werden, als die Planung es beherrschen kann.[74] Auf Grund der starken Abhängigkeit vom Planungsobjekt beschreibt BUCHNER die Grenzen der Planung von vier Planungssystemen[75], die sich für die unterschiedlichen Kombinationen der Ausprägungen von Komplexität und Dynamik[76] ergeben. Die Grenzen der Planung ergeben sich demzufolge vorwiegend durch das Maß an Dynamik des Planungsobjekts und -umfelds.[77]

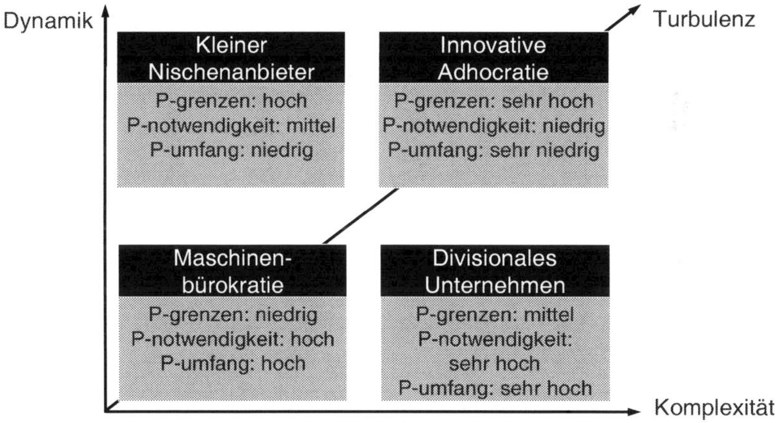

Abbildung 2-2: Notwendigkeit und Möglichkeit der operativen Planung in Abhängigkeit von Dynamik und Komplexität[78]

---

[73] Vgl. Szyperski; Welters (Grenzen und Zweckmäßigkeit der Planung), 1976, S. 273 und Rieg (Planung und Budgetierung), 2008, S. 35

[74] Vgl. Gierth (Selbststeuerung in der Werkstattfertigung), 2009, S. 34 f.

[75] Vgl. Buchner (Planung im turbulenten Umfeld), 2002, S. 143, S. 150, S. 159 und S. 170

[76] BUCHNER nutzt den Begriff der Komplexität in dem Sinne, wie die St. Galler Schule den Begriff der Kompliziertheit nutzt. Die Kombination aus Dynamik und Komplexität nennt er Turbulenz, im Gegensatz zur St. Galler Schule, die die Kombination von Dynamik und Kompliziertheit Komplexität nennt. Buchner (Planung im turbulenten Umfeld), 2002, S. 93 f.; Rüegg-Stürm (Das neue St. Galler Management-Modell), 2004, S. 66 f.

[77] Vgl. Buchner (Planung im turbulenten Umfeld), 2002, S. 185 und SZYPERSKI, der davon spricht, dass Planung „Komplexitätsangst" abbauen, d. h. Komplexität bewältigen könne. Szyperski; Welters (Grenzen und Zweckmäßigkeit der Planung), 1976, S. 272

[78] i. A. a. Buchner (Planung im turbulenten Umfeld), 2002, S. 130

In dieser Darstellung beschreiben die Planungsgrenzen die Einschränkungen der Möglichkeit zu planen. Die Planungsnotwendigkeit beschreibt den Bedarf an Planung, und der Planungsumfang beschreibt idealtypisch, wie viel unter den Rahmenbedingungen der Planungsgrenzen und der Planungsnotwendigkeit in der Praxis tatsächlich geplant wird.

Das **Ökonomitätsargument** zielt schließlich auf den Nutzen der Planung und die Problematik der Bestimmbarkeit des Umfangs an Planungsaufwand ab, die weder theoretisch noch praktisch problemlos möglich ist. Dieses Argument wird von zwei Seiten gestützt: Einerseits besagt die theoretische Seite des Arguments, eine Bestimmung der wirtschaftlichen Grenze könne gar nicht exakt möglich sein.[79] Andererseits existieren tatsächlich bislang keine universell anwendbaren Verfahren, die eine Quantifizierung des richtigen Umfangs an Planung ermöglichen.[80]

Zwischenfazit

In Abschnitt 2.1 wurde das Phänomen der operativen Planung beschrieben. Es konnte gezeigt werden, dass operative Planung an ihre Grenzen stößt, wenn Rahmenbedingungen und externe Einflussgrößen nicht ausreichend berücksichtigt werden können. Ein Fokus wurde dabei auf das Zusammenwirken verschiedener Planungsschritte gelegt. Solange dieses Zusammenwirken und die gegenseitigen Abhängigkeiten nicht ausreichend verstanden sind, lassen sich auch Planungsprozesse nur unzureichend auslegen.

Darüber hinaus wurde das Planungsverständnis, das dieser Arbeit zu Grunde liegt, erläutert. Die gedankliche Erarbeitung von Lösungsalternativen steht in der Regel nicht im Mittelpunkt der Planungstheorie, ist aber eine wesentliche Aufgabe von Planung in der Praxis. Auf dieser Erläuterung bauen im Folgenden die Beschreibung der Auftragsabwicklung in Abschnitt 2.2 sowie die Problematisierung der Planung in der Auftragsabwicklung im Werkzeugbau in Abschnitt 2.4 auf.

2.2 Auftragsabwicklung

Der Begriff Auftragsabwicklung wird in der Literatur unterschiedlich verwendet.[81] Eine sehr allgemeine Definition liefert TRÄNCKNER, der unter der Auftragsabwicklung alle Aktivitäten versteht, die zur Transformation von Aufträgen in verkaufsfähige Produkte dienen.[82] FRESE und NÖRTEL nehmen die Vertriebsaktivitäten dabei aus und verstehen unter der Auftragsabwicklung den Leistungserstellungsprozess vom Auftragsan-

---

[79] Vgl. Szyperski; Welters (Grenzen und Zweckmäßigkeit der Planung), 1976, S. 275 f. RIEG weißt darauf hin, dass schon die Kosten der Planung kaum ermittelt werden können, während eine Ermittlung des Nutzens noch deutlich aufwändiger wäre. Vgl. Rieg (Planung und Budgetierung), 2008, S. 56

[80] Bestehende Ansätze werden in den Abschnitten 3.3 und 3.4 diskutiert.

[81] Eine Darstellung und Abgrenzung verschiedener Definitionen findet sich z. B. bei Berlak (Auswahl von Auftragsabwicklungssystemen), 2003, S. 7 f.

[82] Vgl. Tränckner (Analyse der technischen Auftragsabwicklung), 1990, S. 7

stoß bis zur Fertigmeldung. Sie beziehen dabei alle Entscheidungs- und Realisationsvorhaben mit ein, die mit der zu erstellenden Leistung verbunden sind.[83] Daneben existieren vielfältige Definitionen, die die Auftragsabwicklung enger eingrenzen und beispielsweise nur als Funktion des Vertriebs[84] oder der administrativen Aufgaben[85] sehen.

Durchgesetzt hat sich dagegen eine Darstellung der Auftragsabwicklung als Prozess mit mehreren funktional unterschiedenen sequenziellen Phasen sowie Pfeilen, die den Ablauf und dessen Steuerung durch Informationsflüsse darstellen. Die zunehmende Parallelisierung von Aufgaben, die sich unter dem Schlagwort „Simultanous Engineering" mittlerweile auch in der Praxis durchgesetzt hat,[86] hat an dieser sequenziellen Form der Darstellung bisher nichts Wesentliches geändert.

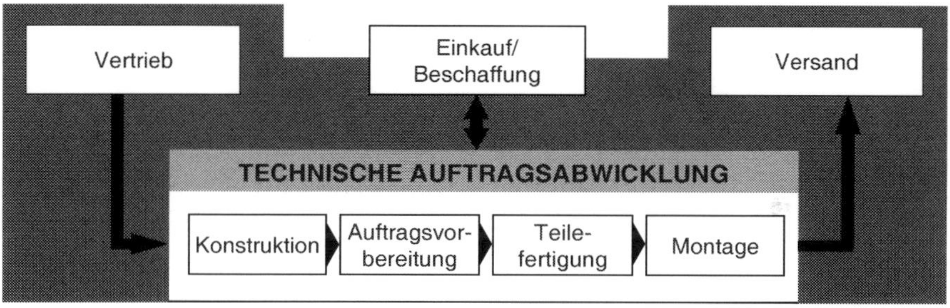

Abbildung 2-3: Phasen und Schnittstellen der technischen Auftragsabwicklung[87]

Es lassen sich nun eine technische Auftragsabwicklung im engeren Sinne, die die Leistungserstellung umfasst, sowie eine erweiterte Definition, die auch Vertrieb, Versand und teilweise Einkauf und Beschaffung mit einschließt, voneinander abgrenzen. Der zu entwickelnden Methodik liegt schließlich eine Definition des Auftragsabwicklungsprozesses zugrunde, die auf den Werkzeugbau zugeschnitten ist und die daher erst in Abschnitt 2.4.1 eingeführt wird.

2.2.1 Phasen und Tätigkeiten der technischen Auftragsabwicklung

Im Folgenden sollen die Phasen und deren Inhalte sowie die Schnittstellen der technischen Auftragsabwicklung analog zur Abbildung 2–3 erläutert werden.

Die **Konstruktion** konzipiert ein Erzeugnis, sofern dies nicht schon durch den Vertrieb geschehen ist, gestaltet es im Detail aus und erstellt die notwendigen Konstruk-

---

[83] Vgl. Frese; Noetel (Kundenorientierung in der Auftragsabwicklung), 1992, S. 3

[84] Vgl. Gutenberg (Betriebswirtschaftslehre), 1970, S. 31 f.

[85] Vgl. z. B. Pfohl (Logistiksysteme), 1990, S. 80 ff.; Specht (Distributionsmanagement), 1992, S. 125 f.; Filz (Distributionslogistik), 1993, S. 69 f.

[86] Vgl. Eversheim et al. (Integrierte Produkt- und Prozessgestaltung), 2005, S. 8

[87] Vgl. Heiderich (Informationsflüsse in der Auftragsabwicklung), 2001, S. 9

tionszeichnungen heute in der Regel in CAD; bei Bedarf können Zeichnungen später ausgeplottet werden.[88]

Die **Arbeitsvorbereitung** stellt in Form des Arbeitsplans eine Vorarbeit für nachfolgende Phasen dar: Notwendige Arbeitsschritte werden für die mechanische Bearbeitung der Einzelteile sowie die Montage dieser Teile geplant. Ein Arbeitsplan beschreibt den Durchlauf eines Erzeugnisses vom Rohmaterial über verschiedene Arbeitsvorgänge und Fertigungseinrichtungen bis hin zur Montage und Fertigstellung. Für jeden Arbeitsvorgang werden die Details der notwendigen Tätigkeiten spezifiziert und mit den zu verwendenden Betriebsmitteln ergänzt. Die Arbeitssteuerung schließlich steuert die Fertigung und Montage und berücksichtigt dabei sowohl die Ergebnisse der Arbeitsplanung als auch die reale Situation in Fertigung und Montage. Die Arbeitssteuerung liefert somit den Input für die nachfolgenden Phasen der Auftragsabwicklung.[89]

In der **Teilefertigung**, im Werkzeugbau häufig **mechanische Fertigung** genannt, werden die Einzelteile des Erzeugnisses, bzw. im Werkzeugbau des Werkzeugs, gefertigt. Die Fertigung ist gekennzeichnet durch eine hohe Kostenverursachung durch Materialkosten einerseits und aufwendige Betriebsmittel andererseits. Gleichzeitig ist die Kostenbeeinflussung in der Fertigung nur gering, da die Kosten bereits durch die vorhergehenden Prozessschritte weitgehend festgelegt sind.[90]

In der **Montage** werden die Einzelteile schließlich montiert. Der Automatisierungsgrad ist in der Regel deutlich geringer als in der Fertigung, da die Komplexität des Produkts größer ist als die Komplexität des gefertigten Einzelteils.[91] Aufgrund der häufig vorzufindenden Arbeitsplatz-Montage wird im Werkzeugbau auch von Bankarbeit gesprochen, die neben der Montage auch die notwendige manuelle Nacharbeit einzelner Teile beinhaltet.[92]

2.2.2 Zielsetzung der Auftragsabwicklung

Die Ziele der Auftragsabwicklung ergeben sich aus der Forderung nach kundenorientierter wirtschaftlicher Fertigung. Allerdings ergeben sich auch teilweise Zielkonflikte, so dass es sich lohnt, kurz auf unterschiedliche Ziele einzugehen. Die folgende Abbildung zeigt daher Kriterien, in die sich die Ziele der Auftragsabwicklung untergliedern lassen:

---

[88] Im Werkzeugbau handelt es sich hierbei um das Werkzeug selbst. Auf die Abgrenzung zwischen und die Zusammenarbeit von Teile- und Werkzeugkonstruktion geht Kapitel 5 ein.

[89] Vgl. Wiendahl (Betriebsorganisation), 2007, S. 411 ff.

[90] Vgl. Wiendahl (Betriebsorganisation), 2007, S. 202 ff.

[91] Vgl. Wiendahl (Betriebsorganisation), 2007, S. 40 ff.

[92] Vgl. Eversheim; Klocke (Werkzeugbau mit Zukunft), 1998, S. 21

Kostenziele
- Reduzierung der Gemeinkosten
- Reduzierung des Personalaufwandes
- Reduzierung des Verwaltungsaufwandes

Zeitziele
- Reduzierung der Liegezeiten
- Reduzierung der Transportzeiten
- Reduzierung der „geistigen Rüstzeiten“
- Reduzierung der Bearbeitungszeiten

Qualitätsziele
- Qualität beim ersten Mal
- Verbesserung der Termintreue
- Verbesserung der Auskunftsfähigkeit gegenüber den Kunden
- Verbesserung der Informationsqualität

Organisationsziele
- Reduzierung abstimmungsintensiver Schnittstellen
- Räumliche Integration der Aufgabenträger
- Verbesserung des Belegflusses
- Höherqualifizierung der Mitarbeiter

Abbildung 2-4: Zielkriterien im Auftragsabwicklungsprozess[93]

Um diese Kriterien zu erfüllen sind sowohl für die Auftragsgrobplanung als auch für die Auftragsfeinplanung bzw. Auftragssteuerung Anforderungen zu stellen, die in der folgenden Abbildung dargestellt sind:

Auftragsgrobplanung
- Angepasste Planungstiefe
- Anforderungsgerechter Informationsfluss
- Belastungsgerechte Terminierung
- Wirtschaftliche Auslastung
- Gewährung ausreichender Planungssicherheit
- Wirtschaftlicher Planungsaufwand

Auftragsfeinplanung/ -steuerung
- Hohe Flexibilität bzgl. Umplanungen
- Anforderungsgerechter Informationsfluss
- Belastungsgerechte Maschinenbelegung
- Überwachung der Planungsvorgaben
- Einbeziehung des Mitarbeiter-Know-hows
- Verarbeitung der Rückmeldungen

Abbildung 2-5: Anforderungen an die Auftragsgrobplanung und Auftragssteuerung[94]

2.2.3 Produktionsplanung und -steuerung

Die Produktionsplanung und -steuerung (PPS) hat die Aufgabe, das laufende Produktionsprogramm in regelmäßigen Abständen nach Art und Menge für mehrere Planungsperioden im Voraus zu planen und unter Beachtung gegebener oder bereitzustellender Kapazitäten zu realisieren. Die PPS entspricht damit am stärksten dem,

---

[93] Vgl. Wildemann (Auftragsabwicklungssegmente), 1999, S. 14

[94] Vgl. Eversheim (Arbeitsvorbereitung), 2002, S. 17 ff. (zur Auftragsfeinplanung) und S. 123 ff. (zur Auftragssteuerung)

was üblicherweise unter „Planungsaufgabe“ verstanden wird, auch wenn die Summe aller Aufgaben der Auftragsabwicklung deutlich mehr als die PPS umfasst.[95]

Zur Beschreibung der Aufgaben der PPS existieren verschiedene Modelle. Im Folgenden wird auf das Aachener PPS-Modell eingegangen, da es eine ganzheitliche Sicht der PPS verfolgt und Aufgaben, Prozesse und Funktionen in einen Zusammenhang stellen kann.[96] Dies erfordert die Einnahme verschiedene Sichtweisen auf die jeweilige Problemstellung sowie eine Verbindung dieser. Zur generischen Darstellung dieser Perspektiven dienen vier Referenzsichten, deren Funktion in folgender Abbildung erläutert wird:

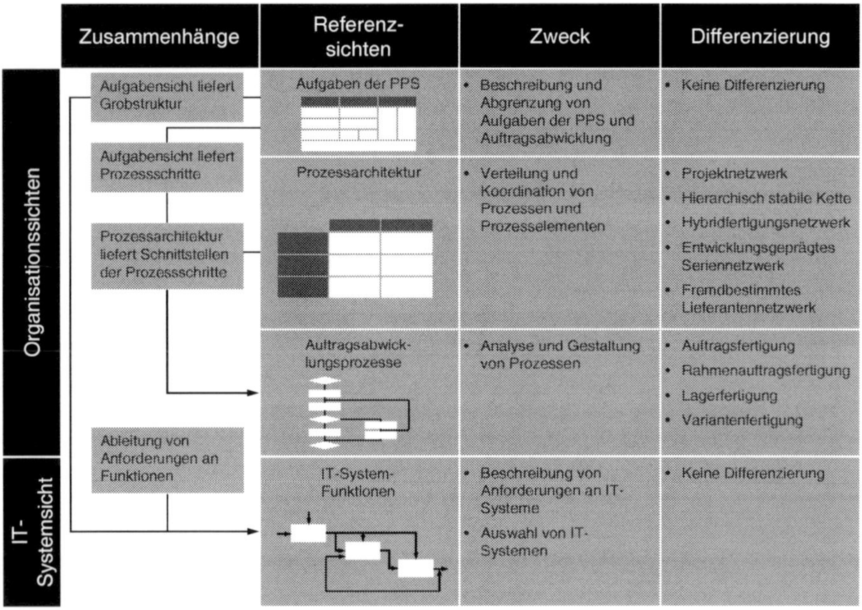

Abbildung 2-6: Referenzsichten des Aachener PPS-Modells[97]

Das Aachener PPS-Modell stellt die Aufgabe der PPS sehr umfassend dar. Obwohl es primär auf die Aufgaben bei Serienproduzenten ausgelegt ist, ist es doch ausreichen generisch, um auch die Aufgaben der Einzel- und Kleinserienfertigung abzudecken. Diese Aufgaben sind in der Aufgabenreferenzsicht zusammengefasst:

[95] Auch so genannte Steuerungsaufgaben beinhalten in der Regel eine Informationsbeschaffung und -aufbereitung sowie eine Entscheidung, so dass sie zu Planungsaufgaben gerechnet werden können. Vgl. Schneider et al. (Operative Produktionsplanung und -steuerung), 2005, S. 77 f.

[96] Vgl. Schuh; Gierth (Aachener PPS-Modell), 2006, S. 6

[97] Vgl. Schuh; Gierth (Aachener PPS-Modell), 2006, S. 19

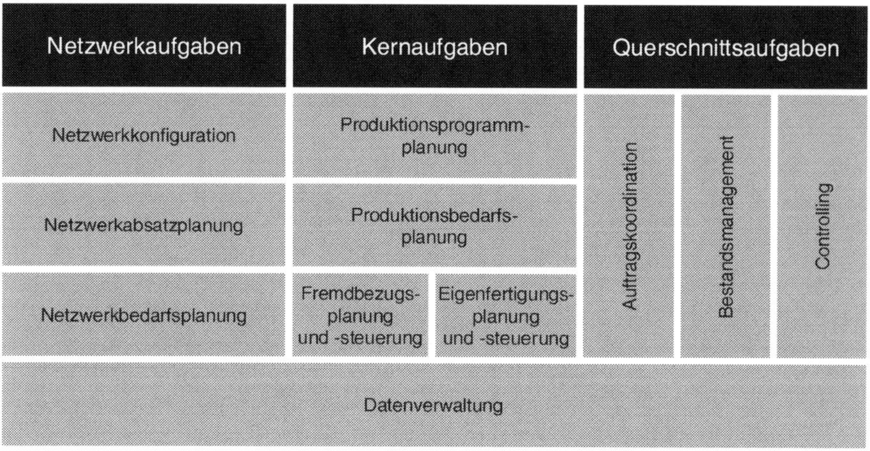

Abbildung 2-7: Die Aufgabenreferenzsicht des Aachener PPS-Modells[98]

PPS-Systeme

Zur Unterstützung der genannten vielfältigen Aufgabe der PPS werden häufig IT-Systeme eingesetzt. Zu nennen sind unterschiedliche Formen von Leitständen und -systemen, Systeme zur Betriebsdatenerfassung und insbesondere PPS-Systeme. Letztere verarbeiten Daten automatisiert, stellen Informationen strukturiert dar und unterstützen damit den Anwender bei der Entscheidungsfindung hinsichtlich der Festlegung der zu produzierenden Mengen, der Belegung von Kapazitäten und der Ermittlung von Terminen und Kosten.[99]

Informationsbedarf bei Planungsaufgaben

Für die Fragestellung dieser Arbeit, an welchen Stellen im Auftragsabwicklungsprozess welcher Aufwand in Planungsaufgaben investiert werden sollte, ist der Bedarf an Informationen, der durch Planung zu decken ist, von Bedeutung. Der Umfang an Informationen, die als Input für Planungsaufgaben notwendig sind, sowie die Informationen, die als Output von Planungsaufgaben entstehen, muss von den Verantwortlichen verstanden werden, um die Planung zu steuern. SCHERM nennt drei Fälle, in denen diese Prämissen häufig nicht erfüllt sind:[100]

1. Die Planer und sonstige Entscheidungsträger sind nicht in ausreichendem Maß in der Lage zu erkennen, welche Informationen sie zu welchem Zeitpunkt von wem und in welcher Form benötigen.

---

[98] Vgl. Schuh; Gierth (Aachener PPS-Modell), 2006, S. 21

[99] Vgl. Heiderich (Informationsflüsse in der Auftragsabwicklung), 2001, S. 12

[100] Vgl. Scherm (Lean Management für die Planungs- und Controllingfunktion), 1993, S. 13

2. Den Planern fehlt in ihrer Aufgabe als Informationslieferanten die notwendige Erkenntnis darüber, wie die jeweils von ihnen gelieferten Informationen an anderer Stelle weiter verwendet werden.
3. Die Kommunikationsfähigkeit der Manager und sonstiger Mitarbeiter reicht nicht aus, um eine wirksame Abstimmung zwischen Informationsnachfragern und Informationsanbietern sicher zu stellen.

Aus dieser Unkenntnis des Bedarfs an Planungsinformationen ergibt sich, dass in den verschiedensten Bereichen unternehmerischer Planung häufig

- zu früh,
- zu aufwändig oder
- das Falsche (im Sinne eines falschen Planungsergebnisses)

geplant wird. In der Praxis fehlt bisher die Möglichkeit, den Bedarf an Planungsinformationen eindeutig zu ermitteln. Die Erwartungen, die nach dem hohen Aufwand an die Ergebnisse der Planung gestellt werden, werden häufig nicht erfüllt.[101]

Zwischenfazit

In Abschnitt 2.2 wurde beschrieben, was unter Auftragsabwicklung zu verstehen ist, welche Phasen und Tätigkeiten sie umfasst und welche Zielsetzungen in der Auftragsabwicklung verfolgt werden. Ein Schwerpunkt wurde dabei auf die Produktionsplanung und -steuerung gelegt, da diese einen Großteil dessen ausmachen, was in dieser Arbeit unter Planung verstanden wird. Die Fragestellung nach dem Informationsbedarf in der Auftragsabwicklung existiert somit nicht nur im Werkzeugbau, sondern auch in anderen Branchen. Da sich aber die Planungsinhalte und damit die Antworten auf diese Fragestellung im Detail je nach Branche deutlich unterscheiden können, ist die in dieser Arbeit entwickelte Methodik auf die Branche des Werkzeugbaus zugeschnitten.

Auf den branchenunabhängigen Erläuterungen der Auftragsabwicklung in Abschnitt 2.2 sowie der folgenden Darstellung der Branche des Werkzeugbaus basiert in Abschnitt 2.4 die Erläuterung von bisher nicht gelösten Herausforderungen in der Planung der Auftragsabwicklung im Werkzeugbau.

2.3 Branche des Werkzeug- und Formenbaus

Die Branche des Werkzeug- und Formenbaus nimmt für die Wertschöpfung produzierender Unternehmen eine besondere Rolle ein.[102] Das Werkzeug hat durch seine Eigenschaften einen entscheidenden Einfluss auf die Produktivität der Serienfertigung und damit auf die Qualität und Herstellkosten der Produkte sowie die Wirt-

---

[101] Vgl. Probst (Leancontrolling), 2003, S. 31 f.

[102] Im Folgenden wird der Einfachheit halber meist die Kurzform „Werkzeugbau“ genutzt.

schaftlichkeit der produzierenden Unternehmen.[103] Die Strukturen des Werkzeugbaus sind aber trotz dieser engen Verbindung zur Serienfertigung auf Grund des Unikat- bzw. Kleinseriencharakters nicht mit der Serienfertigung, in der die Werkzeuge selbst eingesetzt werden, vergleichbar. Diese Rolle hat dazu geführt, dass sich eine Industrialisierung der Werkzeugherstellung bei den meisten Werkzeugbaubetrieben noch in den Anfängen befindet.[104] Mit der Industrialisierung verbunden ist ein Paradigmenwechsel, der zu einer Zunahme der Bedeutung der wissensintensiven konzeptionellen und gestaltenden Fragestellungen führt, während die Werkzeugfertigung selbst möglichst effizient gestaltet wird.[105]

Im Folgenden wird die Ausgangssituation der Branche des Werkzeugbaus beschrieben und damit die besondere Berücksichtigung dieser Situation bei der Konzeption einer Verbesserung von Planungsprozessen in der Auftragsabwicklung des Werkzeugbaus motiviert. Hierfür wird zunächst die Bedeutung und Struktur der Branche aufgezeigt und dann auf Geschäftsmodelle und auf Geschäftsaktivitäten anhand der damit verbundenen Auftragstypen eingegangen.

Anschließend wird die Prozesskette der Auftragsabwicklung bestehend aus direkten und indirekten Prozessschritten beschrieben. Dies dient als erster Rahmen zur späteren Zuordnung des Konzepts zu verschiedenen Aufgaben innerhalb der Auftragsabwicklung. Es schafft zudem die Vorraussetzung, um in Abschnitt 2.4 die zu lösenden Herausforderungen in der Auftragsabwicklung im Werkzeugbau zu beschreiben.

2.3.1 Bedeutung und Struktur der Branche

Die Branche des Werkzeugbaus ist mit ca. 5.000 Unternehmen und 60.000 Mitarbeitern in Deutschland im Vergleich zu anderen industriellen Branchen eher klein.[106] Die Analyse des Branchenumsatzes zeigt aber, dass Deutschland mit einem Anteil von ca. 28% zu den führenden Werkzeugbau-Nationen der Welt gehört.[107] Dabei zählt der größte Teil deutscher Werkzeugbau-Unternehmen nach Angaben des VDMA zu den kleinen und mittleren Unternehmen (kmU) und beschäftigt weniger als 20 Mitarbeiter.[108]

Aufgrund seines Beitrags sowohl zur Produktentwicklung als auch zur Produktherstellung nimmt der Werkzeugbau eine Schlüsselposition in der industriellen Wertschöpfungskette zwischen der Produktenwicklung und der Serienfertigung ein (Abbildung 2-8).

---

[103] Vgl. Klocke et al. (Mehrwerte gekonnt generieren), 2008, S. 2

[104] Vgl. Klotzbach (Gestaltungsmodell), 2007, S. 81

[105] Vgl. Henriques (New Business Models for the Tooling Industry), 2008, S. 89

[106] Vgl. o. V. (Werkzeugbau in Deutschland), 2006, S. 21

[107] Vgl. Tuomi et al. (Survey of the International Tool Manufacturing Business), 2005, S. 2

[108] Unternehmen mit weniger als 20 Mitarbeitern und interne Werkzeugbauabteilungen werden allerdings statistisch nicht erfasst, so dass die Genauigkeit der existierenden Daten als eher gering einzustufen ist.

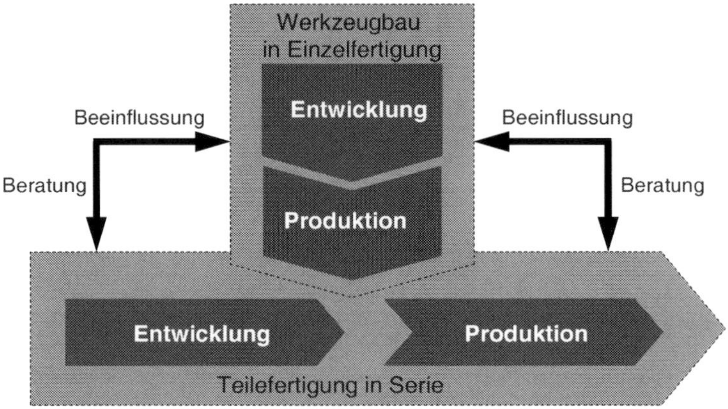

Abbildung 2-8: Werkzeugbau als Bindeglied zwischen Entwicklung und Produktion[109]

Hieraus ergibt sich auch die besondere Rolle des Werkzeugbaus, die sich aus der Situation als Einzelfertiger im Umfeld der Serienfertigung ergibt. Der Werkzeugbau lässt sich als „Fabrik in der Fabrik" bezeichnen.[110] Die mit den Werkzeugen hergestellten Erzeugnisse werden in Serien- oder Massenfertigung gefertigt, während der Werkzeugbau primär Unikate produziert, die produktspezifisch und kundenindividuell konzipiert sind.[111]

Die Produktentwicklung kann der Werkzeugbau mit seinem Know-how durch die Beratung in Bezug auf die technische und wirtschaftliche Herstellbarkeit der Produkte unterstützen. Damit kann bereits in den frühen Phasen der Produktentwicklung ein starker Einfluss auf die Kosten genommen werden. Der Serienfertigung kann der Werkzeugbau das Know-how zur Verfügung stellen, Fehlfunktionen von in Betrieb befindlichen Werkzeugen zu analysieren. Darüber hinaus wird mit der Durchführung von Werkzeugreparaturen ein stabiler Fertigungsprozess sichergestellt. Mit weiteren Leistungen wie der der Produktion von Prototypen und Kleinserien im Werkzeugbau können die Stillstandszeiten der Produktion minimiert und den Kunden eine zusätzliche Dienstleistung angeboten werden.[112]

2.3.2 Geschäftsmodelle und -aktivitäten des Werkzeug- und Formenbaus

Hintergrund für das Handeln eines Unternehmens ist sein Geschäftsmodell. Die Unterscheidung des Geschäftsmodells nach internem und externem Werkzeugbau ist die offensichtlichste und daher auch in der Praxis direkt zu erkennen: Der interne Werkzeugbau hat den Status einer Kostenstelle, einer Abteilung, eines Cost-

---

[109] i. A. a. Klotzbach (Gestaltungsmodell), 2007, S. 45

[110] Dies gilt räumlich zumindest für interne Werkzeugbauabteilungen und prinzipiell auch für externe Werkzeugbaubetriebe. Vgl. Brankamp (Wettbewerbsfaktor), 1991, S. 14

[111] Vgl. Frick (Geschäftsmodelle im Werkzeugbau), 2006, S. 22

[112] Vgl. Frick (Geschäftsmodelle im Werkzeugbau), 2006, S. 20

Centers, eines Profit-Centers oder einer Sparte. Kapitalgeber und gleichzeitig Hauptkunde ist das Mutterunternehmen. Der externe Werkzeugbau dagegen ist ein selbstständiges Unternehmen mit beliebigem Kapitalgeber und besitzt eine Reihe von Kunden. In der Regel bewegen sich die Kunden jeweils deutlich unter 50% des Auftragsvolumens.[113] Darüber hinaus sind Grenzfälle möglich, in denen der Werkzeugbau ein eigenes Geschäftsfeld darstellt oder etwa 50% seines Umsatzes mit dem Mutter- oder Schwesterunternehmen macht, gleichzeitig aber sowohl intern als auch extern voll konkurriert.[114] Darüber hinaus ist das Auftragsspektrum von Bedeutung für ein Geschäftsmodell und wird daher im Folgenden erläutert.

Auftragsspektrum des Werkzeugbaus

Nach EVERSHEIM und KLOCKE kann das Auftragsspektrum nach folgenden Typen gegliedert werden:[115] Je nach Auftragstyp unterscheiden sich die Planungstätigkeiten teilweise erheblich. Von Bedeutung ist insbesondere das Maß an Routine im Ablauf der Auftragsabwicklung, da sich hieraus ergibt, ob langfristig geplant werden kann, oder kurzfristig reagiert werden muss.

- **Neuaufträge:** Bei dieser Art von Aufträgen wird eine individuelle, neue Werkzeuglösung von der Konstruktion bis zur Erprobung und Teilefertigung erarbeitet. Erfahrungen aus ähnlichen Werkzeugen können unterstützend transferiert werden. Sollen diese Erfahrungen nicht nur implizit, sondern systematisch genutzt werden, ist es notwendig, sie auch zu sammeln, aufzubereiten und zur Verfügung zu stellen. Dies stellt einen zusätzlichen Aufwand dar, dessen Nutzen sich erst bei späteren Aufträgen einstellen wird.[116]
- **Ähnlich- und Wiederholaufträge:** Bei bestehenden Parallelen zu bereits produzierten Werkzeugen können Konstruktionen und teilweise auch NC-Programme sowie Elektroden (ggf. leicht modifiziert) verwendet werden. Die bei den vorher hergestellten Werkzeugen gesammelten Erfahrungen tragen dazu bei, dass eine kostengünstige Herstellung im gesamten Prozess realisiert werden kann.[117]
- **Änderungsaufträge:** Die Änderungen, die aus Modifikationen am Bauteil resultieren, führen zwangsläufig zu umfangreichen Änderungen am Werkzeug bzw. am kompletten Werkzeugsatz sowie an allen dazugehörigen Lehren und Vorrich-

---

[113] Vgl. Eversheim; Klocke (Werkzeugbau mit Zukunft), 1998, S. 3
Eine Unterscheidung des Auftragsspektrums nach Werkzeugarten ist im Zusammenhang dieser Arbeit von untergeordneter Bedeutung und findet sich beispielsweise bei Gebeshuber (Werkzeugbau im Wandel der Zeit), 2008, S. 15 ff.

[114] Ein Beispiel stellt das selbstständige Unternehmen Huf Tools als 100%ige Tochter der Huf Hülsbeck & Fürst GmbH & Co. KG, Velbert, dar. Vgl. Hill (Standardisierung im Werkzeugbau), 2008, S. 4

[115] Vgl. Eversheim; Klocke (Werkzeugbau mit Zukunft), 1998, S 20 ff. und 229 ff.

[116] Vgl. Frick (Geschäftsmodelle im Werkzeugbau), 2006, S. 28

[117] Auf die Möglichkeiten zur Nutzung von Erfahrungen bis hin zu Skaleneffekten auch bei geänderter Konstruktion geht YAMASAKI ein. Vgl. Yamasaki (Parametrische Konstruktion), 2008, S. 5 ff.

tungen. Die ursprüngliche Planung ist dann leicht hinfällig, so dass reaktiv umgeplant werden muss. Sind von vornherein Änderungen absehbar, ist es sinnvoll, die Planung so flexibel zu halten, dass die Änderungen keine unnötig großen Störungen verursachen.[118]

- **Reparatur- und Wartungsaufträge:** Werkzeugbruch kommt heute in der Produktion zwar sehr selten vor, allerdings droht dann sofort ein Stillstand in großen Teilen der Produktion. Durch die Notwendigkeit der Werkzeugreparatur wird die Ausführung der Neuaufträge im Werkzeugbau enorm gestört. Wartungs- oder Instandhaltungsaufträge für die Werkzeuge sind dagegen planbar und werden in festgelegten Zeitintervallen durchgeführt.[119]
- **Eilaufträge:** Bestimmte Werkzeuge müssen kundenseitig in extrem kurzer Zeit hergestellt, geändert oder repariert werden, so dass für diese Art von Aufträgen besondere Maßnahmen notwendig sind. Eilaufträge lassen sich kaum proaktiv planen, stattdessen ergibt sich ein hoher Koordinationsaufwand sowohl in indirekten als auch in direkten Bereichen, um die Aufträge durch die Produktion zu schleusen und die ursprünglichen Planungen, die sich nicht mehr einhalten lassen, zu korrigieren.[120] Eine kurze Durchlaufzeit und hohe Termintreue kann den Bedarf nach Eilaufträgen verringern, wenn es gelingt, auch nicht-Eilaufträge in ausreichend kurzer Frist abzuwickeln.[121]
- **Beratungsaufträge:** Seitens der Konstruktion oder Erprobung werden die Bauteilentwicklung und die Produktion im Sinne einer Dienstleistung des Werkzeugbaus beraten, um möglichst effizient werkzeuggerechte Bauteile zu entwickeln bzw. mit maximaler Produktivität Teile zu fertigen.[122] Wenn diese Beratung für den Werkzeugbau nicht honoriert wird, was insbesondere bei internen Werkzeugbaubetrieben der Fall ist, muss sich die Frage stellen, ob die Einsparungen an Änderungen und ähnlichem ungeplanten Aufwand den Beratungsaufwand rechtfertigen.

Zusammenfassend kann festgehalten werden, dass die unterschiedlichen Auftragsarten verschiedene Prozessschritte in Anspruch nehmen und die Kombination unterschiedlicher Auftragsarten somit zu einer gesteigerten internen Prozesskomplexität führt. Für die Planung innerhalb der Abwicklung unterschiedlicher Aufträge gilt, dass sowohl der Bedarf als auch die Möglichkeit der Planung sehr unterschiedlich sind.

---

[118] Vgl. Klieber (Wie viel Arbeitsplanung brauchen wir?), 2009, S. 39

[119] Vgl. Möhring (Reaktionsschnelle Instandsetzung von Formen), 2008, S. 2 f.

[120] Vgl. Klieber (Wie viel Arbeitsplanung brauchen wir?), 2009, S. 39

[121] Vgl. Klotzbach (Gestaltungsmodell), 2007, S. 173

[122] Vgl. Frick (Geschäftsmodelle im Werkzeugbau), 2006, S. 29 und Schuh et al. (Diensleistungsqualität im Werkzeugbau), 2009, S. 539

2.4 Herausforderungen der Auftragsabwicklung im Werkzeugbau

Nachdem in Abschnitt 2.1 bis 2.3 Planung, Auftragsabwicklung und Werkzeugbau analysiert wurden, werden im Folgenden die Herausforderungen und Probleme der Planung in der Auftragsabwicklung im Werkzeugbau erläutert.

2.4.1 Struktur der Auftragsabwicklung im Werkzeugbau

Die Auftragsabwicklung im Werkzeugbau besitzt einige Besonderheiten, weshalb an dieser Stelle gesondert auf sie eingegangen wird. TRACHT nutzt beispielsweise eine Darstellung, die den Auftragsabwicklungsprozess aus Sicht der Aufgabeninhalte insbesondere der Planung und Steuerung beschreibt (vgl. Abbildung 2-9).

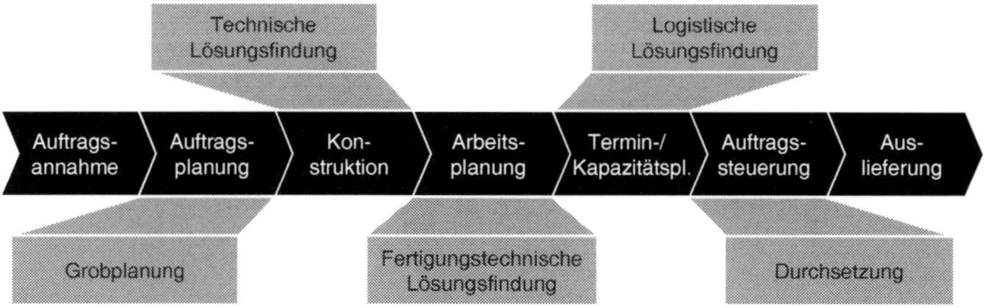

Abbildung 2-9: Aufgaben in der Auftragsabwicklung[123]

Im Werkzeugbau ist der Auftragsabwicklungsprozess stark funktional von den jeweils betroffenen Abteilungen geprägt. Die Übergaben der Aufträge stellen die wesentlichen Meilensteine des Prozesses dar. Eine Verknüpfung der Aufgabeninhalte sowie der verantwortlichen Abteilungen ist in der Prozesskette nach EVERSHEIM und KLOCKE dargestellt, die von KLOTZBACH weiterentwickelt wurde:[124]

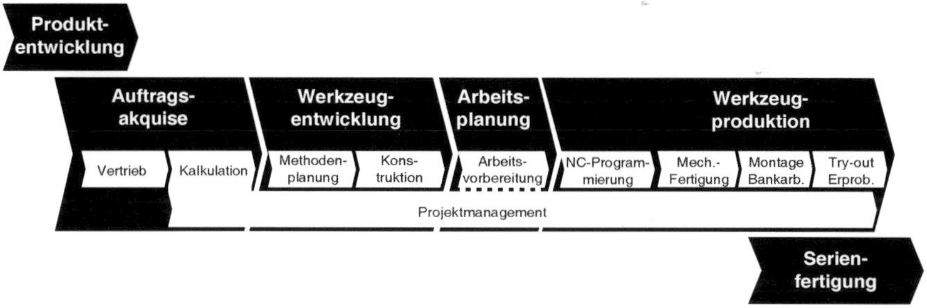

Abbildung 2-10: Generische Prozesskette des Werkzeugbaus[125]

---

[123] Vgl. Tracht (Planung des Werkzeugbaus), 2002, S. 11

[124] Vgl. Eversheim; Klocke (Werkzeugbau mit Zukunft), 1998, S. 21; Klocke et al. (Zukunftsstudie), 2005, S. 50 f.

[125] I. A. a. Klotzbach (Gestaltungsmodell), 2007, S. 49

Die Prozesskette des Werkzeugbaus ist zwischen der Produktentwicklung und der Serienfertigung der Produkte angeordnet und umfasst die vier Hauptprozesse Auftragsakquisition, Werkzeugentwicklung, Arbeitsplanung und Werkzeugproduktion. Hinzu kommt das Projektmanagement als Querschnittsaufgabe[126] Auch wenn es im Sinne des Simultaneous Engineering zahlreiche Überschneidungen zur Verkürzung der Gesamtdurchlaufzeit gibt, so sollen doch die einzelnen Phasen an dieser Stelle getrennt voneinander dargestellt werden.

Das Prinzip der kontinuierlichen Detaillierung der Planung bei zunehmender Konkretisierung der Produkterstellung von der Konzeption zur Fertigstellung wird weiter unten in Abbildung 2–11 dargestellt.

In der **Auftragsakquisition** müssen Werkzeugbaubetriebe – so wie andere Produktionsunternehmen auch – mit Hilfe von Marketing und Vertrieb neue Aufträge akquirieren. Eine wichtige Aufgabe hierfür ist die Werkzeugangebotskalkulation, die die Basis für die angebotenen Preise schaffen muss.[127] Auch im Werkzeugbau kann im weitesten Sinne von einer auftragsunabhängigen Produktionsprogrammplanung gesprochen werden, indem zunächst festgelegt wird, auf welche Werkzeugtypen man sich fokussieren möchte und welche Werkzeugtypen nicht angeboten werden sollen.[128]

Meist schon vor, spätestens aber nach Vertragsschluss wird das Projektmanagement involviert, das sich um die Betreuung der einzelnen Aufträge über die Prozesskette hinweg kümmert und die Kostenkontrolle, die vereinbarten Termine sowie besondere Anforderungen wie z. B. Dokumentation oder Prüfberichte berücksichtigt. Dies gilt sowohl für externe Werkzeugbauunternehmen als auch prinzipiell für interne Werkzeugbauabteilungen. Bei letzteren läuft die Angebotserstellung teilweise recht formlos ab, teilweise ohne formales Angebot, aber mit Lasten- und Pflichtenheft und teilweise über ein oder mehrere Angebote, die auch gegenüber externen Werkzeugbauern auf ihre Wettbewerbsfähigkeit überprüft werden.[129]

Das **Projektmanagement** ist je nach Werkzeugbau mehr oder weniger stark ausgeprägt und systematisiert: Anders als in den anderen hier dargestellten Funktionen der Auftragsabwicklung werden die Aufgaben des Projektmanagements teilweise

---

[126] i. A. a. Frick (Geschäftsmodelle im Werkzeugbau), 2006, S. 27

[127] Auf die großen Probleme, die sich durch die unvollständigen Informationen aus der Produktentwicklung für die Kalkulation im internen Werkzeugbau ergeben und die zu großen Abweichungen zwischen geschätzten und tatsächlichen Kosten führen, geht z. B. DENKENA ein. Vgl. Denkena; Schürmeyer (Quotation costing of moulds), 2009, S. 88 f. Das gleiche Problem ergibt sich für die Erstellung für externe Kunden durch den Zwang, vor der Konstruktion ein Angebot zu erstellen. Vgl. Petzold (Vorkalkulation des Werkzeug- und Formenbaus), 2008, S. 7

[128] Vgl. Schuh et al. (Strategien im Werkzeugbau), 2008, S. 437 f.

[129] Vgl. Frick (Geschäftsmodelle im Werkzeugbau), 2006, S. 27 zum Prozess des Vertriebs und S. 189 zu den Herausforderungen, die sich aus der Integration in die Kundenprozesse ergeben.

von einer Zentralabteilung wahrgenommen, teilweise sind die Aufgaben auch auf die einzelnen dezentralen Abteilungen verteilt. Die Grenzen des Projektmanagements sind sowohl zum Vertrieb als auch zur Arbeitsplanung hin fließend; der Aufwand für Projektmanagementaufgaben im Vergleich zu routinemäßigen Steuerungstätigkeiten ist in der Regel hoch, da die Werkzeuge in der Regel jeweils als Unikate neu konzipiert werden.[130] Die Aufgabe des Projektmanagements besteht in der Festlegung und Überprüfung von Terminen, in der Koordination der beteiligten Partner und teilweise in der Kommunikation zum Kunden. In der Diskussion mit der Konstruktion, Arbeitsplanung und Werkzeugproduktion muss anhand von wirtschaftlichen und kapazitiven Kriterien und entsprechend der vorhandenen Kompetenzen entschieden werden, welche Komponenten des Werkzeugs intern und welche extern vergeben werden.[131]

Hiervon ausgehend wird für einzelne Aufträge zunächst eine zentrale Grobplanung vorgenommen, die aus der Kalkulation grobe Vorgabezeiten übernimmt und auf dieser Basis Ressourcen reserviert. Die Grobplanung umfasst die Mengen-, Termin- und (zumindest teilweise) Kapazitätsplanung und dient der Überwachung des Auftragsfortschritts und des Kostenrahmens.

Die erste inhaltliche Aufgabe nach Akquisition und Auftragseinlastung ist die **Werkzeugentwicklung**. Zunächst wird die Methodenplanung durchgeführt, in der festgelegt wird, mit welchen Fertigungsschritten das Serienprodukt später gefertigt werden soll und welche Funktionen das Werkzeug bzw. der Werkzeugsatz dafür besitzen muss. Darauf baut die Werkzeugkonstruktion auf, in der das Werkzeug inkl. aller Details auskonstruiert wird und in der CAD-Modelle und/ oder Zeichnungen und Stücklisten erstellt werden.[132]

Die **Arbeitsplanung** detailliert auf organisatorischer Ebene die Vorgaben des Projektmanagements und auf technischer Ebene die Vorgaben der Werkzeugentwicklung. Die Abstimmung mit dem Projektmanagement ist häufig in einem Kaskadenkonzept organisiert (vgl. Abbildung 2–11), das sich sowohl auf den zeitlichen Horizont als auch auf die Datendetaillierungsebene bezieht, allerdings nicht zwangsläufig systematisch als solches ausgestaltet ist, sondern sich häufig emergent so entwickelt hat.[133]

---

[130] Vgl. zur Situation im Werkzeugbau Tracht (Planung des Werkzeugbaus), 2002, S. 18.
Einen Vergleich verschiedener Planungs- und Steuerungsaufgaben und deren Detaillierungsgrad enthält Wiendahl (Betriebsorganisation), 2007, S. 139 ff.

[131] Die Bezeichnung „Projektmanagement" deutet schon an, dass sich die Aufgaben von Auftrag zu Auftrag stark unterscheiden. Vgl. Klotzbach (Gestaltungsmodell), 2007, S. 50

[132] Vgl. Boos (Modulare Werkzeuge), 2008, S. 42 ff.

[133] Vgl. Schiemenz; Schönert (Entscheidung und Produktion), 2005, S. 63 für das prinzipielle Konzept und Klotzbach (Gestaltungsmodell), 2007, S. 50 und 220 für die Anwendung auf den Werkzeugbau.

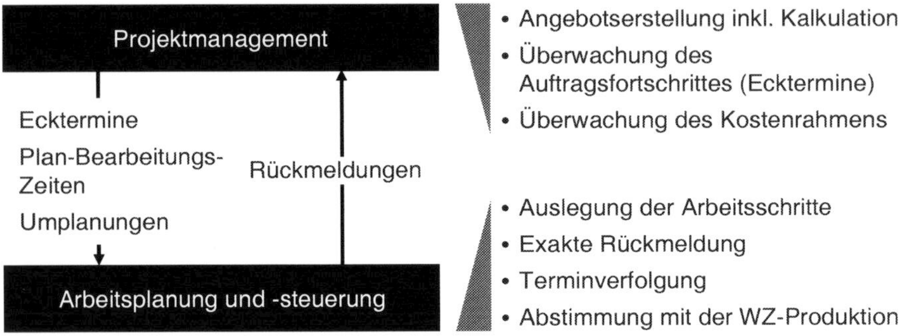

Abbildung 2-11: Kaskadenaufbau der Planung und Steuerung[134]

Auf Basis der Grobplanung des Projektmanagements kann in einer dezentralen Feinplanungs- und -steuerungsebene die Fertigungsvorbereitung des Werkzeugbaus durchgeführt werden.[135] Diese legt die notwendigen Arbeitsschritte und die zugehörigen Maschinen bzw. Arbeitsplätze fest, erstellt die NC-Programme für die mechanische Fertigung und Arbeitsdokumente für alle weiteren Tätigkeiten und bestellt Roh- und Halbfertigwaren bei Lieferanten.[136]

Speziell für den Werkzeugbau existiert eine Reihe von PPS-Systemen, die auch auf die Eigenarten der kundenindividuellen Einzelfertigung ausgerichtet sind. Gerade bei internen Werkzeugbauabteilungen sind aber häufig PPS- bzw. ERP-Systeme anzutreffen, die vom Mutterunternehmen für das ganze Unternehmen festgeschrieben sind und sich kaum für den Werkzeugbau eignen. Häufig werden diese Systeme dann ergänzt und teilweise auch unterlaufen durch eine Planung mit klassischer Tabellenkalkulation, in der sich die Dinge erfassen lassen, die mit dem PPS-System nicht abgebildet werden können.[137]

---

[134] Vgl. Schiemenz; Schönert (Entscheidung und Produktion), 2005, S. 63.
Darstellung i. A. a. Klotzbach (Gestaltungsmodell), 2007, S. 220, allerdings orientiert sich KLOTZBACH bei der Abgrenzung stärker an der Serienfertigung.

[135] Die Arbeitsplanung im Werkzeugbau ist in ihrer Funktion nicht zu verwechseln mit der Arbeitsplanung der Serienfertigung, die wiederum gerade bei internen Werkzeugbauabteilungen eng mit dem Werkzeugbau zusammenarbeitet. Selbst in den Fällen, in denen die Aufgaben der Arbeitsplanung für die Serienfertigung und für die Werkzeugherstellung von einer gemeinsamen Abteilung durchgeführt werden, handelt es sich um verschiedene Aufgaben. Ferner ist die Unterscheidung zwischen Arbeitsplanung (einmalige Planung der anfallenden Tätigkeiten für einen Produkttyp), Arbeitssteuerung (auftragsabhängige Steuerung der Tätigkeiten) und der Zusammenfassung zur Arbeitsvorbereitung im Werkzeugbau nicht zutreffend. Vgl. Wiendahl (Betriebsorganisation), 2007, S. 195
Die Aufgaben der Arbeitsplanung werden teilweise auch durch andere Abteilungen verantwortet. Dies gilt beispielsweise für die NC-Programmierung, die teilweise durch die produktiven Mitarbeiter oder aber durch eine eigene Abteilung „NC-Programmierung" durchgeführt wird.

[136] Für eine detaillierte Darstellung der einzelnen Aufgaben siehe o. V. (Auftragsabwicklung), 1991, S. 125 ff.

[137] Vgl. Leipold (Software zur Planung und Steuerung im Werkzeug- und Formenbau), 2009, S. 60

Nach Abschluss der Arbeitsplanung kann die **Werkzeugproduktion** beginnen. Die eigentliche Herstellung des Werkzeugs besteht aus der mechanischen Fertigung und der so genannten Bankarbeit. Die mechanische Fertigung umfasst die Aufgaben, die mit Hilfe von Werkzeugmaschinen an den Einzelteilen des Werkzeugs verrichtet werden. Die „Bankarbeit" umfasst die Montage und eine erste Funktionsprüfung. Im Zusammenhang der Werkzeugfertigung ist unter Montage nicht nur das Zusammenbauen zu verstehen, sondern auch eine Nacharbeit von Werkzeugkomponenten, die erst bei der Montage möglich ist. Nachdem die Funktionsfähigkeit aller beweglichen Teile sichergestellt ist, wird ein „Try-out" durchgeführt, in dem mit Try-out-Maschinen die Funktion auch im Einsatz getestet und durch Nacharbeit sichergestellt wird. Dies ist notwendig, da auch bei Einhaltung aller Toleranzen der Werkzeugteile eine Einhaltung der Toleranzen der Serienteile oft nicht direkt gegeben ist, da Schwindung von Spritzgussteilen oder Nachfederung von Blechen nicht exakt vorhergesagt werden können. Zu dieser „geplanten Nacharbeit" kommt eine häufig erhebliche Anzahl von Änderungswünschen vom Kunden, die, selbst wenn sie vom Kunden bezahlt werden, den Erstellungsprozess und dessen Planung erschweren.[138]

2.4.2 Fehlplanung in der Auftragsabwicklung im Werkzeugbau

Eine effektive und effiziente Auftragsabwicklung ist für produzierende Unternehmen von großer Bedeutung. Der wirtschaftliche Erfolg hängt wesentlich von der Durchlaufzeit und Termintreue einerseits sowie von den verursachten Kosten andererseits ab.[139] Die Planung und Durchführung der Auftragsabwicklung wird aber z. B. aufgrund der zunehmenden Produktindividualisierung und -vielfalt zunehmend komplexer und verlangt für ihre Bewältigung ein übergreifendes Fachwissen.[140]

Im Werkzeugbau werden diese Anforderungen häufig nicht zufrieden stellend erfüllt. Probleme ergeben sich aus sich den Eigenschaften des Werkzeugbaus, bei dem die Herstellung von kundenindividuellen Einzelprodukten zu anderen Herausforderungen führt, als es bei Serienproduzenten der Fall ist.[141]

Komplexität als Ursache von Problemen

Aufgrund der geringen Bereitschaft im Werkzeugbau, zu standardisieren oder zu modularisieren,[142] liegt nur selten eine Erzeugnisstruktur für ähnliche Werkzeuge oder zumindest ähnliche Komponenten vor. Die anzustrebende Wiederverwendbar-

---

[138] Vgl. Klotzbach (Gestaltungsmodell), 2007, S. 50
Die Benennung der Aufgaben, die hier mit Try-out bezeichnet werden, kann sich je nach Werkzeug- oder Formenbaubetrieb unterscheiden. Zu Details unterschiedlicher Möglichkeiten von Try-outs vgl. Haasler (Hochtechnologie und Handarbeit), 2004, S. 115

[139] Vgl. Klocke et al. (Zukunftsstudie), 2005, S. 30

[140] Vgl. Luczak; Krings (Organisationsentwicklung und PPS), 1999, S. 516 ff.

[141] Eine Erläuterung der Notwendigkeit von nicht vorhersehbaren Aufgaben im Werkzeugbau findet sich beispielsweise bei Haasler (Hochtechnologie und Handarbeit), 2004, S. 197

[142] BOOS beschreibt, dass sich diese Bereitschaft meist auf den Einsatz von Normalien für den nicht formgebenden Teil der Werkzeuge beschränkt. Boos (Modulare Werkzeuge), 2008, S. 2

keit von standardisierten oder modifizierten Netzplänen für die Planung der Auftragsabwicklung ist aber an eine möglichst weitgehende Standardisierung bzw. Modularisierung der Bauteile gebunden.[143]

Durch die fehlende Wiederverwendbarkeit von Planungsdaten ergibt sich darüber hinaus auch ein hoher Aufwand für eine Neuerstellung der Planungsdaten, was eine Tendenz zur Grobplanung und zur fehlerhaften oder zumindest nicht exakten Feinplanung hervorruft.[144]

Das Fehlen einer zuverlässigen Feinplanung verursacht für die Auftragssteuerung verschiedene Probleme: Die Planungssicherheit ist gering, was zu stark schwankenden Beständen vor den Maschinen und Bankarbeitsplätzen führt und einen hohen Aufwand für das Nachsteuern und Umplanen an den Arbeitsplätzen mit sich bringt. Durch die geringe Termintreue einzelner Arbeitsschritte ergibt sich ein häufiger unkoordinierter Wechsel der Prioritäten, der zu häufigen Unterbrechungen der Arbeit der Mitarbeiter mit der Folge von Rüstzeiten führt.[145]

Unter diesen Umständen der häufigen Umplanungen wird eine vorausschauende Planung erschwert, so dass genaue Terminzusagen für Kundenaufträge auf unsicheren Schätzungen beruhen und daher eigentlich nicht getätigt werden sollten. Allerdings machen Kunden verständlicherweise ihre Bestellungen von Terminzusagen abhängig, so dass sich Werkzeugbaubetriebe gezwungen sehen, selbst dann Termine zuzusagen, wenn sie nicht wissen, ob sie eingehalten werden können. Entsprechend häufig werden Termine nicht oder nur mit einem hohen Aufwand für das Umpriorisieren eingehalten.[146]

Die folgende Abbildung zeigt die genannten Probleme in der Auftragsabwicklung im Werkzeugbau: Zunächst führt der Charakter als Unikatfertiger durch fehlende Nutzbarkeit von Plandaten zu einem hohen Planungsaufwand. Trotz dieses Aufwands gilt aufgrund der Tendenz zur Grobplanung der Teufelskreis der Produktionsplanung und -steuerung. Demzufolge wird auf die lange Durchlaufzeit und geringe Termintreue mit einer früheren Terminierung bzw. Auftragsfreigabe reagiert, was das Problem insgesamt noch größer werden lässt.[147]

---

[143] Vgl. Eversheim; Klocke (Werkzeugbau mit Zukunft), 1998, S. 330 ff.

[144] Vgl. Eversheim et al. (PPS im Werkzeugbau), 1996, S. 379 und Boos (Modulare Werkzeuge), 2008, S. 50

[145] Vgl. Klieber (Wie viel Arbeitsplanung brauchen wir?), 2009, S. 39.
Den häufig unterschätzten Kommunikationsaspekt der Steuerung, Koordination und Umplanung beschreibt Lassen (Informationsflüsse der Auftragskoordination), 2006, S. 94 f.

[146] Vgl. Fleisch et al. (High Resolution Production Management), 2008, S. 453

[147] Vgl. Eversheim; Klocke (Werkzeugbau mit Zukunft), 1998, S. 319. Vgl. auch Löllmann (Das 3-Liter PPS-Konzept), 2004, S. 22

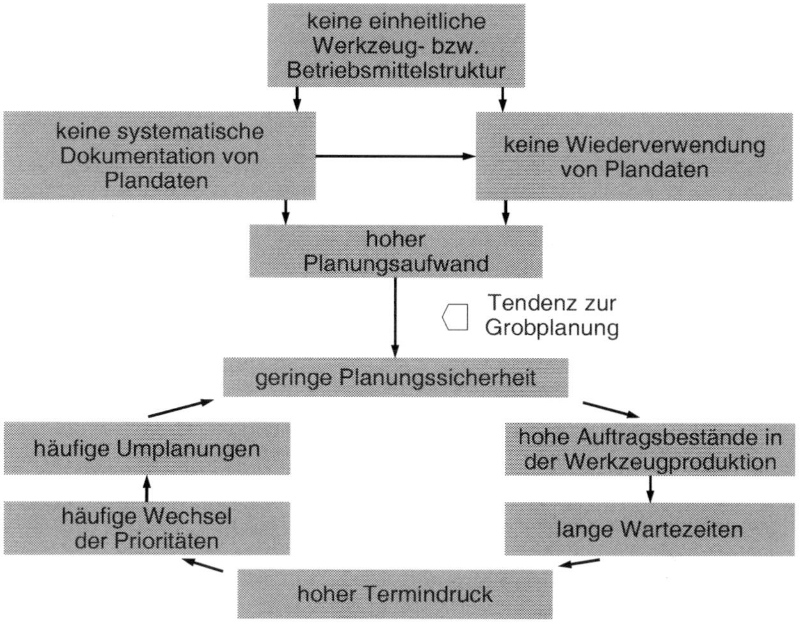

Abbildung 2-12: Probleme bei der Planung und Steuerung im Werkzeugbau[148]

Die direkten Folgen dieser selbstverstärkenden Rückkopplungen sind ein schlechtes Verhältnis aus Planungsnutzen und -aufwand in Form von

- einem hohen Liegezeitanteil und langen Durchlaufzeiten,
- stark schwankenden Kapazitätsbedarfen bzw. stark schwankender Auslastung,
- der Unmöglichkeit einer vorausschauenden Planung und
- der mangelnden Transparenz bezüglich des Auftragsfortschritts.

Fehlendes Verständnis für die Komplexität als Ursache von Problemen

In der Planung im Werkzeugbau werden die oben beschriebenen Probleme zwar gesehen, und es besteht auch ein weitgehend einheitliches Verständnis darüber, dass existierende Probleme behoben werden müssen. Es besteht aber in kaum einem Betrieb ein Konsens darüber, welche der beschriebenen Probleme sich lösen lassen und welche der Aspekte zumindest als gegeben hinzunehmen sind.

Im Umgang mit den Besonderheiten im Werkzeugbau treten daher immer wieder die folgenden Probleme auf:

[148] Vgl. Eversheim; Klocke (Werkzeugbau mit Zukunft), 1998, S. 319

- Es wird so konzipiert, als gäbe es die Probleme nicht. So wird beispielsweise gegen unbegrenzte Kapazität geplant.[149]
- Der Koordinationsbedarf wird unterschätzt, und Koordinations-/ Integrationsaktivitäten werden unterlassen[150] mit der Folge von zusätzlichem Aufwand in nachfolgenden Phasen („Trouble Shooting").
- Es werden Entscheidungen getroffen, die sich als nicht zielführend erweisen und zusätzlichen Aufwand ergeben. Dies geschieht teilweise durch Neuplanung, teilweise durch Ausführung unter Missachtung der Planung.[151]
- Informationen über Planabweichungen werden nicht weitergegeben. Dies gilt insbesondere dann, wenn keine Sicherheit über das Ausmaß der Abweichung besteht und es gilt, obwohl die Bedeutung der Rückmeldungen für die Mitarbeiter nichts Neues ist und verstanden wurde.[152]
- Entscheidungen werden nicht getroffen, sondern „ausgesessen" und zwar insbesondere dann, wenn vermeintlich notwendige Informationen fehlen. Es erfolgt kein ausreichender bzw. ausreichend fokussierter Einsatz von Aufwand zur Nutzbarmachung von Wissen, zur Behebung von Wissensdefiziten, zur Recherche nach existierendem Wissen und zur Ermittlung von noch nicht vorhandenem Wissen.

Während die sich ergebenden offenkundigen Probleme in Nachhinein festgestellt werden, werden normalerweise weder die Komplexität als Ursache auf Seiten der Planung noch die Auswirkungen von Planungsfehlern im Laufe der Prozesskette verstanden.[153]

Somit bleiben die beiden Fragen bisher ungelöst, erstens *in welchen der frühen Phasen bestimmte Planungsaufgaben übernommen werden sollen* und zweitens *wie diese Planungsaufgaben zu realisieren sind.*

2.5 Zusammenfassung des Handlungsbedarfs aus der Praxis

In Kapitel 2 wurde die Situation der Planung in der Auftragsabwicklung im Werkzeugbau beschrieben. Zusammenfassend wird in diesem Abschnitt das Praxisdefizit erläutert sowie der Handlungsbedarf aus der Praxis abgeleitet.

---

[149] Grundsätzlich gibt es die Möglichkeit des begrenzten Ressourcenangebots mit variablen Endterminen und der fixen Endtermine mit variabler Auslastung der Ressourcen. Letztere ist einfacher zu realisieren, funktioniert aber bei Überlastung grundsätzlich nicht. Vgl. Eversheim; Klocke (Werkzeugbau mit Zukunft), 1998, S. 346

[150] Siehe Weber und Eversheim; Klocke (Werkzeugbau mit Zukunft), 1998, S. 346

[151] WIENECKE spricht in diesem Zusammenhang von „Planungsnervosität". Wienecke (Planungsszenarien), 2003, S. 260 f.

[152] Vgl. Eversheim; Klocke (Werkzeugbau mit Zukunft), 1998, S. 341

[153] Vgl. Jodlbauer (Produktionsoptimierung), 2008, S. 6

In den Abschnitten 2.3 und 2.4 konnte gezeigt werden, dass sich die Werkzeugfertigung langsam in Richtung vorausgeplanter, planmäßig ablaufender und effizienter Prozesse entwickelt. Die indirekten Aufgaben, also alle nicht direkt wertschöpfenden, sondern planenden, koordinierenden und steuernden Aufgaben, laufen dagegen noch deutlich improvisierter ab, so dass einem hohen Aufwand für diese Aufgaben ein verhältnismäßig geringer Nutzen gegenüber steht.

Gründe liegen in der Struktur des Werkzeugbaus mit seiner kundenindividuellen Unikatfertigung, dem Bedarf an Erfahrung insbesondere auch bei den Werkzeugmachern, verbunden mit einer fehlenden Explizierbarkeit des Erfahrungswissens, der hohen Aufgabenintegration der Werkzeugmacher bis hin zur eigenen Planung und schließlich darin, dass es durch die hohe Aufgabenintegration tatsächlich auch noch „irgendwie so geht".[154]

Die operative Planung in der Auftragsabwicklung im Werkzeugbau erfolgt damit im heutigen dynamischen Umfeld nicht systematisch, sondern weit überwiegend auf Basis von Erfahrungswissen, Pragmatismus und der Intuition der Beteiligten. Es besteht ein Mangel an systematischer Methodik, die die Planung selbst steuern könnte. Dieser Mangel hat negative Auswirkungen auf die Leistungsfähigkeit der Planung und damit auf die Leistungsfähigkeit der gesamten Auftragsabwicklung inklusive der Werkzeugproduktion.

Um den Gesamtprozess aus administrativen und produktiven Aufgaben möglichst optimal zu gestalten, ist ein Verständnis dafür notwendig, welche administrativen, also planenden, koordinierenden und steuernden Aufgaben für welche nachfolgenden administrativen oder produktiven Aufgaben welchen Zweck erfüllen sollten und welchen Nutzen sie tatsächlich bringen. Da dieses Verständnis fehlt, können Symptome gemildert und im Rahmen von Verbesserungsprojekten so genannte „low hanging fruits" geerntet werden; eine nachhaltige Auslegung des Gesamtprozesses der Planung gelingt somit aber noch nicht.

Aus diesem Grund werden in Kapitel 3 Anforderungen an eine Methodik zur Erhöhung der Planungsproduktivität in der Auftragsabwicklung im Werkzeugbau definiert und bestehende wissenschaftliche Ansätze bezüglich der Erfüllung dieser Anforderungen untersucht.

---

[154] Vgl. Klieber (Wie viel Arbeitsplanung brauchen wir?), 2009, S. 38

3 Ansätze zur Erhöhung der Planungsproduktivität

Basierend auf dem im vorherigen Kapitel aufgezeigten Handlungsbedarf werden in diesem Kapitel gemäß dem ausgewählten Forschungsprozess[155] existierende Ansätze zur Erhöhung der Planungsproduktivität beschrieben und bewertet. Dazu werden zunächst Anforderungen an eine Methodik zur Erhöhung der Planungsproduktivität in der Auftragsabwicklung im Werkzeugbau hergeleitet. Anschließend werden in Abschnitt 3.2 bis 3.4 anhand dieser Anforderungen bestehende Ansätze auf ihre Nutzbarkeit untersucht: In Abschnitt 3.2 wird zunächst auf die Darstellung von Planungsprozessen als Basis einer Analyse eingegangen. Abschnitt 3.3 erläutert den Begriff der Produktivität sowie Ansätze zur Messung und Verbesserung der Produktivität im Planungskontext. Abschnitt 3.4 erläutert dann Analyse- und Gestaltungsansätze zur Konzeption und Veränderung konkreter Planungstätigkeiten und -prozesse. In Abschnitt 3.5 erfolgen abschließend eine Bewertung der einzelnen Ansätze sowie eine Einschätzung über den verbleibenden Handlungsbedarf zur Entwicklung einer Methodik.

3.1 Definition von Anforderungen an eine Methodik

Die Anforderungen an die Methodik zur Erhöhung der Planungsproduktivität sind im Folgenden unterteilt in inhaltliche Anforderungen, die sich aus der Zielsetzung der Erhöhung der Planungsproduktivität ergeben, in Anforderungen bzgl. der Anwendbarkeit in der Auftragsabwicklung des Werkzeugbaus sowie in formale Anforderungen, deren Einhaltung eine wissenschaftlich-methodische Vorgehensweise sicherstellt.[156]

3.1.1 Anforderungen aus der Zielsetzung

Zielsetzung dieser Arbeit ist die Erhöhung der Planungsproduktivität in der Auftragsabwicklung im Werkzeugbau. Unter Planungsproduktivität soll zunächst das Verhältnis von Nutzen einer Planungstätigkeit für die nachfolgenden Prozessschritte zu Aufwand durch die Ausübung der Planungstätigkeit verstanden werden.[157]

Aufgrund der Schwierigkeit, die Planungsproduktivität intuitiv zu erfassen, ist auch die Möglichkeit für intuitive Lösungen sehr begrenzt. Die nachhaltige Behebung offensichtlicher Schwachstellen ist natürlich grundsätzlich sinnvoll, allerdings sind die entsprechenden Möglichkeiten in der Regel ausgeschöpft. In der Praxis behandeln intuitive Ansätze dagegen häufig nur noch Symptome, anstatt die Ursachen anzugehen.

---

[155] Vgl. Abschnitt 1.5, in dem der Forschungsprozess dieser Arbeit auf Basis der Empfehlungen nach ULRICH entwickelt wurde.

[156] Vgl. ULRICH, der die Anwendbarkeit im Sinne der Nutzung einer wissenschaftlichen Leistung zur Gestaltung zu erforschender Systeme in den Mittelpunkt der Wissenschaft stellt: Ulrich (Management), 1984, S. 180

[157] Eine detailliertere Auseinandersetzung mit dem Begriff der Produktivität erfolgt in Abschnitt 3.3.

Die Methodik muss daher die Möglichkeit schaffen, die wesentlichen Ursachen für eine geringe Planungsproduktivität zu ermitteln. Dies bedeutet eine **Analyse von Planungstätigkeiten** und darauf aufbauend eine **Bewertung der Planungsproduktivität**. Hierfür ist ein Verständnis der Zusammenhänge der Planungsabläufe sowie der kausalen Zusammenhänge zwischen einzelnen Planungstätigkeiten notwendig. Dieses Verständnis muss das Entstehen von Aufwand, das Entstehen von Nutzen der Planung sowie die Zusammenhänge zwischen Aufwand und Nutzen von und für die verschiedenen von Planung betroffenen Prozessschritte umfassen. Um mit der Methodik in der Praxis Verbesserungen gestalten zu können, bedarf es darüber hinaus eines Vorgehens zur **Erarbeitung eines Soll-Konzepts zur Erhöhung der Planungsproduktivität**.

3.1.2 Anforderungen hinsichtlich der Anwendung auf den Objektbereich

Die Anforderungen, die sich aus dem Objektbereich der Methodik ergeben, lassen sich in Anforderungen bzgl. der Anwendbarkeit in der Auftragsabwicklung sowie in Anforderungen bzgl. der Anwendbarkeit im Werkzeugbau unterteilen.

Aus der Forderung nach der **Anwendbarkeit in der Auftragsabwicklung** ergibt sich, dass sich ein verwendbarer Ansatz auf operative Planungsprozesse anwenden lassen muss. Um darüber hinaus auf Auftragsabwicklungsprozesse verschiedener Größenordnungen von der Änderung bis zu einem umfangreichen Projekt anwendbar zu sein, muss die Methode skalierbar sein. Hierunter ist zu verstehen, dass sowohl der Planungsaufwand in einem großen Projekt mit einem niedrigen Detaillierungsgrad als auch der Planungsaufwand in einem kleinen Projekt bzw. in einem kleinen Projektausschnitt mit einem hohen Detaillierungsgrad Inhalt der Anwendung sein kann.

Für die **Anwendbarkeit auf den Werkzeugbau** ist dessen Situation im Vergleich zur Serienproduktion zu berücksichtigen, die geprägt ist durch

- einen geringen Standardisierungsgrad der Werkzeuge,
- einen geringen Standardisierungsgrad der Fertigungsprozesse,
- einen geringen Standardisierungs- und Formalisierungsgrad der Planungs- und Steuerungsprozesse,
- eine hohe Bedeutung der Fähigkeit der Mitarbeiter aller Funktionen (Werkzeugmacher, Konstrukteure, Planer etc.), bisher unbekannte Aufgaben zu lösen und
- eine starke Aufgabenintegration und damit Wertschöpfungstiefe in der Verantwortung eines zuständigen Mitarbeiters für ein Werkzeug.

Die Aufgabenintegration führt dazu, dass Mitarbeiter neben den „eigentlichen“ Aufgaben auch noch in großem Maße mit Planungsaufgaben befasst sind. Zwischen „Planung der Durchführung der eigentlichen Aufgabe“ einerseits und „Durchführung der eigentlichen Aufgabe“ andererseits wird aber nicht bewusst getrennt. Die Methodik muss daher auch die Möglichkeit bieten, die kausalen Wirkbeziehungen zwischen diesen beiden Seiten zu erfassen.

3.1.3 Formale Anforderungen an wissenschaftliche Ansätze

Neben Anforderungen, die aus der spezifischen Zielsetzung der vorliegenden Arbeit resultieren, muss die Methodik zur Erhöhung der Planungsproduktivität auch solchen Anforderungen genügen, die allgemein aus wissenschaftlicher Sicht an eine Methodik gestellt werden. Diese Anforderungen, soweit sie für die Zielsetzung dieser Arbeit relevant sind, werden im Folgenden erläutert. Hierbei ist zu beachten, dass an verschiedene Bestandteile der Methodik, wie Bewertungsmodelle und weitere Hilfsmittel, unterschiedlich hohe bzw. unterschiedlich pragmatische Anforderungen gestellt werden können.[158]

Die Bewertung des Nutzens von Planungsaufwand soll als Entscheidungsgrundlage für durchzuführende Maßnahmen zur Verbesserung der Auftragsabwicklung dienen. Aus diesem Grund sind die **Transparenz und Nachvollziehbarkeit** der Bewertungsergebnisse wesentliche Forderungen, die bei der Gestaltung des Bewertungsmodells zu berücksichtigen sind. Dies gilt für alle Detaillierungsstufen einer Modellierung. Nur wenn allen Beteiligten die Durchführung der Prozessbewertung verständlich ist und die erhaltenen Ergebnisse plausibel erscheinen, wird die Methodik als geeignetes Instrument zur Gestaltung eines Soll-Konzepts akzeptiert werden.[159]

Ferner besteht noch die Forderung nach einer **Vergleichbarkeit der Ergebnisse**, die beinhaltet, dass Ergebnisse, die mit der Durchführung der Methodik zu unterschiedlichen Zeitpunkten entstehen, untereinander vergleichbar sind. Auf diese Weise kann durch die Betrachtung der Planungsaufgaben vor und nach durchgeführten Veränderungsmaßnahmen deren Erfolg beurteilt werden.[160]

Eine Methodik, die auch in der Praxis anwendbar ist, muss der grundlegenden Forderung nach **Wirtschaftlichkeit** der Durchführung genügen. Allerdings steht diese Forderung nach einer hohen Wirtschaftlichkeit häufig in Konkurrenz zu anderen Anforderungen, die an die Methode gestellt werden. So stellen insbesondere die Richtigkeit, Genauigkeit und Aktualität der Bewertung, die häufig mit einem erhöhten Aufwand zur Sammlung der benötigten Daten einhergehen, konkurrierende Ziele zur Forderung nach einer hohen Wirtschaftlichkeit dar.[161] Vor diesem Hintergrund ist es

---

[158] Vgl. die Ausführung zur Nützlichkeit und Wirksamkeit wissenschaftlicher Ansätze in Hevner et al. (Design Science), 2004, S. 82 ff. sowie Ulrich (Management), 1984, S. 150

[159] Vgl. Rieg (Planung und Budgetierung), 2008, S. 87 ff.

[160] Vgl. Stufflebeam; Shinkfield (Evaluation), 2007, S. 27 ff.

[161] Vgl. Stufflebeam; Shinkfield (Evaluation), 2007, S. 64 f.

sinnvoll, auf **Pragmatismus** zu achten und eine Methodik zu entwickeln, bei der Aufwand und Nutzen in einem angemessenen Zusammenhang stehen.[162]

Zwischenfazit

Zusammengefasst ergeben sich Anforderungen aus der Problemstellung an systematische Ansätze, die in der folgenden Abbildung dargestellt sind:

Anforderungen aus der Zielsetzung	Anforderungen hinsichtlich des Objektbereichs	Formale Anforderungen
• Analyse von Planungstätigkeiten • Bewertung der Planungsproduktivität • Erhöhung der Planungsproduktivität	• Anwendbarkeit in der Auftragsabwicklung • Anwendbarkeit im Werkzeugbau	• Transparenz und Nachvollziehbarkeit • Vergleichbarkeit der Ergebnisse • Wirtschaftlichkeit und Pragmatismus

Abbildung 3-1: Anforderungen an Ansätze zur Lösung des Praxisproblems

In den folgenden Abschnitten werden existierende Ansätze vorgestellt und hinsichtlich der Erfüllung dieser Anforderungen beschrieben. In Abschnitt 3.5 werden die Ergebnisse dieser einzelnen Beschreibungen schließlich zusammengefasst, und es wird ein Fazit bzgl. vorhandener wissenschaftlicher Ansätze gezogen.

3.2 Darstellung von Planungstätigkeiten

Grundlegend für jede Veränderung der Planung ist zunächst eine Analyse, die auf einer Erfassung und Beschreibung von Planungstätigkeiten beruht. Im Folgenden werden daher Ansätze vorgestellt, die allgemein Prozesse abbilden, spezifische Planungsprobleme und deren Lösungsmöglichkeiten modellieren sowie strategische Planungsprozesse im Werkzeugbau darstellen können.

3.2.1 Grafische Darstellung von Prozessabläufen zur Prozessanalyse

Es existiert eine Fülle unterschiedlicher Methoden zur grafischen Darstellung, Analyse und zum Design von Unternehmensprozessen – sowohl in der Produktion als auch in weiteren Bereichen.[163] Die Wertstromanalyse bzw. das Wertstromdesign[164] gehören zu den bekanntesten Vertretern dieser Methoden und werden insbesondere

[162] Vgl. Giehler (Pragmatismus und Systematik), 2007, S. 16

[163] Für die Auftragsabwicklung wurde von TRÄNCKNER bereits 1990 eine grafische Darstellungsform der Prozesse entwickelt, die bereits Produktions- und Steuerungsaufgaben gleichberechtigt und in einem gemeinsamen Prozessplan darstellen kann.

Vgl. Tränckner (Analyse der technischen Auftragsabwicklung), 1990, S. 104

[164] Die Begriffe Wertstromdesign/ Value Stream Design, Value Stream Mapping und Wertstromanalyse/ Value Stream Analysis werden häufig synonym genutzt. Daher wird an dieser Stelle auch keine Unterscheidung vorgenommen.

von Vertretern des Lean Management genutzt.[165] Ursprünglich wurden diese Methoden für die Darstellung des Wertstroms bzw. Materialstroms in der Produktion entwickelt. Neben dem Materialstrom, an dem eine Wertschöpfung stattfindet, wird darüber hinaus heute auch der Informationsfluss bzw. die Steuerung des Materialflusses betrachtet. Davon zu unterscheiden ist die Wertstromanalyse in indirekten Bereichen, die auf den Ablauf eines Prozesses fokussiert und sowohl durch Material als auch durch Informationen, Entscheidungen o. Ä. bestimmt sein kann.[166]

Ein Beispiel für eine aktuelle Methode zur Prozessanalyse ist die Prozessanalysesprache „aixperanto".[167] Hiermit bieten sich sowohl die Möglichkeiten der beschriebenen bisherigen Ansätze als auch eine Darstellung wesentlicher Prozessparameter für die Prozessschritte (Prozesstyp, Standardisierungsgrad, Wertschöpfungsgrad).

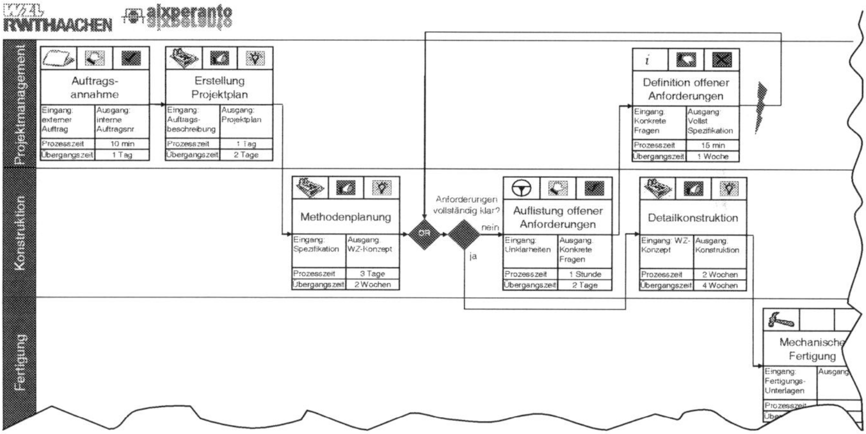

Abbildung 3-2: Prozessausschnitt in der Prozessanalysesprache aixperanto

Die mit einer solchen Prozessanalysesprache erzeugten Darstellungen eines Prozesses ermöglichen die Schaffung eines einheitlichen Verständnisses. Dies kann einerseits als Basis einer weitergehenden Analyse dienen. Andererseits kann eine solche Darstellung genutzt werden, um mit Hilfe des Erfahrungswissens der Mitarbeiter und unter Zuhilfenahme verschiedener Kriterien Schwachstellen zu identifizieren und intuitive Maßnahmen zu ihrer Behebung bzw. verbesserte Prozesse zu entwickeln.[168] Eine direkte Ableitung von Maßnahmen und Soll-Prozessen, im Sinne eines systematischen und reproduzierbaren Vorgehens beispielsweise zur Erhöhung der

[165] Vgl. das Standardwerk zu Wertstromdesign: Rother et al. (Sehen lernen), 2006

[166] Vgl. Wiegand et al. (Lean Administration), 2004

[167] Aufgrund des Bedarfs nach einer Weiterentwicklung der Wertstromanalyse, die sowohl die Einzelprozesse in der Auftragsabwicklung einer gezielteren Beschreibung und Bewertung zugänglich macht als auch eine einfache IT-technische Abbildung ermöglicht, wurde am WZL auf Basis der existierenden Analysemethoden diese Prozessanalysesprache entwickelt. Vgl. o. V. (aixperanto), 2009

[168] Vgl. Rother et al. (Sehen lernen), 2006, S. 51 ff.

Produktivität von Prozessen, wird aber alleine mit der Darstellung der Prozesse noch nicht ermöglicht.

3.2.2 Modellierung von Planungsproblemen im Operations Research

Operations Research (OR) beschäftigt sich mit der mathematischen Darstellung von Problemen, bei denen eine optimale oder möglichst gute Lösung innerhalb eines vordefinierten Lösungsraums gefunden werden soll. Die eigentliche Schwierigkeit liegt darin, ein reales Problem in ein mathematisches Modell so zu überführen, dass das mathematische Problem lösbar ist und sich die mathematische Lösung auch wieder in der Realität nutzen lässt.[169]

Die Anwendung von Ansätzen des OR besteht aus den Schritten der Modellierung der realen Probleme, der Anwendung der Verfahren auf die Modelle sowie der Übertragung der Ergebnisse auf die Realität. Bei diesen Schritten gibt es je nach realem Problem so genannte Strukturdefekte, die Ursachen dafür beschreiben, dass die OR-Ansätze nicht vollständig und reibungsfrei angewendet werden können: Eine Planung fällt umso schwerer, je schwerer die Strukturdefekte sind bzw. je schlechter die Aufgabe strukturiert ist.[170] Die folgende Abbildung zeigt eine entsprechende Klassifikation von Planungsproblemen.

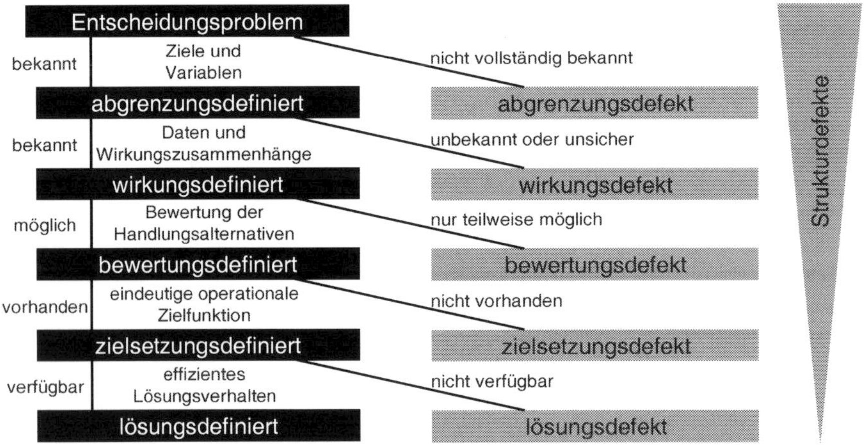

Abbildung 3-3: Anwendbarkeit von Lösungsverfahren in Abhängigkeit vorhandener Strukturdefekte von Planungsproblemen[171]

In dieser Darstellung nimmt der Grad der Strukturiertheit des Problems von oben nach unten zu und das Ausmaß von Strukturdefekten von oben nach unten ab. Ziel-

[169] Vgl. Alisch (Gabler-Wirtschaftslexikon), 2004, S. 2234 und Herrmann (Production Scheduling), 2006 S. 14 ff.

[170] Vgl. MacCarthy (Production Planning, Scheduling and Control), 2006 S. 61 ff.

[171] Vgl. Scholl (Robuste Planung und Optimierung), 2001, S. 22

setzung eines Planungsprozesses ist die Überwindung der Strukturdefekte. Da viele Faktoren, die in realen Planungsprozessen eine zentrale Rolle spielen, sich einer objektiven Quantifizierbarkeit entziehen, bedarf es allerdings über das OR hinausgehender Verfahren zur Planung.[172]

3.2.3 Darstellung von strategischen Planungsprozessen im Werkzeugbau

Von POLLAK stammt ein Modell des strategischen Planungsprozesses im Werkzeugbau, das in folgender Abbildung dargestellt ist:

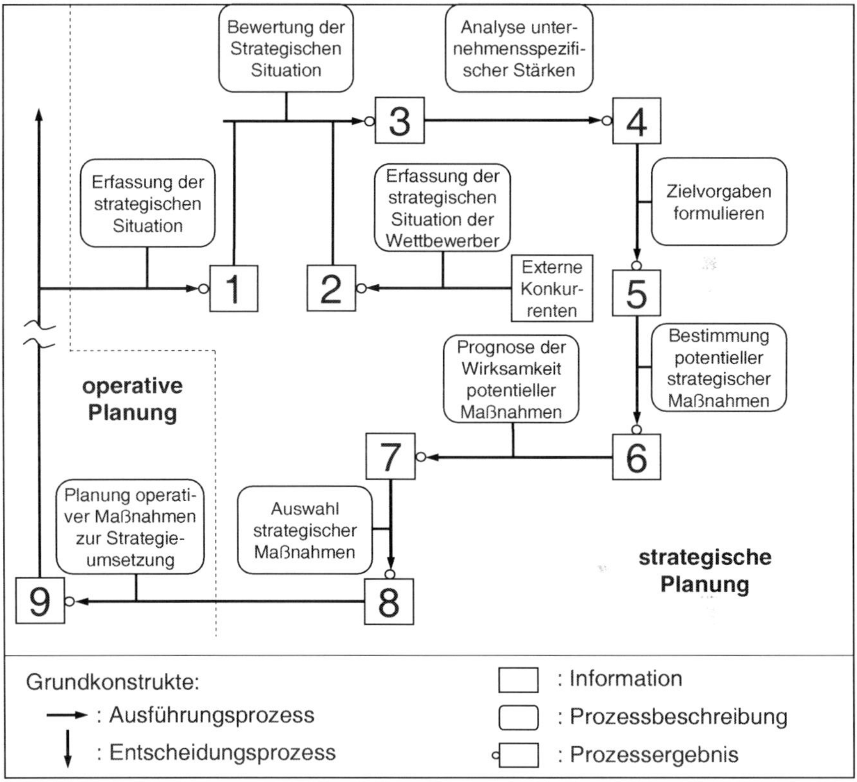

Abbildung 3-4: Modell des strategischen Planungsprozesses im Werkzeugbau[173]

Dieses Modell zielt auf die kontinuierliche Verbesserung der Situation eines Werkzeugbaus im Hinblick auf die angestrebten Unternehmensziele. Das Modell ist auf die Planung, Einleitung und Kontrolle strategischer Maßnahmen und Programme fokussiert. Planungsprozesse werden in diesem Modell in so genannten Ausfüh-

[172] Vgl. Flachskampf et al. (Planungsprozesse in KMU), 2007, S. 98

[173] Vgl. Pollack (Entwicklung eines Informationssystems), 1995, S. 37

rungs- und Entscheidungsprozessen unterschieden. Die Ausführungsprozesse der Planung zielen auf die Sammlung oder Verarbeitung von Informationen ab, während die Entscheidungen der Planung auf den Ergebnissen dieser Ausführungsprozesse basieren.

Das Verfahren gliedert sich in die folgenden Teilprozesse:[174]

1. Erfassung der strategischen Situation
2. Erfassung der strategischen Situation der Wettbewerber
3. Bewertung der strategischen Situation
4. Analyse unternehmensspezifischer Stärken und Schwächen
5. Formulierung von Zielkriterien
6. Bestimmung potenzieller strategischer Maßnahmen
7. Prognose der Wirksamkeit strategischer Maßnahmen
8. Auswahl strategischer Maßnahmen

POLLAK nutzt das Modell schließlich, um den Informationsbedarf in den einzelnen Prozessen zu spezifizieren und Kennzahlen zu definieren, deren Erhebung diesen Informationsbedarf decken kann.[175]

Auf Grund seiner Ausrichtung auf strategische Fragestellungen lässt sich das Modell nicht direkt auf Planungsprozesse in der Auftragsabwicklung übertragen. Auch die Bewertung innerhalb des Modells bezieht sich nicht auf die Planung selbst, sondern nur auf die zu planenden strategischen Alternativen. Daher ist es trotz seiner systematischen Unterscheidung zwischen Informationsverarbeitung und Entscheidung nicht zur Erhöhung der Planungsproduktivität in der Auftragsabwicklung geeignet.

3.3 Produktivität und ihre Bewertung

Die Bedeutung einer hohen Produktivität ist für die Wirtschaftlichkeit von Prozessen und letztlich für ganze Unternehmen offensichtlich.[176] Einfache Definitionen, die zugleich einfach anzuwenden sind, lassen sich aber nicht auch noch einfach aufstellen. Daher werden im Folgenden Definitionen der Produktivität sowie Ansätze zu ihrer Bewertung vorgestellt und auf ihre Eignung zur Erhöhung der Planungsproduktivität hin untersucht.

3.3.1 Definitionen der Produktivität

Produktivität beschreibt im engeren Sinne die Leistungsfähigkeit von Produktionsfaktoren (vor allem der Arbeitsleistung und des investierten Kapitals) als Verhältnis von

---

[174] Vgl. ebd.

[175] Vgl. a. a. O., S. 37 ff.

[176] Vgl. Horváth; Möller (Performance Measurement), 2004, S. 155 f.

Produktionsmenge und Faktoreinsatzmenge. Allerdings unterscheiden sich die existierenden Definitionen der Produktivität. Auch gibt es eine Fülle von Definitionen verschiedener „Produktivitäten", die für verschiedene Zwecke genutzt werden. Je nachdem welcher Produktionsfaktor betrachtet wird, ergibt sich beispielsweise die Arbeitsproduktivität, die Kapitalproduktivität, die totale Faktorproduktivität aus Arbeit und Kapital etc.

Im einfachsten Fall ergibt sich die Produktivität formal ausgedrückt als Mengenverhältnis zu[177]

$$\text{Produktivität} = \frac{\text{Outputmenge}}{\text{Inputmenge}}$$

Hierbei ist die Produktivität eine dimensionslose Kennzahl.

Da sich nur selten Output und Input direkt miteinander verrechnen lassen, weil beispielsweise nicht nur *ein* Inputfaktor existiert, müssen in der Regel Varianten dieser Produktivitätsdefinition genutzt werden. Diese lassen sich unter anderem nach den folgenden Kriterien unterscheiden:

- Ein Output oder mehrere Outputs sowie ein Input oder mehrere Inputs
- mengen- oder wertmäßig
- „totale Differenziale" oder „partielle Differenziale"[178]
- Brutto- oder Nettobetrachtung (Output = Umsatz, Wertschöpfung, Gewinn,...)

Die totale Faktorproduktivität aus Output und Summe aller Inputs lässt sich bei unterschiedlichen Dimensionen nicht berechnen. Sollen mehrere In- und Outputs berücksichtigt werden, so müssen sie gegeneinander gewichtet werden, was beispielsweise über konstant gehaltene Preise geschehen kann:[179]

$$\text{Produktivität} = \frac{\sum_j (\text{Output}_j \text{ x } \text{Preis}_j)}{\sum_i (\text{Input}_i \text{ x } \text{Preis}_i)}$$

Können die Preise in der Realität nicht konstant gehalten werden, lässt sich diese Form der Produktivität nicht mehr berechnen. Viel mehr stellt die Gleichung dann nicht mehr die Produktivität im engeren Sinne dar, sondern eine Form der Wirtschaftlichkeit. Diese ergibt sich formal als[180]

---

[177] Vgl. Schiemenz; Schönert (Entscheidung und Produktion), 2005, S. 17

[178] Vgl. Nebl; Dikow (Produktivitätsmanagement), 2004, S. 3. NEBL und DIKOW gehen darin auf die Gefahren der unterschiedlichen und ihrer Auffassung nach sogar willkürlichen Interpretationen der Produktivität ein.

[179] Vgl. Ewert; Wagenhofer (Interne Unternehmensrechnung), 2005, S. 560

[180] Vgl. Schiemenz; Schönert (Entscheidung und Produktion), 2005, S. 19

$$\text{Wirtschaftlichkeit} = \frac{\text{Wert des Outputs}}{\text{Wert des Inputs}} = \frac{\text{Ertrag}}{\text{Aufwand}}$$

Partielle Differenziale erhält man, wenn man den Output auf nur einen Faktorinput bezieht. Beispiele hierfür sind die Arbeitsproduktivität oder die Kapitalproduktivität. Diese Größen sind beispielsweise dann relevant, wenn ein Engpassfaktor existiert, der optimal in einem Prozess genutzt werden soll.

Aufgrund ihres formalen Charakters können Definitionen der Produktivität bei der Identifizierung von Einflussgrößen auf die Planungsproduktivität dienen. Auch sind sie grundsätzlich für den Werkzeugbau geeignet. Eine Verbesserung der Planungsproduktivität in der Auftragsabwicklung im Werkzeugbau können sie aber nicht leisten, da eine Berechnung der Planungsproduktivität in diesem Umfeld über die prinzipielle Anwendbarkeit der Produktivitätsdefinition hinausgeht.

3.3.2 Effektivität und Effizienz als Maß der Produktivität

Die Begriffe Effektivität und Effizienz werden in der betrieblichen Praxis häufig ohne Definition, in der Wissenschaft dagegen mit unterschiedlichen Definitionen genutzt. Grundlegend ist zunächst, ob einer der Begriffe dem anderen übergeordnet ist oder sie gleichrangig sind. Damit ergeben sich folgende Möglichkeiten:[181]

1. Die Effektivität kann als Eigenschaft angesehen werden, die Effizienz voraussetzt und umfasst. Die Effektivität wird als der Effizienz übergeordnete Eigenschaft betrachtet, d. h. der Effizienz kommt nur eine untergeordnete Rolle, beispielsweise als Teildimension, zu.[182]
2. Effektivität und Effizienz werden als etwa gleichrangige Eigenschaften betrachtet. Jede der Eigenschaften kann unabhängig von der Ausprägung der anderen Eigenschaft stärker oder schwächer ausgeprägt sein, wobei Effizienz ganz ohne Effektivität und umgekehrt sinnlos sind.[183]
3. Die Effizienz wird als eine der Effektivität übergeordnete Eigenschaft betrachtet, d. h. der Effektivität kommt nur eine untergeordnete Rolle zu.[184]

---

[181] Vgl. Sauerwald (Effektivität und Effizienz), 2007, S. 35

[182] Kosiol unterscheidet zwischen Technizität als Erreichung eines festgelegten Ziels mit dem geringsten Aufwand und „Rentabilität", die die Technizität umschließt. Vgl. Kosiol (Bausteine der Betriebswirtschaftslehre), 1973, S. 308

CEN definiert die Begriffe Effektivität im Sinne einer Umsetzung von Nutzenpotenzialen für den Kunden und Effizienz als Verhältnis von Input und Output. Vgl. Cen (Produktionsstrategien), 1995, S. 71 ff.

[183] DRUCKER spricht von Effektivität (effectiveness) im Sinne von „doing the right things" und Effizienz (efficiency) als „doing the things right". Die Effektivität sei ungleich wichtiger als die Effizienz, allerdings ohne dass die Effektivität die Effizienz umfasse. Vgl. Drucker (Management), 2007, S. 45

[184] Diesem Verständnis zufolge beschreibt die Effektivität bloß die grundlegende Eignung, während die Effizienz eine darüber hinausgehende qualifizierte Bewertung möglich macht. Vgl. Sauerwald (Effektivität und Effizienz), 2007, S. 36

Einheitlichkeit besteht aber zwischen verschiedenen Autoren zumindest in der Hinsicht, dass sich Effektivität mit dem Aspekt der finalen Zielerreichung im Sinne eines Ergebnisses eines Prozesses und Effizienz sich mit dem Prozess hin zu diesem Ergebnis befasst.[185]

Der Zusammenhang zwischen Effektivität und Effizienz wird häufig in einem Portfolio mit den beiden Eigenschaften als Dimensionen dargestellt:

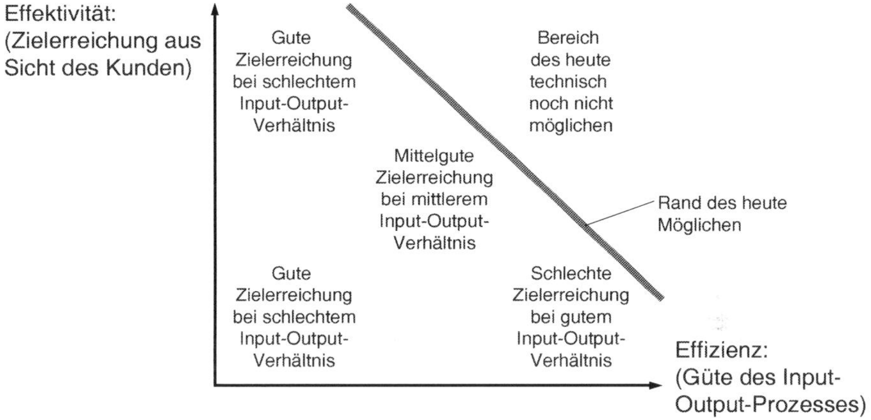

Abbildung 3-5: Portfolio aus Effektivität und Effizienz mit möglichen Positionen[186]

In dieser Darstellung ist es wünschenswert, sich weit oben rechts zu positionieren, was aber nur begrenzt möglich ist.[187] Es gibt vielmehr einen Rand des Möglichen, der als die Hüllkurve existierender realer Positionen innerhalb des Portfolios angesehen werden kann.[188]

Die Verbesserung von betrieblichen Prozessen kann daher als Verschiebung eines Prozesses nach rechts oben (oder auch nur nach rechts oder oben) verstanden werden. Bis zur Grenze des heute Möglichen lässt sich dies erreichen durch eine Übernahme bereits existierender guter Lösungen. Darüber hinaus ist eine Verbesserung nur möglich, wenn die beste der derzeit existierenden Lösungen durch eine neue eigene Lösung noch übertroffen wird. Gelingt dies, wird damit der Rand des Möglichen verschoben.[189] Ein solches Portfolio ermöglicht eine Darstellung der verschiedenen denkbaren Ansätze zur zielgerichteten Veränderung von Prozessen. Die Veränderung selbst wird allerdings von einer solchen Darstellung nicht unterstützt, sondern benötigt darüber hinaus gehende Methoden für die eigentliche Konzeption der Maßnahmen. Daher gilt die gleiche Schlussfolgerung wie für die Produktivitätsbe-

---

[185] Vgl. Sauerwald (Effektivität und Effizienz), 2007, S. 37

[186] i. A. a. Cen (Produktionsstrategien), 1995, S. 77

[187] Vgl. Cen (Produktionsstrategien), 1995, S. 120 ff.

[188] Vgl. Dyckhoff (Produktionstheorie), 2006, S. 139

[189] Vgl. Giehler (Lean Management macht das Unmögliche möglich), 2007, S. 19

rechnung: Eine Verbesserung der Planungsproduktivität in der Auftragsabwicklung im Werkzeugbau kann die Darstellung von Effektivität und Effizienz nicht leisten.

3.3.3 Prozesskostenrechnungssysteme

Die Bedeutung der möglichst quantitativen Bewertung von Prozessen kommt in folgender Aussage zum Ausdruck:

> „Measurements are the key. If you cannot measure it, you cannot control it. If you cannot control it, you cannot manage it. If you cannot manage it, you cannot improve it."[190]

Vor dem Hintergrund stark angestiegener Gemeinkosten in der produzierenden Industrie wurden seit Mitte der 80er Jahre zunehmend Kostenrechnungssysteme entwickelt, die eine verursachungsgerechte Kostenverrechnung und damit eine Nutzung einer Bewertung von Unternehmensprozessen ermöglichen sollten. Beispielhaft werden im Folgenden zwei Prozesskostenrechnungssysteme vorgestellt:

Die **Grenzplankostenrechnung** ist ein Kostenrechnungsverfahren, das zur Planung und Entscheidung dient und hierfür die direkte Verursachung der Kosten berücksichtigt und dafür keine Vollkosten-, sondern nur eine Teilkostenverrechnung ermöglicht.

Im Unterschied zur flexiblen Plankostenrechnung werden nur die proportionalen Kosten in die Verrechnungssätze für innerbetriebliche Leistungen und in die Kalkulationssätze der primären Kostenstellen einbezogen. Die fixen Kosten werden nicht wie in der Vollkostenrechnung proportionalisiert, sondern werden in der Grenzplankostenrechnung außer Acht gelassen und stattdessen aus der Kostenstellenrechnung unmittelbar in die Erfolgsrechnung übernommen.

Die Grenzplankostenrechnung ist ausgerichtet auf die dispositiven Aufgaben der Kostenrechnung, d. h. auf die Aufbereitung von Kostendaten (der relevanten Kosten) für den Aufbau der kurzfristigen betrieblichen Planung. Dies umfasst insbesondere die folgenden Punkte:[191]

- Mit Hilfe geplanter Bezugsgrößen- oder Erzeugnisgrenzkosten lassen sich Verfahrenswahlprobleme des Produktionsvollzugs bei gegebenen Kapazitäten optimal lösen, z. B. die Wahl zwischen mehreren Maschinentypen, Einsatz von Lohnarbeit, Wahl zwischen Eigenerstellung und Fremdbezug, Bestimmung optimaler Seriengrößen.

---

[190] Vgl. Harrington (Business Process Improvement), 1991, S. 82
Zur Gratwanderung zwischen zuviel und zuwenig Quantifizierung sowie zu den Unterschieden zwischen einer Messung und einer Quantifizierung vgl. Malik (Führen Leisten Leben), 2006, S. 182 ff.

[191] Vgl. Alisch (Gabler-Wirtschaftslexikon), 2004, S. 2332
Für die Anwendung im Werkzeugbau siehe Eversheim; Klocke (Werkzeugbau mit Zukunft), 1998, S. 252 f.

- Die Festlegung von Produktions- bzw. Absatzmengen wird unterstützt durch die Berechnung der voraussichtlichen Deckungsbeiträge.[192]

Die **Ressourcenorientierte Prozesskostenrechnung** wurde insbesondere für die Kosten in den indirekten Bereichen entwickelt, nach der die Kosten der wichtigsten Ressourcen Personal, Maschinen, Gebäude, Kapital und EDV über Verbrauchsfunktionen in Abhängigkeit von Bezugsgrößen gebracht wird.

Zu unterscheiden ist der technische Zusammenhang zwischen dem Ressourcentreiber, z. B. der Variantenzahl[193], und dem Ressourcenverbrauch, z. B. benötigte Stunden, einerseits und der wirtschaftliche Zusammenhang zwischen Ressourcenverbrauch und den auftretenden Kosten andererseits. Diese beiden Zusammenhänge lassen sich sehr anschaulich in so genannten Nomogrammen darstellen, wie die folgende Abbildung zeigt.

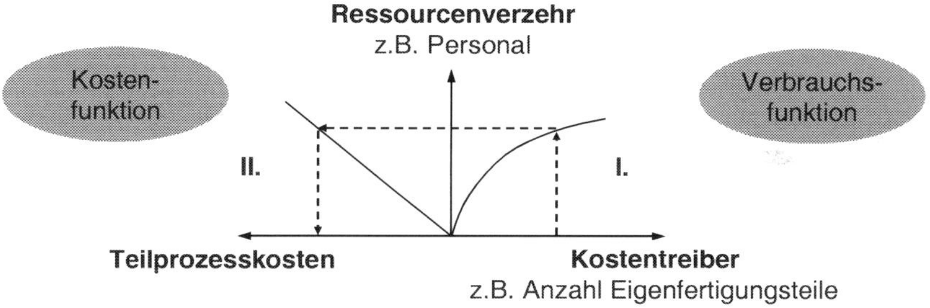

Abbildung 3-6: Ressourcenorientierte Prozesskostenrechnung[194]

Durch die Möglichkeit, beliebige Funktionstypen zu definieren, können nicht nur lineare Zusammenhänge dargestellt werden. Dies erhöht insbesondere auf der technischen Seite des Nomogramms die Realitätstreue gegenüber linearen Funktionen deutlich.[195]

Zwischenfazit zu Prozesskostenrechnungssystemen

So wie die verschiedenen Verfahren der Kostenrechnung die auftretenden Kosten auf Kostenträger (Produkte) umlegen, wäre auch eine Verrechnung von auftretendem Nutzen auf Prozessschritte denkbar. Während der Kostenentstehung ein eindeutiges Verursachungsprinzip zu Grunde liegt und nur die Zuordnung anschließend in verschiedenen Kostenrechnungsverfahren zu definieren ist, liegt bei der Nutzenverrechnung allerdings kein solches eindeutiges Verursachungsprinzip vor. Daher ist

---

[192] Vgl. Alisch (Gabler-Wirtschaftslexikon), 2004, S. 2334

[193] Für die Optimierung der Variantenzahl wurde die ressourcenorientierte Prozesskostenrechnung ursprünglich entwickelt. Das Prinzip ist aber völlig unabhängig von dieser Anwendung gültig.

[194] Vgl. Eversheim et al. (Verursachungsgerechte Vorkalkulation), 1994, S. 242 und Schuh; Tanner (Prozessorientierung im Kostenmanagement), 1995, S. 21

[195] Vgl. Schuh; Tanner (Prozessorientierung im Kostenmanagement), 1995, S. 22

bisher auch keine Übertragung des Prinzips auf die Nutzenbewertung erfolgt,[196] so dass durch Prozesskostenrechnungssysteme auch keine Unterstützung für die Erhöhung der Planungsproduktivität geleistet werden kann.

3.3.4 Prozessbewertung mit Hilfe von Kennzahlen

Um Aussagen über die Güte eines Prozesses treffen zu können, dienen verschiedene Verfahren der Prozessbewertung. Prinzipiell kann zwischen quantitativen und qualitativen Formen der Bewertung unterschieden werden.

Kennzahlen erfassen betriebswirtschaftlich relevante Sachverhalte quantitativ und verdichten sie zu Führungsinformationen. Kennzahlen lassen sich nach zahlreichen Gesichtspunkten systematisieren und klassifizieren.[197]

In der produzierenden Industrie nutzt eine zunehmende Anzahl Unternehmen Ganzheitliche Produktionssysteme, die an den Prinzipien des Lean Management ausgerichtet sind. Dies führt zu Veränderungen in der Produktion und schafft einen Bedarf an neuen Kennzahlen.[198] DOMBROWSKI beschreibt, dass bestehende Kennzahlen häufig nicht mehr geeignet sind, um die veränderten Zielsetzungen der Produktion ausreichend abzubilden. Die Gestaltungsprinzipien eines Produktionssystems setzen neue Ziele, welche vorherigen Fertigungszielen entgegen stehen können.

Häufig eingesetzte Kennzahlen sind unter anderem:[199]

- Lead Time – LT / Dock-to-Dock-Time – DTD (Durchlaufzeit)
- Total Cost – TC (Gesamtkosten)
- Work in Progress – WIP (Bestand)
- Overall Equipment Effectiveness – OEE (Gesamtanlageneffektivität)
- Overall Personal Effectiveness – OPE (Mitarbeiterproduktivität)
- Build to Schedule – BTS (Plantreue)
- First Time Through – FTT (Fehlerfreier Produktdurchlauf)

Die ersten drei Kennzahlen sind absolute Kennzahlen, deren Wert möglichst niedrig sein sollte, da sie einen Verbrauch an Zeit bzw. Geld darstellen. Der Bestand kann alternativ als Geldwert, Menge, Umschlagshäufigkeit oder dessen Kehrwert, der Lagerreichweite angegeben werden. Neben der Kapitalbindung ist ein hoher Bestand vor allem ein Zeichen eines nicht optimal austarierten Prozesses.

Die letzten vier Kennzahlen sind dimensionslose relative Kennzahlen, deren Wert so hoch wie möglich bzw. so nah wie möglich an 100% liegen sollte, da sie jeweils ei-

---

[196] Vgl. Maskell; Baggaley (Practical lean accounting), 2004, S. 4
[197] Eine umfangreichere Darstellung von Kennzahlen findet sich bei Meyer (Kennzahlen), 2008
[198] Vgl. Jodlbauer (Produktionsoptimierung), 2008, S. 172
[199] Vgl. Dombrowski (Kennzahlen), 2005, S. 20 ff.

nen Aspekt der Leistungsfähigkeit des Prozesses bewerten. Der Vorteil der Dimensionslosigkeit liegt darin, dass auch unterschiedliche Prozesse miteinander verglichen werden können. Je unterschiedlicher die Prozesse sind, desto geringer ist allerdings die Vergleichbarkeit der Kennzahlen.

Planungsprozesse, deren laufende Ergebnisse nicht vergleichbar einfach zu messen sind, werden entsprechend auch deutlich seltener von Kennzahlensystemen erfasst. Daher ist eine Produktivitätsbewertung bisher nicht möglich. Ähnliches gilt für den Werkzeugbau, der individuellere Anforderungen besitzt als eine Serienproduktion und sich daher auch weniger für Kennzahlen eignet.[200]

3.3.5 Bewertung von Geschäftsprozessen in indirekten Bereichen

Eine Bewertung indirekter Prozesse gestaltet sich naturgemäß aufwändiger als eine Bewertung von produktiven Prozessen, da das Ergebnis weniger greifbar und damit einer Analyse schlechter zugänglich ist.[201] Daher sind die Ergebnisse häufig weniger eindeutig oder stärker abhängig von der jeweiligen Perspektive, aus der eine Bewertung vorgenommen wird.[202] Im Folgenden werden existierende Ansätze zur Bewertung von Geschäftsprozessen vorgestellt und kurz bewertet. Ihnen ist gemein, dass sie Prozesse vor der Zielsetzung ihres Beitrags zur Wertschöpfung bzw. Zielerreichung von Organisationen bzw. Unternehmen bewerten.[203]

Wertorientiertes Prozessmanagement nach HIRSCHMANN

Der von HIRSCHMANN entwickelte Ansatz bewertet Geschäftsprozesse basierend auf einer Prozesskosten- und Prozesserlösrechnung.[204] Ausgehend von der Heterogenität der Prozesserlöse und Prozessmenge kann nicht für alle Teilprozesse ein allgemeingültiges Verfahren zur Bestimmung der Prozesserlöse angesetzt werden. Vielmehr ist für jeden Teilprozess im Einzelfall zu überprüfen, welcher der folgenden zur Verfügung stehenden Ansätze für den spezifischen Anwendungsfall am besten geeignet ist:

- Marktpreisorientierte Bewertung
- Verhandlungsorientierte Bewertung
- Kostenorientierte Bewertung

---

200 Vgl. ebd.

201 Vgl. Schweicher (Kosten- und Nutzenanteile), 2009, S. 93

202 Eine Erläuterung der Schwierigkeiten, nicht-materielle Leistungen zu bewerten, findet sich bei Schuh et al. (Diensleistungsqualität im Werkzeugbau), 2009, S. 539 f.

203 Die Aufzählung kann auf Grund der Fülle der existierenden Ansätze nicht vollständig sein. Die Probleme der Marktpreisabhängigkeit bei der Berücksichtigung von Kundenwünschen sind auch bei vielen weiteren Ansätzen anzutreffen.

Einen weiten Überblick über Bewertungsmodelle und Möglichkeiten der Anwendung, unter anderem auch zur Wertzurechnung bietet Stufflebeam; Shinkfield (Evaluation), 2007, S. 161 ff.

204 Vgl. Hirschmann (Geschäftsprozesse), 1996, S. 229 ff.; Hirschmann (Unternehmensübergreifende Geschäftsprozesse), 1998, S. 1 ff.; Finkeißen (Prozess-Wertschöpfung), 1999, S. 53 ff.

Die Vorteile der Verwendung von Verrechnungspreisen zur Bestimmung der Prozesserlöse sieht HIRSCHMANN in der Lenkungs- und Motivationsfunktion, die von dem Ermittlungsprozess ausgeht. Dabei werden über die Lenkungsfunktion dezentrale Bereichsentscheidungen so koordiniert, dass das übergeordnete Unternehmensziel bestmöglich und gesamtoptimal erreicht wird.[205] Schließlich werden die Teil- und Gesamtprozesserlöse analog zur Kostenbestimmung bei der Prozesskostenrechnung mittels einer Prozesskalkulation berechnet.

Der Ansatz von HIRSCHMANN bietet aber keine Möglichkeit, eine Bewertung reproduzierbar eindeutig durchzuführen. Vielmehr hängt das Ergebnis der Bewertung wesentlich von der „Erlösspaltung“ ab, die abhängig von individuellen Rahmenbedingungen durchzuführen ist.

Marktorientierte Prozessbewertung nach HAUSER

Ausgangspunkt des von HAUSER entwickelten Bewertungsmodells ist die Ermittlung der Marktleistung eines Unternehmens.[206] Diese Ermittlung erfolgt durch das koordinierte Zusammenwirken der Unternehmensprozesse und stellt die Verbindung zwischen den Prozessen im Unternehmen auf der einen Seite und den Kunden auf der anderen Seite her. Ziel der Methode ist es, im Rahmen von Prozessreorganisationsmaßnahmen die Verbesserungen von Unternehmensprozessen im Hinblick auf zukünftige Prozesskosten und Prozesserlöse sowie höhere Erfüllungsgrade der Kundenbedürfnisse quantifizieren zu können.

Dazu wird die Prozess-Ist-Situation mit verschiedenen Gestaltungsalternativen verglichen, von denen die am besten geeignete basierend auf den Untersuchungsergebnissen ausgewählt werden kann. Es wird somit nicht der Prozess selbst bewertet, sondern es werden verschiedene Gestaltungsalternativen entwickelt, die miteinander verglichen werden. Hiermit lassen sich Prognosen über zukünftig erzielbare Prozesserlöse treffen, die auf einer Bewertung der Prozessleistung und deren Beitrag zur Steigerung des Kundennutzens basieren.[207]

Die Marktsicht, die HAUSER in seinem Ansatz nutzt, ist allerdings nicht unproblematisch: Durch eine Marktpreisänderung ändert sich die Wertschöpfung eines Unternehmens. Somit ändern sich auch die errechenbaren Beiträge indirekter Prozesse, obwohl ihre Effekte sich tatsächlich nicht ändern. Es ist damit keine Bewertung möglich, die nur von den zu bewertenden Prozessen selbst abhängt.

Process Value Estimation nach HOUSEL und KANEVSKY

Unter dem Begriff Process Value Estimation (PVE) existiert eine bei Pacific Bell entwickelte Methode, die es ermöglicht, den Wertschöpfungsbeitrag eines Unternehmensprozesses vor und nach einer möglichen Reorganisation zu quantifizieren, wo-

---

205 Vgl. Hirschmann (Unternehmensübergreifende Geschäftsprozesse), 1998, S. 133

206 Vgl. Hauser (Bewertung von Unternehmungsprozessen), 1996, S. 132

207 Vgl. ebd.

mit eine Entscheidungsgrundlage zur Durchführung von Prozessverbesserungsmaßnahmen geschaffen wird.[208] Kerngedanke dieses Ansatzes ist, dass in dem Transformationsprozess vom Ausgangsmaterial zum endgültigen Kundenprodukt bzw. der Marktleistung dem Prozessinput mit jedem Transformationsschritt ein quantifizierbarer Wert hinzugefügt wird. Ziel der Methode ist es, durch eine Erlösspaltung den hinzugefügten Wert jedes Transformationsschritts relativ zum Wert des Endprodukts zu bestimmen.

Durch eine vergleichende Betrachtung zwischen dem Ausgangszustand und dem Prozessmodell nach einer erfolgreichen Prozessreorganisationsmaßnahme kann somit der Wertzuwachs bewertet werden, den ein Unternehmen durch Investitionen in die Produktions- und Dienstleistungsprozesse erfährt.[209]

Das Konzept ist zwar für die Bestimmung des Wertschöpfungsbeitrags von Produktionsprozessen geeignet, es verliert jedoch bei der Betrachtung von indirekten, insbesondere kreativen Prozessen seine Aussagekraft. Dies ist darauf zurückzuführen, dass die Berechnung des Return on Process eine vorherige Beschreibung der Prozessaktivitäten in Form einer kurzen, eindeutigen Transformationskette voraussetzt, die bei Planungsaufgaben oder bei Forschungs- und Entwicklungstätigkeiten noch schwerer zu identifizieren ist als bei Produktionsprozessen. Hinzu kommen die schon bei den beiden vorigen Ansätzen erläuterten Probleme der Erlösspaltung und das Fehlen einer Hilfestellung zur Verbesserung der Prozesse.

Bestimmung der Prozessleistungsart nach Tomys

Von Tomys stammt ein Modell, dessen Ziel es ist, Rationalisierungspotenziale in Unternehmensprozessen zu identifizieren, aus denen anschließend Umgestaltungsmaßnahmen abgeleitet werden, die zu einer Produktivitätssteigerung führen und damit die Wettbewerbsfähigkeit des Unternehmens erhöhen.[210]

Eine Unterscheidung der Prozesse erfolgt dabei zunächst in die drei Kategorien der werterhöhenden Prozesse, der nicht werterhöhenden Prozesse und der wertmindernden Prozesse. Im Rahmen der angestrebten Verbesserungsmaßnahmen sind dabei die werterhöhenden Prozesse zu maximieren, die nicht werterhöhenden Prozesse zu minimieren und die wertreduzierenden Prozesse zu eliminieren, da sie für das Unternehmen einen Verlust des Kundennutzens am Produkt bewirken.[211]

Bei der Berechnung des Prozesswirkungsgrads werden hierfür lediglich die entstehenden Kosten der jeweiligen Anteile der Leistungsarten eines Prozesses zueinander ins Verhältnis gesetzt. Es erfolgt demnach eine Beurteilung, welche Kosten für

---

[208] Vgl. Housel et al. (value of reengineering), 1994 und Housel; Kanevsky (business process auditing), 1995, S. 31 ff.

[209] Vgl. Housel et al. (value of reengineering), 1994, S. 41 f.

[210] Vgl. Tomys (Kostenorientiertes Qualitätsmanagement), 1994, S. 1 ff. und Tomys (Wertschöpfung als Wirkungsgrad), 1994, S. 216 ff.

[211] Vgl. Tomys (Wertschöpfung als Wirkungsgrad), 1994, S. 223.

wertsteigernde Leistungen im Verhältnis zu den gesamten Kosten (für wert- und nicht wertsteigernde Leistungen) der Leistungserstellung bei der Ausführung eines Prozesses entstanden sind. Ein einzelner Prozesswirkungsgrad liefert somit keine quantifizierte Aussage darüber, ob ein Prozess wertschöpfend ist oder nicht, da kein absoluter Bewertungsmaßstab vorliegt.

In der Praxis existieren darüber hinaus vielfältige Varianten der Kategorisierung der Prozesse nach TOMYS, die häufig als Diskussionsgrundlage dienen, um ein Verständnis für die zu Grunde liegende Problematik zu fördern. Die Zuordnung eines Prozesses erfolgt schließlich aber nur begrenzt systematisch. Es existieren dagegen viele Definitionen für typische Fälle der Kategorien und Definitionen für die Grenzen; allerdings können diese nicht alle in der Praxis vorkommenden Prozessschritte, Tätigkeiten und Aufgaben vollständig abdecken.[212]

3.3.6 Bewertung des Werts von Informationen

Für die Bewertung des Nutzens der Planung wäre es sinnvoll, den Nutzen der „produzierten" Information bewerten zu können. Die Bewertung des „Expected Value of Perfect Information" wird daher im Folgenden vorgestellt.[213]

Modelliert wird eine Situation, in der nicht bekannt ist, welches mögliche Umweltszenario unter den prinzipiell bekannten Umweltszenarien eintreffen wird. Daher lässt sich auch keine Entscheidung treffen, die für das eintretende Szenario optimal wäre. Vielmehr muss eine Entscheidung getroffen werden, die für die Gesamtsituation optimal ist.[214]

Wenn die Wahrscheinlichkeit für das Eintreffen der einzelnen Szenarien bekannt ist, lässt sich für jede Entscheidungsmöglichkeit ein Erwartungswert des Nutzens ermitteln. Bei angenommener Risikoneutralität ist dann die Entscheidung mit dem höchsten Erwartungswert zu wählen. Dieser Erwartungswert ist allerdings in der Regel niedriger, als der Erwartungswert, der sich ergeben würde, wenn die Entscheidung nach Kenntnis des eintreffenden Szenarios getroffen werden könnte. Diese Verringerung des Erwartungswerts der Gesamtsituation bei Unsicherheit bzgl. des eintretenden Szenarios gegenüber dem Erwartungswert bei Kenntnis des eintreffenden Szenarios ist der Nutzen der vollständigen Information.

Zu beachten ist, dass sich diese Ermittlung des Werts von Informationen auf vorweg definierte Szenarien bezieht. Das heißt, die Unsicherheit lässt sich sehr konkret über die Wahrscheinlichkeit des Auftretens der einzelnen Szenarien beschreiben. In ver-

---

[212] Nach Erfahrung des WZL funktionieren diese Definitionen in der Praxis trotz der mangelnden Systematik verhältnismäßig gut. Das Schaffen eines einheitlichen Verständnisses wird durch Diskussionen ermöglicht. Eine Vergleichbarkeit der Auswertungen bei unterschiedlichen Unternehmen ist dagegen auf Grund der individuellen Definition der Kategorien in der Regel nicht möglich.

[213] Vgl. Scholl (Robuste Planung und Optimierung), 2001, S. 77, 132 und 195 f.

[214] Vgl. Laux; Liermann (Grundlagen der Organisation), 2005, S. 45, und Emery (Organizational Planning), 1969, S. 68.

sicherungsmathematischen Modellen werden ähnliche Verfahren genutzt, bei denen bestimmten prinzipiell bekannten Ereignissen (Schadensfällen) bestimmte Wahrscheinlichkeiten zugeordnet werden.[215]

Im Fall von Planungsaufgaben in der Auftragsabwicklung werden dagegen häufig Wege gesucht, ein bestimmtes Ziel, z. B. die Fertigstellung des Produkts, zu erreichen. Wenn noch unklar ist, welche Wege es denn überhaupt geben könnte, lässt sich die Unsicherheit auch nicht in einer solch einfachen Form beschreiben.

3.4 Ansätze zur Konzeption und Veränderung der Planung

In den folgenden Abschnitten werden Ansätze vorgestellt, die einer Veränderung der Planung dienen. Die Metaplanung beschäftigt sich mit grundlegenden Fragen einer Auslegung von Planungsprozessen und wird in Abschnitt 3.4.1 erläutert. Die darauf folgenden Abschnitte 3.4.2 bis 3.4.7 stellen Methoden vor, die eine Auslegung oder Optimierung von Planungsprozessen unterstützen.

3.4.1 Metaplanung

Der Begriff Metaplanung bezeichnet die Gestaltung bzw. Planung der Planung selbst. Ein System, das sich der Planung bedient, benötigt nach BLEICHER selbst eine Planung, um präsituatives Denken und Handeln überhaupt auszulösen und das Denken und Handeln in arbeitsteiliger und zugleich integrativ abgestimmter Weise zu organisieren.[216] Die Grundaufgabe der Metaplanung besteht darin, die arbeitsteiligen Handlungsprozesse auf eine einheitliche Gestaltungsidee auszurichten. Aus dem unternehmenspolitischen Hintergrund ergeben sich organisatorische Konsequenzen, die sich mit der Art der Arbeitsteilung bei der Abwicklung von Planungsprozessen und ihrer notwendigen Harmonisierung zu einer abgestimmten Gesamtplanung verbinden. Die Metaplanung hat darüber hinaus für die Effizienz des Einsatzes an Planung zu sorgen, indem sie diesen Einsatz strukturiert und bestimmt; sie geht aber über die Koordination hinaus.[217]

Die Metaplanung hat die Besonderheiten der betrachteten Organisation als ökonomisches, sozial-technisches System zu berücksichtigen. Unternehmen, in denen Menschen mit Maschinen (Sach- oder Dienst-)Leistungen für Menschen produzieren, erfordern daher die Berücksichtigung einer sach-rationalen und einer sozio-emotionalen Dimension.[218]

---

[215] Vgl. Schiemenz; Schönert (Entscheidung und Produktion), 2005, S. 65

[216] Vgl. Bleicher (Metaplanung), 1989, Sp. 1120

[217] Vgl. Bleicher (Metaplanung), 1989, Sp. 1122 f. Zum Bedarf der Koordination der Planungsaufgaben vgl. Wall (Planungs- und Kontrollsysteme), 1999, S. 93 f.

[218] Vgl. Bleicher (Metaplanung), 1989, Sp. 1121

Abgrenzung von Planungsaufgaben

Die operative Planung, die den Betrachtungsbereich dieser Arbeit darstellt, kann nicht ohne vorgelagerte Planungsstufen betrachtet werden. Zur Abgrenzung verschiedener Stufen lassen sich die folgenden Kriterien nutzen:[219]

- Zielreichweite
- Wirkungsreichweite geplanter Maßnahmen
- Planungshorizont (Voraussagbarkeit künftiger Ereignisse)
- Erforderliche Zeitdauer zur Realisierung erwünschter Sollzustände

Für die operative Planung eignen sich insbesondere die letzten drei Kriterien zur Unterscheidung der Stufen. EVERSHEIM formuliert für die Arbeitsvorbereitung Kriterien und Fragestellungen, die diesen Kriterien der Metaplanung entsprechen:[220]

- Planungsaufgaben (Was wird geplant?)
- Planungsumfang (Wie viel wird geplant?)
- Planungsort (Wo wird geplant?)
- Planungszeitpunkt (Wann wird geplant?)

Die Metaplanung muss sich darüber hinaus auch mit der Frage beschäftigen, welche Aspekte durch die Planung als feststehende Randbedingungen, welche als festlegbare Stellhebel und welche als mittelbar beeinflussbare Größen verstanden werden sollen. Dieser Unterschied lässt sich am einfachsten durch Anwendung von Begriffen der Regelungstechnik auf Steuerungsebenen im Unternehmen erläutern: Jede Managementebene im Unternehmen steuert die ihr unterstellten Ebenen oder Bereiche. Sie sieht sich als Regler und die ihr unterstellten Ebenen oder Bereiche als Regelstrecke. Tatsächlich sehen die ihr unterstellten Bereiche sich wieder als Regler für die noch weiter „unten" angesiedelten Bereiche. Jede Ebene versucht nun, die ihr unterstellten Ebenen und Bereiche deterministisch zu steuern und erwartet, dass diese sich auch annähernd deterministisch verhalten. Gleichzeitig sieht sich jede Ebene selbst als Regler, der nach Abwägung verschiedener Möglichkeiten sehr unterschiedliche Entscheidungen frei treffen kann.[221]

Eine der Aufgaben der Metaplanung ist es nun, einen Umgang mit diesen unterschiedlichen Verständnissen festzulegen oder zumindest sicherzustellen, dass trotz

---

[219] Vgl. Bleicher (Metaplanung), 1989, Sp. 1123

[220] Vgl. Eversheim (Arbeitsvorbereitung), 2002, S. 206 f.

Auffällig ist bei der Sichtung der Literatur, dass die Metaplanung die Fragestellungen nicht derartig konkret formuliert, während in der praxisnahen Literatur der Begriff der Metaplanung so gut wie keine Verwendung findet.

Darüber hinaus finden sich die Prinzipien auch in anderen Zusammenhängen, wie z. B. dem Lösungsraummanagement. Vgl. Lenders (Lösungsraum-Management), 2009, S. 95 ff.

[221] Vgl. Fink (Prozessorientierte Unternehmensplanung), 2003, S. 191

dieser unterschiedlichen Verständnisse die Steuerung über mehrere Hierarchieebenen funktioniert.[222]

Flexibilität der Planung

An dieser Stelle soll nur auf einen Teilaspekt der Metaplanung eingegangen werden. Insbesondere die Bestimmung und Realisierung einer optimalen Flexibilität eines Planungssystems ist im Rahmen dieser Arbeit von Bedeutung, da sich auch der Planungsprozess nicht von vornherein feststehend auslegen lässt, sondern auch hier Unwägbarkeiten gehandhabt werden müssen.[223] Zur Sicherstellung der Anpassungsfähigkeit der Planung an Änderungen des Umfelds von Unternehmen sind sowohl eine vorherige Berücksichtigung möglicher Änderungen als auch eine nachträgliche Änderung der Planung denkbar. Für die vorherige Gestaltung einer anpassungsfähigen Unternehmensplanung finden sich bei WILD die Ansätze:[224]

- Zeitaufschiebung
- rollierende (auch rollende oder revolvierende) Planung
- Einbau von Planreserven
- so genannte flexible Planung

Zwischenfazit

Für diese Arbeit ist zunächst das Verständnis der Metaplanung von Bedeutung, dass auch Planungsaufgaben wiederum geplant werden müssen. Dieses Verständnis hat sich in der Industrie für viele repetitive Aufgaben durchgesetzt; im Werkzeugbau fehlt es dagegen noch überwiegend.

Die Literatur zur Metaplanung beschäftigt sich mit Planungsabfolgen vor allem auf der Ebene der Unternehmens- bzw. der strategischen Planung. Planungsabfolgen innerhalb von operativen Planungsprozessen werden dagegen häufig nicht als Metaplanung behandelt, sondern fachbezogen und konkret, z. B. in der Literatur zur Auftragsabwicklung und zum Projektmanagement, behandelt.[225]

Die Analyse von Planungstätigkeiten und die Erhöhung der Planungsproduktivität werden von einer Metaplanung zwar unter Umständen erfasst, allerdings bietet die Metaplanung selbst noch nicht die Hilfestellung, die zur Erfüllung der Anforderungen notwendig sind. Die in dieser Arbeit zu entwickelnde Methodik muss daher auf den Prinzipien der Metaplanung aufbauen und gleichzeitig die Probleme der Praxis beachten, die dazu führen, dass bisher im Werkzeugbau aufgrund der fehlenden Struktur der Planungsaufgaben gerade keine nennenswerte Metaplanung stattfindet.

---

[222] Vgl. Rieg (Planung und Budgetierung), 2008, S. 28 ff.
[223] Vgl. Buchner (Planung im turbulenten Umfeld), 2002, S. 67
[224] Vgl. Wild (Grundlagen der Unternehmungsplanung), 1982, S. 142 ff.
[225] Vg. Fink (Prozessorientierte Unternehmensplanung), 2003, S. 189

3.4.2 Delegationswertbestimmung

Die Bestimmung von Delegationswerten nach LAUX und LIERMANN befasst sich mit der Frage, ob eine bestimmte Instanz eine Entscheidung selbst treffen oder sie an untergeordnete Mitarbeiter delegieren sollte und bewertet den Nutzen, den eine Delegation mit sich bringt. Im Gegensatz zu vielen klassischen deterministischen Ansätzen berücksichtigt das Modell gerade die Tatsache, dass es nicht möglich ist, dass eine Instanz eine Entscheidung unter vollständiger Information trifft oder dass eine getroffene Entscheidung mit allen Aspekten vollständig kommuniziert und vollständig umgesetzt wird.[226] Das Dilemma der Positionierung zwischen Autonomie- und Koordinationskosten zeigt die folgende Abbildung:

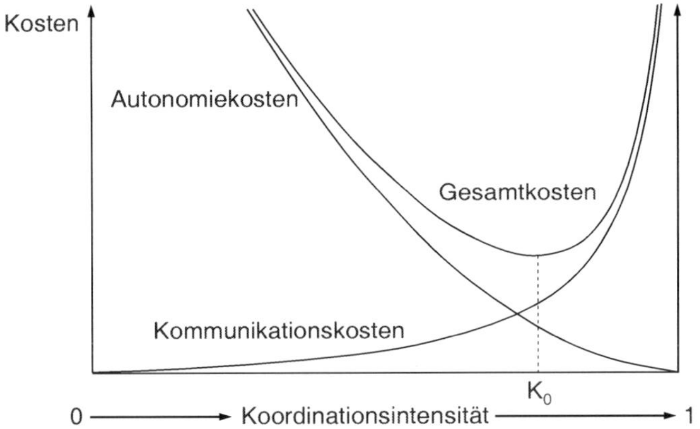

Abbildung 3-7: Zusammenhang zwischen Autonomie- und Kommunikationskosten[227]

Das Modell von EMERY, das dem Konzept zugrunde liegt, beschreibt die Fragestellung als Entscheidungsproblem, bei dem es verschiedene Möglichkeiten von Umweltzuständen mit jeweils geschätzter Eintretenswahrscheinlichkeit gibt, für die es wiederum mögliche alternative Entscheidungen gibt. Die Kombinationsmöglichkeiten ergeben jeweils Gewinne, die sich in Abhängigkeit von Eintretenswahrscheinlichkeit der Umweltzustände und der Entscheidung darstellen lassen. Die Delegationswerte ergeben sich nun dadurch, dass die Entscheidung für eine der Alternativen nicht mehr durch die obere, sondern durch eine niedrigere Instanz getroffen wird. Auf der einen Seite entstehen durch die Delegation zusätzliche Kommunikationskosten, auf der anderen Seite werden Autonomiekosten für das Treffen falscher Entscheidungen vermieden.[228]

---

[226] Vgl. Laux; Liermann (Grundlagen der Organisation), 2005, S. 24 ff.

[227] i. A. a. Emery (Organizational Planning), 1969, S. 31. Es wird dabei von einem einheitlichen Grad der Koordination für alle Aufgaben im Unternehmen ausgegangen.

[228] Vgl. Emery (Organizational Planning), 1969, S. 31

Die Ermittlung der Wahrscheinlichkeiten ist das Kernproblem der Bestimmung von Delegationswerten. „Auch dann, wenn eine Instanz nur wenige Delegationsalternativen erwägt, wird sie sich in der Realität kaum ein umfassendes Wahrscheinlichkeitsurteil über die (zustandsabhängigen) Ausprägungen der jeweils maßgeblichen (ungewissen) Primärdeterminanten bilden können; zumindest wäre dies im allgemeinen zu aufwendig [...].“[229] Damit existiert zwar eine prinzipielle Lösung, die aber mit ähnlichen Problemen bei der Bestimmung der entscheidenden Größen in der Praxis verbunden ist, wie die Modellierung von Objektentscheidungskalkülen der BWL, die LAUX und LIERMANN kritisieren. Somit sind die Anforderungen der Transparenz, Nachvollziehbarkeit, Vergleichbarkeit der Ergebnisse und der Wirtschaftlichkeit und des Pragmatismus der Anwendung nicht erfüllt.

3.4.3 Zero Base Budgeting: Ressourcenallokation auf Basis einer Bewertung des Nutzens der allokierten Ressourcen

Das Zero-Base-Budgeting (ZBB) ist ein Verfahren, das auf die Senkung von Gemeinkosten und die Ausrichtung der Administration auf die optimale Unterstützung bei zukünftigen Aufgaben zielt und in den 60-er Jahren des 20. Jahrhunderts bei Texas Instruments entwickelt wurde. Das Zero-Base-Budgeting unterscheidet sich von vielen anderen Budgetierungstechniken dadurch, dass nicht die Budgets der vergangenen Perioden berücksichtigt werden, sondern ausschließlich der geschätzte Nutzen möglicher zukünftiger Budgets. Die Budgetkalkulation muss von jeder Instanz, die ein Budget benötigt, von Grund auf neu aufgestellt und begründet werden.[230]

Im Folgenden soll nicht auf die Hintergründe und Unterschiede zu älteren Budgetierungsverfahren eingegangen werden, die üblicherweise zur Erläuterung des Verfahrens genutzt werden. Stattdessen wird das Vorgehen erläutert, das systematisch und aufwendig aufgebaut ist und sich in die folgenden neun Phasen gliedert:[231]

1. Festlegung der Unternehmensziele, der verfügbaren Mittel und der ZBB-Bereiche
2. Festlegung der Entscheidungseinheiten und ihrer Teilziele
3. Bestimmung möglicher Leistungsniveaus in indirekten Bereichen
4. Zusammenfassung der Leistungsumfänge zu Entscheidungspaketen
5. Abteilungsweise Rangordnung der Entscheidungspakete
6. Abteilungsübergreifende Rangordnung der Entscheidungspakete
7. Budgetschnitt zur Auswahl der umzusetzenden Entscheidungspakete

---

[229] Laux; Liermann (Grundlagen der Organisation), 2005, S. 227

[230] Das Zero Base Budgeting ist darüber hinaus mit der so genannten Gemeinkosten-Wertanalyse verwandt, unterscheidet sich von ihr aber durch die Fokussierung auf die Veränderung der Ressourcenallokation. Vgl. Tockenbürger (Controlling prozessorientierter Restrukturierungen), 2000, S. 71

[231] Vgl. Huber (Gemeinkosten-Wertanalyse), 1987, S. 54

8. Maßnahmenplanung/ Budgetvorgabe
9. Überwachung und Abweichungsermittlung

Das Zero Base Budgeting gibt zwar vor, den Nutzen eines Budgets absolut, d. h. gegenüber dem Niveau „zero", zu bewerten. Tatsächlich werden aber mehrere Alternativen miteinander verglichen, die jeweils ein Budget größer null umfassen. Das eigentliche Problem des Zero Base Budgeting ist aber, dass keine Unterstützung für die Abschätzung der Auswirkungen der unterschiedlichen Budgets existiert, was insbesondere bei grundlegenden Neuverteilungen zu großen Ungenauigkeiten in der Abschätzung führen kann. Somit sind die Anforderungen der Transparenz, Nachvollziehbarkeit, Vergleichbarkeit der Ergebnisse und der Wirtschaftlichkeit sowie des Pragmatismus der Anwendung nicht erfüllt.

3.4.4 Optimierung des Planungszeitpunkts

Laut EHRLENSPIEL entstehen ca. 5 Prozent der Gesamtkosten des Unternehmens im Produktentwicklungsprozess, gleichzeitig werden aber 70 Prozent der Gesamtkosten festgelegt, wie die folgende Abbildung zeigt:

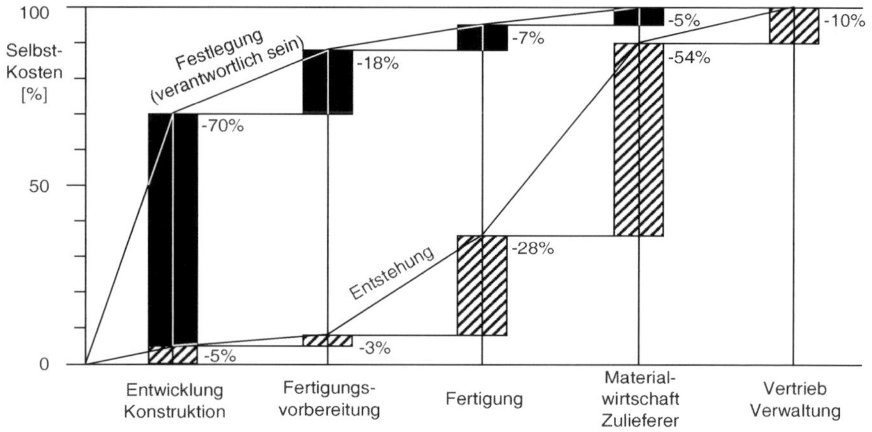

Abbildung 3-8: Kostenfestlegung und Kostenentstehung[232]

Die Festlegung der Kosten ergibt sich in diesem Zusammenhang dadurch, dass Änderungen im Laufe des Projekts zwar möglich bleiben, aber immer teurer werden. Der Zusammenhang zwischen Kostenbeeinflussung/ Kostenverursachung einerseits und Änderungskosten/ Auftreten der Kosten wird heute noch vielfach zitiert, findet sich aber schon in den 1970er Jahren beispielsweise bei DILLING und ist in der folgenden Abbildung links prinzipiell und rechts beispielhaft wiedergegeben:

[232] i. A. a. Ehrlenspiel (Integrierte Produktentwicklung), 2007, S. 608. Vgl. a. a. O. S. 233

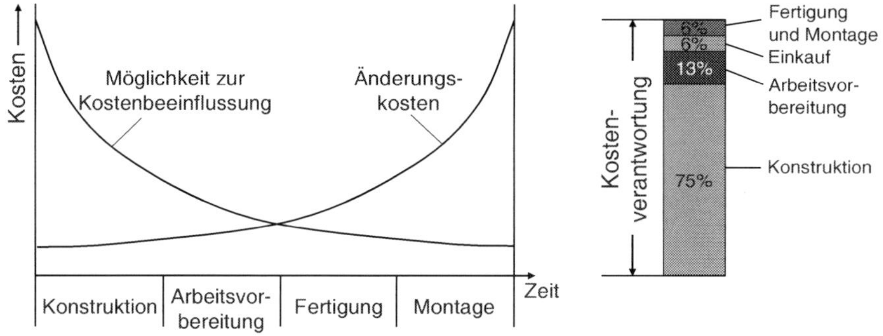

Abbildung 3-9: Kostenbeeinflussung und Kostenverantwortung[233]

Unabhängig vom Alter der einzelnen Zahlen und einer möglichen Branchenbezogenheit der Verteilung der Kosten ist die grundlegende Aussage von Bedeutung, dass das Auftreten der Kosten und die Verursachung in der Regel nicht zusammen fallen. Allerdings erscheint die Festlegung des Planungszeitpunkts nur ein Teil des eigentlichen Problems zu sein, da in der Realität ein Gesamtumfang an Planungstätigkeiten auf die verschiedenen Phasen verteilt werden muss und auch dieser Gesamtumfang nicht fix ist, sondern wiederum von der Verteilung auf die einzelnen Phasen abhängt.[234] Darüber hinaus motiviert EHRLENSPIEL zwar die Aufgabe zur Festlegung des richtigen Planungszeitpunkts, gibt aber darüber hinaus keine Hinweise darauf, wie die Festlegung des Zeitpunkts zu ermitteln ist und damit auch keine konkrete Hilfestellung zur Erhöhung der Planungsproduktivität.

3.4.5 Frontloading: Durchführung von Planung so früh wie möglich

Der Begriff Frontloading fasst die Forderung zusammen, einen notwendigen Aufwand so früh wie möglich durchzuführen, um möglichst viele Probleme vermeiden zu können bzw. möglichst wenige Probleme überhaupt auftreten zu lassen.[235]

Der Begriff taucht in verschiedenen Zusammenhängen auf, beispielsweise im Produktionsanlauf in der Automobilproduktion. Dort wird von einer sehr umfangreichen Planung gesprochen, die das Ziel hat, die Anzahl der auftretenden Probleme sowohl kurz vor als auch nach Start der Produktion eines neuen Modells zu minimieren.[236] Im Zuge dieser Forderung werden häufig Aufwandskurven wie die Folgende dargestellt:

---

[233] i. A. a. Dilling (Methodisches Rationalisieren), 1978, S. 103.

[234] Beschrieben wird der prinzipielle und damit zeitlose Zusammenhang ausführlich bei Ehrlenspiel (Integrierte Produktentwicklung), 2007, S. 614

[235] Vgl. Faust (Lean durch Frontloading), 2009, S. 366 ff.

[236] Vgl. Beer (Anlaufperformance), 2008, S. 48 ff. und Verworn (Bedeutung von Planungsaktivitäten), 2007, S. 245 ff.

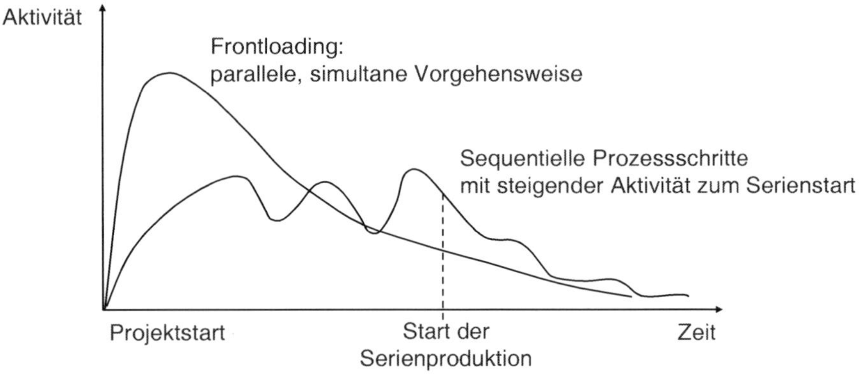

Abbildung 3-10: Frontloading im Produktionsanlauf der Automobilindustrie[237]

Auch wenn die Forderung im Einzelfall richtig sein mag und die Gefahr eines zu starken Frontloadings nicht existieren sollte, so erscheint die bedingungslose Forderung nach einer Verschiebung der Aktivitäten in frühe Phasen doch sehr pauschal. Hier fehlt eine methodische Unterstützung, unter welchen Umständen der Aufwand des Frontloadings zu welchem Zeitpunkt in welchem Umfang zu tätigen ist.

3.4.6 Optimierung der Planungstiefe

Unter Optimierung der Planungstiefe wird im Folgenden die gezielte Festlegung des Umfangs an Planungstätigkeiten verstanden, die zu einem bestimmten Zeitpunkt durchgeführt werden. Hierzu werden zwei Ansätze vorgestellt:

Optimierung der Planungstiefe in den frühen Innovationsphasen

VERWORN entwickelt einen Ansatz zur Optimierung der Planungstiefe in frühen Innovationsphasen. Beispielsweise sei es möglich, sowohl vor Beginn der eigentlichen Entwicklung als auch erst anschließend mit der Feinplanung zu beginnen.[238]

Die eigentliche Fragestellung bezieht sich darauf, welche Planungstiefe wirtschaftlich ist, d. h. bis zu welcher Höhe der Planungskosten der Nutzen diese Kosten rechtfertige. Der Ansatz geht davon aus, dass sich durch Planung eine Steigerung der Effizienz (bzw. Senkung der Kosten in der Ausführung) ergeben.[239] Die folgende Abbildung berücksichtigt hierfür nur die Kostenaspekte, während weitere positive Faktoren, die mit einer intensiven Planung verbunden sind, nicht dargestellt sind.

[237] I. a. A. Beer (Anlaufperformance), 2008, S. 47

[238] Vgl. Verworn (Bedeutung von Planungsaktivitäten), 2007, S. 254

[239] Vgl. Verworn (Die frühen Phasen der Produktentwicklung), 2005, S. 85 sowie die Studien, die a. a. O. S. 80 ff. zitiert sind.

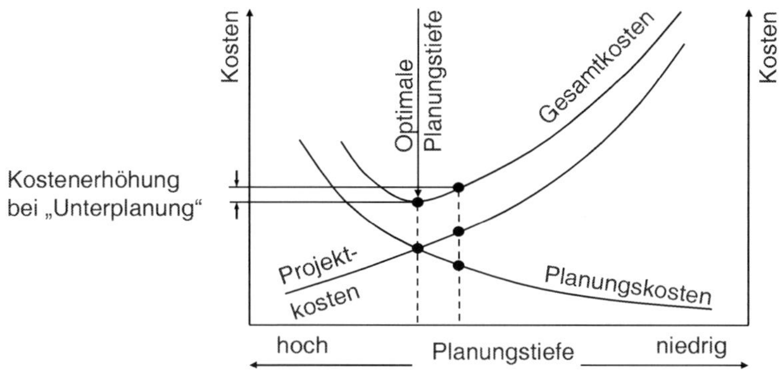

Abbildung 3-11: Gesamtkosten in Abhängigkeit von der Planungstiefe[240]

Eine Ermittlung der Kostenverläufe ist in diesem Ansatz nicht vorgesehen, vielmehr sind im Einzelfall die folgenden Einflussfaktoren auf die optimale Planungstiefe zu berücksichtigen:[241]

- Innovationsgrad des Projekts
- Komplexität des Projekts
- Projektumfang
- inhärentes Projektrisiko
- Anzahl der im Projekt auftretenden Schnittstellen
- Priorität des Projekts im Unternehmen

In einer Kovarianzstudie wurden die Auswirkungen der Planungsintensität in den frühen Phasen der Produktentwicklung auf die Effizienz in Form von niedrigen Kosten und Effektivität in Form von Zufriedenheit der Beteiligten empirisch bewertet. Das Ergebnis zeigt, dass insbesondere indirekte Effekte der Planung zu großen positiven Auswirkungen auf Effizienz und Effektivität führen.[242] Eine konkrete Hilfestellung zur Festlegung der Planungstiefe ergibt sich hieraus aber zum jetzigen Zeitpunkt noch nicht.

Der Ansatz dient aber gerade nicht der Optimierung der Planungstiefe im Sinne des Treffens eines Optimums im mathematischen Sinn, wie es Abbildung 3–11 suggeriert, da hierfür die Transparenz bzw. die Quantifizierbarkeit der Zusammenhänge fehlt und somit auch eine Vergleichbarkeit nicht gewährleistet ist. Vielmehr ist es das Ziel des Ansatzes, dass im Rahmen von Planungsbesprechungen während der frü-

---

[240] i. A. a. Verworn (Bedeutung von Planungsaktivitäten), 2007, S. 255. Eine ähnliche Darstellung findet sich auch schon bei Miese (Montageplanung), 1976, S. 47

[241] Vgl. Verworn (Bedeutung von Planungsaktivitäten), 2007, S. 256

[242] Vgl. Verworn (Bedeutung von Planungsaktivitäten), 2007, S. 258

hen Innovationsphasen ein intensiver Austausch zwischen den Beteiligten stattfindet und ein gemeinsames Verständnis der notwendigen Planungsaufgaben geschaffen wird.[243]

Einstufige Festlegung der Planungstiefe in der Arbeitsvorbereitung

JACOBS beschreibt ein Verfahren, das dazu dient, die Planungstiefe in der Arbeitsvorbereitung festzulegen[244] und bezieht sich dabei auf die Arbeit von BABERG. Unter Planungstiefe wird dabei ausdrücklich nur der Detaillierungsgrad der Arbeitsvorbereitung verstanden. Je detaillierter die Arbeitsvorbereitung arbeitet, desto höhere Kosten fallen in der Arbeitsvorbereitung an und desto wirtschaftlicher kann die Fertigung produzieren.

Das Prinzip der Festlegung der Planungstiefe in Abhängigkeit von einem Parameter (hier die Wiederholhäufigkeit) über die Berechnung des Kostenverlaufs in Abhängigkeit von der Planungstiefe ist in folgender Abbildung dargestellt:

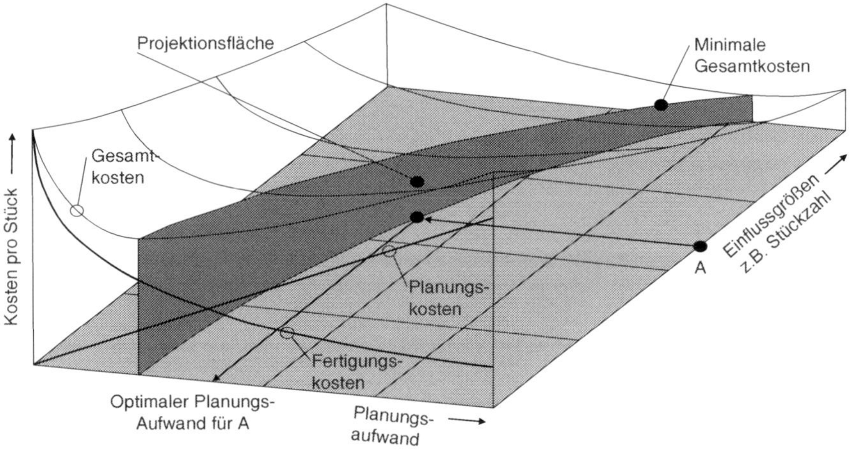

Abbildung 3-12: Definition der optimalen Planungstiefe nach BABERG[245]

Folgende Einflussgrößen auf die optimale Planungstiefe werden identifiziert:[246]

- Anteil der Kosten der Fertigung eines Einzelteiltyps an den Fertigungskosten aller Teile
- Fertigungskosten je Baugruppe oder Einzelteil (absolut)
- Verhältnis von Planungskosten zu Fertigungskosten (relativ)

[243] Vgl. Verworn (Bedeutung von Planungsaktivitäten), 2007, S. 259
[244] Vgl. Jacobs (Vorgabezeitermittlung im Werkzeugbau), 1990
[245] Vgl. Baberg (Rationalisierung in der Arbeitsplanung), 1980, S. 93
[246] Vgl. Baberg (Rationalisierung in der Arbeitsplanung), 1980, S. 96 f.

- Wiederholhäufigkeit einer Fertigungsaufgabe
- Termindruck in der Arbeitsplanung

Eine formale Beschreibung der Bedingungen für eine Erhöhung oder Verringerung des Planungsaufwands dient in der Systematik von JACOBS einer Unterstützung bei der Auslegung der Planungstiefe. Die Systematik beschränkt sich auf den Vergleich der Gesamtkosten von Planung und Fertigung anhand von zwei Situationen mit unterschiedlicher Planungstiefe. Eine Hilfestellung für die Ermittlung der Fertigungs- und insbesondere der Planungskosten wird jedoch nicht geboten.[247]

Die folgende Abbildung zeigt erstens, welche Maßnahmen zu wählen sind, wenn die Bewertung einen höheren oder einen niedrigeren Planungsaufwand vorsieht. Die Abbildung zeigt zweitens, welche Maßnahmen zur Definition der unterschiedlichen Situationen genutzt werden können. Diese Maßnahmen beziehen sich allerdings ausschließlich auf den Umfang an Planungsaufwand in der Arbeitsplanung bzgl. der Gestaltung von Konstruktion und Fertigung.

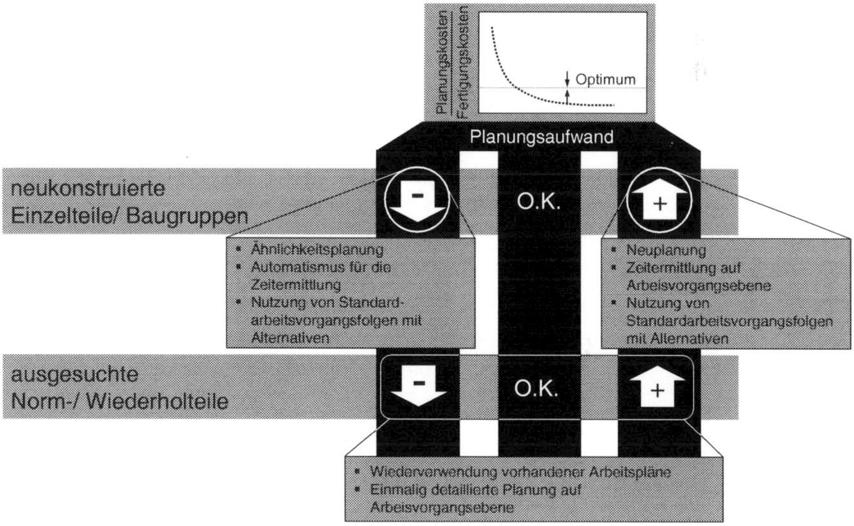

Abbildung 3-13: Festlegung des Planungsaufwands nach JACOBS[248]

Die Empfehlung für Norm-/ Wiederholteile, grundsätzlich immer einmalig detailliert zu planen, zeigt deutlich, an welche Grenzen der Ansatz stößt: Es kann in der Realität nicht nur zwischen Arbeitsplanung einerseits und Fertigung andererseits unterschieden werden. Vielmehr müssten schon innerhalb der Arbeitsplanung längerfristigere Aufgaben, wie z. B. die einmalige detaillierte Planung der Normteile, und kurzfristige-

[247] Vgl. Jacobs (Vorgabezeitermittlung im Werkzeugbau), 1990, S. 46

[248] Vgl. Jacobs (Vorgabezeitermittlung im Werkzeugbau), 1990, S. 46

re Aufgaben, wie z B. die Planung der wiederholten Nutzung der Normteile, unterschieden werden, was der Ansatz aber nicht leistet.

3.4.7 Selbstorganisation und Selbststeuerung

Das Auftreten von Selbstorganisation und Selbststeuerung wird häufig mit den Grenzen der Planung begründet.[249] Aufgrund der großen inhaltlichen Nähe wird im Folgenden nicht zwischen Selbstorganisation und Selbststeuerung unterschieden. Der in der Realität häufig auftretende Fall einer hierarchisch übergeordneten unflexiblen Organisation, Planung oder Steuerung führt zur verallgemeinerten Aussage, dass ein geringerer Planungsumfang häufig mit einer größeren Flexibilität korreliere.[250] Das Konzept der Selbststeuerung in der Produktionsplanung und -steuerung hat nun das Ziel, die zunehmende Komplexität und insbesondere die Dynamik heutiger Produktionssysteme durch eine Übertragung von Planungs- und Steuerungsaufgaben an ausführende Instanzen zu beherrschen. Die Begriffe der Selbstorganisation und -steuerung werden dabei explizit auf das Treffen von Entscheidungen und nicht in erster Linie auf die Festlegung und Verteilung des Aufwands der Informationsverarbeitung innerhalb des eigentlichen Planungs-, Organisations- oder Steuerungsprozesses bezogen.[251]

Von ihren Befürwortern wird die Selbststeuerung als handlungsorientierte dezentrale Koordinationsform und damit als Gegensatz zur vermeintlich strukturorientierten zentralen Koordinationsform der Fremdsteuerung gesehen.[252] Gleichzeitig wird aber auch auf die Grenzen der Selbststeuerung in Abhängigkeit von der Komplexität hingewiesen. Ziel ist demzufolge nicht die Maximierung des Selbststeuerungsgrads, sondern die Annäherung an ein Optimum, dessen Überschreitung zu einer niedrigeren Zielerreichung führe.[253]

Der Ansatz kann bei der Erfüllung der Anforderung der Erhöhung der Planungsproduktivität hilfreich sein, wenn ansonsten die Gefahr einer zu frühen, zu zentralen oder zu umfangreichen Planung besteht. Im Falle der Möglichkeit einer zu späten, zu dezentralen oder nicht ausreichend umfangreichen Planung kann der Ansatz dagegen nicht unterstützen. Auch eine Optimierung im Sinne der Suche nach einem möglichst idealen Umfang an Planungsaufwand zur Erhöhung der Planungsproduktivität wird nicht unterstützt.

---

[249] Vgl. Abschnitt 2.1.3 und Stephan (Emergenz), 2007, S. 238 ff.

[250] Vgl. Gierth (Selbststeuerung in der Werkstattfertigung), 2009, S. 34 f.

[251] Vgl. Luhmann (Organisation und Entscheidung), 2006, S. 254 f. und Windt; Hülsmann (Autonomous Cooperation and Control), 2007, S. 9 f.

[252] Vgl. Gierth (Selbststeuerung in der Werkstattfertigung), 2009, S. 34 und Scholz-Reiter et al. (Autonomously controlled systems), 2009, S. 1449 ff.

[253] Vgl. Scholz-Reiter et al. (Selbststeuerung), 2007, S. 7 ff.

3.5 Ableitung des Handlungsbedarfs aus der Theorie

In Abschnitt 3.1 wurden Anforderungen an Ansätze zur Erhöhung der Planungsproduktivität in der Auftragsabwicklung im Werkzeugbau beschrieben. In den darauf folgenden Abschnitten 3.2 bis 3.4 wurden solche Ansätze bzgl. der Erfüllung dieser Ansätze untersucht. Auch ihre Möglichkeiten und Grenzen wurden erläutert. In Abschnitt 3.5 werden nun diese Ansätze zusammenfassend bewertet und der Handlungsbedarf aus der Theorie abgeleitet.

Tabellarische Zusammenfassung der Bewertung der untersuchten Ansätze

Die folgende Abbildung stellt die Erfüllung der Anforderungen durch die beschriebenen Ansätze dar. Hierbei wurden Anforderungen auch dann als erfüllt betrachtet, wenn ein Kriterium als nicht relevant eingeschätzt wurde und die Anforderung zumindest nicht verletzt ist. Dies war beispielsweise bei generischen Ansätzen der Fall, die prinzipiell auch auf den Werkzeugbau anwendbar sind.

Anforderungen \ Ansätze	Grafische Prozessanalyse	Modellierung im Operations Research	Darstellung von strategischen Planungsprozessen im Werkzeugbau nach Pollak	Berechnung der Produktivität, der Effektivität und der Effizienz	Prozesskostenrechnung	Kennzahlen zur ganzheitlichen Bewertung	Wertorientiertes Prozessmanagement nach Hirschmann	Marktorientierte Prozessbewertung nach Hauser	Process Value Estimation	Bestimmung der Prozessleistungsart nach Tomys	Bewertung des Werts von Informationen	Metaplanung	Delegationswertbestimmung	Zero Base Budgeting	Optimierung des Planungszeitpunkts nach Ehrlenspiel	Frontloading	Optimierung der Planungstiefe	Selbstorganisation und Selbststeuerung
Analyse von Planungstätigkeiten	✓	✓	⚡	(+)	✓	⚡	✓	✓	✓	✓	⚡	(+)	✓	✓	⚡	(+)	(+)	✓
Bewertung der Planungsproduktivität	(+)	⚡	⚡	✓	(+)	⚡	✓	✓	✓	✓	✓	⚡	✓	✓	⚡	⚡	✓	⚡
Erhöhung der Planungsproduktivität	(+)	⚡	⚡	(+)	⚡	(+)	⚡	⚡	⚡	⚡	⚡	(+)	⚡	✓	(+)	(+)	(+)	(+)
Anwendbarkeit in der Auftragsabwicklung	✓	⚡	⚡	⚡	✓	(+)	✓	✓	⚡	✓	⚡	✓	✓	(+)	✓	✓	✓	✓
Anwendbarkeit im Werkzeugbau	✓	✓	✓	✓	✓	(+)	✓	✓	✓	✓	✓	✓	✓	(+)	✓	✓	✓	(+)
Transparenz und Nachvollziehbarkeit	✓	⚡	✓	✓	✓	✓	✓	✓	✓	⚡	⚡	✓	⚡	⚡	⚡	⚡	⚡	✓
Vergleichbarkeit der Ergebnisse	⚡	✓	✓	✓	✓	✓	⚡	⚡	✓	⚡	⚡	✓	⚡	⚡	⚡	⚡	⚡	⚡
Wirtschaftlichkeit und Pragmatismus	✓	⚡	⚡	⚡	✓	✓	✓	✓	✓	✓	⚡	✓	⚡	⚡	⚡	✓	✓	✓

✓ Anforderung erfüllt ⚡ Anforderung nicht erfüllt (+) Anforderung durch Ansatz nicht ausreichend erfüllt, aber Ansatz zur Unterstützung der Erfüllung der Anforderung nutzbar

Abbildung 3-14: Erfüllung von Anforderungen durch die untersuchten Ansätze

Inhaltliche Zusammenfassung der Bewertung der untersuchten Ansätze

Die in Abschnitt 3.2 erläuterten Ansätze der Darstellung von Planungstätigkeiten in ihren verschiedenen Varianten stellen eine gute Basis zur Analyse dar. Eine solche Darstellung ist selbst aber nicht ausreichend, um den beschriebenen Anforderungen zu genügen.

Die verschiedenen Ansätze zur Bewertung der Produktivität von Prozessen, die in Abschnitt 3.3 erläutert wurden, sind ebenfalls eine gute Hilfestellung, um Transparenz über eine bestimmte Situation zu erlangen und um komplexe Sachverhalte einschätzen zu können. Sie können zu einer Verbesserung eines solchen Sachverhalts beitragen, in dem sie die Möglichkeiten und sinnvolle Richtungen der Veränderung vorgeben. Die Verbesserung kann durch eine Bewertung allein aber nicht realisiert werden. Darüber hinaus erweist sich die absolute Bewertung des Planungsnutzens als problematisch, da kein Nullpunkt dieser Betrachtung, d. h. keine Situation ganz ohne Planung denkbar ist, anhand der sich der Planungsnutzen ermitteln ließe.

Die in Abschnitt 3.4 beschriebenen Ansätze zur Konzeption und Veränderung der Planung strukturieren mögliche Fragestellungen zur Veränderung der Planung, geben aber selbst kaum inhaltliche Hinweise zur Verbesserung, analog zu den Ansätzen des Veränderungsmanagements. Zahlreiche Ansätze befassen sich mit der Fragestellung, wie Aufwand und Entscheidungsverantwortung auf verschiedene Aufgaben, auf verschiedene Prozessschritte, auf verschiedene Entitäten und auf verschiedene Zeitpunkte aufzuteilen sind und nutzen dafür verschiedene Ansätze der Bewertung. Diese erläuterten Ansätze befassen sich somit mit wesentlichen Teilaspekten der zentralen Problemstellung dieser Arbeit, allerdings ohne diese Problemstellung tatsächlich zu lösen: Dies liegt daran, dass die Ansätze teilweise

- nicht für die Verbesserung von Prozessen sondern Strukturen,
- nicht für die Optimierung des Umfangs sondern einseitige Erhöhung oder Verringerung an Planung,
- nicht für reale komplexe Prozesse sondern nur für Prozesse, die aus zwei homogenen Phasen bestehen, oder
- nicht für Aufgaben konzipiert sind, bei denen der Prozessablauf eine wesentliche Rolle spielt.

Fazit des Handlungsbedarfs aus der Theorie

In Kapitel 3 wurden Ansätze untersucht, die eine Erhöhung der Planungsproduktivität in der Auftragsabwicklung im Werkzeugbau realisieren oder eine Realisierung unterstützen könnten. Diese wurden sowohl einzeln im Detail beschrieben als auch als Gesamtheit bewertet.

Etliche der Ansätze erfüllen einen Großteil der Anforderungen. Es konnte gezeigt werden, dass bisher kein Ansatz zur Verfügung steht, der die Herausforderung einer Erhöhung der Planungsproduktivität durch eine gezielte Festlegung des Planungsumfangs auf einzelne Planungsaufgaben vollständig erfüllen könnte. Daher soll für den relevanten Betrachtungsbereich der Auftragsabwicklung im Werkzeugbau eine Methodik entwickelt werden, die diese Problemstellung lösen kann. Diese Methodik soll auf Prinzipien der erläuterten Ansätze basieren und deren Stärken nutzen. Sie soll jedoch so gestaltet sein, dass die in Abschnitt 3.5 beschriebenen Schwachstellen der Ansätze gelöst bzw. umgangen werden.

Im folgenden Kapitel 4 wird diese Methodik in ihren Grundzügen konzipiert und im anschließenden Kapitel 5 detailliert beschrieben.

4 Konzeption der Methodik

Entsprechend der Zielsetzung dieser Arbeit wird in diesem Kapitel eine Methodik zur Erhöhung der Planungsproduktivität konzipiert. Dies beinhaltet zunächst die Einführung in Grundlagen allgemeiner Prinzipien der Methodikentwicklung. Anschließend wird die Methodik strukturiert und schließlich für alle Phasen der Methodik das Vorgehen grob skizziert.

4.1 Grundlagen der Systemtechnik und der Modellierung

Zur Unterstützung der Analyse und Bewertung des Nutzens von Planungstätigkeiten wird in der zu entwickelnden Methodik auf die Systemtechnik und Modellierung zurückgegriffen, die sich als Lösungsansätze für komplexe Problemstellungen etabliert haben.[254] Im Folgenden werden deren wissenschaftliche Grundlagen erläutert.

4.1.1 Systemtechnik

Die Systemtechnik stellt Ansätze und Vorgehensweisen bereit, die es erlauben, komplexe Problemstellungen, die sich auf Systeme beziehen, zu bearbeiten.[255] Die Systemtechnik nutzt hierfür die Grundlagen der Systemtheorie sowie den Leitgedanken des Prozessdenkens.[256]

Die Systemtheorie versteht unter einem System eine Gesamtheit von Elementen, zwischen denen wechselseitige, beeinflussbare und zeitlich variable Beziehungen bestehen.[257] Bei offenen Systemen bestehen im Gegensatz zu geschlossenen Systemen Beziehungen zwischen dem System und den Elementen der Umwelt. Zwischen den Elementen eines Systems herrscht untereinander eine stärkere Beziehung als zwischen den Elementen des Systems einerseits und Elementen außerhalb des Systems andererseits.[258] Ein System kann sowohl Bestandteil eines übergeordneten Systems sein und somit selbst zur Systemeinheit werden als auch weitere

---

[254] Vgl. Neemann (Methodik zum Schutz gegen Produktimitationen), 2007, S. 32;

ULRICH und HILL erläutern grundlegende wissenschaftstheoretischer Ansätze mit Eignung für ein pragmatisches und ergebnisorientiertes Wissenschaftsziel. BLECK bewertet diese Ansätze für die Entwicklung von Methodiken für die Entwicklung von Planungssystemen. Vgl. Ulrich; Hill (Grundlagen - Teil 1), 1976, S. 304 ff. und Bleck (Methodik zur integrierten Planung), 2004, S. 43 f.

[255] In der Literatur finden sich neben den Begriffen der Systemtechnik und der Systemtheorie auch noch weitere Begriffe, die teilweise synonym verwendet werden wie Systemdenken, System Engineering und Systemwissenschaft. Vgl. Bachthaler (Systemmethodik), 2000, S. 11 ff.

Aufgrund der großen inhaltlichen Nähe und weitgehender Überschneidungen wird an dieser Stelle auf eine vollständige Abgrenzung zwischen diesen Begriffen verzichtet. Stattdessen wird in dieser Arbeit dem Verständnis gefolgt, dass die Systemtheorie die Grundlagen zur Beschreibung und Erklärung von Systemen liefert und die Systemtechnik die Grundlagen der Systemtheorie zur Gestaltung und Steuerung von Systemen nutzt. Vgl. z. B. Haberfellner et al. (Systems Engineering), 1999, S. 4 ff.

[256] Vgl. Neemann (Methodik zum Schutz gegen Produktimitationen), 2007, S. 33

[257] Vgl. Bruns (Systemtechnik), 1991, S. 31

[258] Vgl. Haberfellner et al. (Systems Engineering), 1999, S. 6

Subsysteme beinhalten. Die kleinste Einheit eines Systems wird als Systemelement bezeichnet.[259]

Wesentliche Grundbegriffe der Systemtheorie sind in der folgenden Abbildung dargestellt:

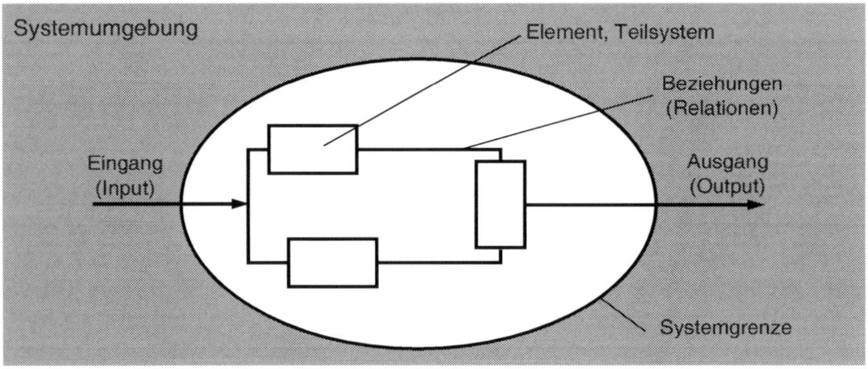

Abbildung 4-1: Struktur und Elemente eines Systems[260]

Der Leitgedanke des Prozessdenkens als zweites wesentliches Element der Systemtechnik setzt sich aus vier Grundprinzipien zusammen:

Nach dem Prinzip **vom Groben ins Detail** wird der Betrachtungshorizont im Sinne einer schrittweisen Konkretisierung des Problem- und Lösungsraums zunehmend gezielt eingeengt und somit eine zu frühzeitige detaillierte Betrachtung von Einzelaspekten vermieden. Dieses Prinzip beschreibt zugleich, wie die Modellierung, die im folgenden Abschnitt 4.1.2 erläutert wird, gemeinsam mit der Systemtechnik eingesetzt wird. Das Prinzip der **Variantenbildung** besagt, dass bei einer Vielzahl von möglichen Lösungsalternativen für ein Problem zunächst grundsätzliche Lösungsansätze identifiziert und strukturiert werden müssen, bevor über eine stufenweise Variantenreduzierung die geeignete Lösungsalternative ausgewählt werden kann. Mit dem Prinzip der **Phasengliederung** wird das Ziel verfolgt, den Lösungsweg über ein nach zeitlichen Gesichtspunkten gegliedertes Raster in handhabbare Schritte zu unterteilen. Das vierte Grundprinzip ist der **Problemlösungsprozess**, der einen problemneutralen, arbeitslogischen Ablauf beschreibt, um von einer gegebenen Problemstellung über eine Zielsuche, eine Lösungssuche sowie die Lösungsauswahl zu einem Ergebnis zu gelangen.[261]

Die Systemtechnik ermöglicht durch die Nutzung dieser Prinzipien die Übertragung ingenieurmäßiger Methoden auf Nachbargebiete und umgekehrt und bietet damit

---

[259] Vgl. Ulrich (Unternehmung), 1968, S. 107 f.

[260] Vgl. Paulukuhn (Typologisierung von Entwicklungsprojekten), 2005, S. 5

[261] Vgl. Haberfellner et al. (Systems Engineering), 1999, S. 30 ff.

eine Grundlage für interdisziplinäre Problemlösungen.[262] Dies ist insbesondere für den Betrachtungsbereich der Planung in der Auftragsabwicklung von Nutzen, die als Schnittstellenaufgabe mehrere Wissenschaftsdisziplinen betrifft und daher von einer Disziplin allein immer nur unvollständig gelöst werden könnte.[263] Durch ihren Abstraktionsgrad ermöglicht es die Systemtechnik darüber hinaus, eine Basis für die Konzipierung und Detaillierung einer Methodik aufzustellen.[264]

4.1.2 Modellierung

Um Erkenntnisse über Grundzusammenhänge der realen Gegebenheiten gewinnen und die Komplexität der Realität beherrschen zu können, wird auf Abbilder der Wirklichkeit zurückgegriffen, die als Modelle bezeichnet werden. Dieser Modellbegriff wird von STACHOWIAK durch das Abbildungsmerkmal, das Verkürzungsmerkmal und das pragmatische Merkmal charakterisiert.[265]

Ein Modell entsteht als Folge der abstrahierten Abbildung einzelner Bestandteile einer Realität und ihrer Verknüpfung miteinander. Aus der Abstraktion folgt eine Verkürzung, so dass nicht alle Attribute des Originals, sondern nur diejenigen, die dem Modellschaffer bzw. Modellnutzer relevant erscheinen, abgebildet werden. Das pragmatische Merkmal fordert schließlich die Definition des zu Grunde liegenden Originals sowie der Zielsetzung und vorgesehenen Nutzung des Modells, um Modelle zielgerichtet und pragmatisch nutzen zu können.[266]

In der Literatur finden sich vielfältige Konzepte zur Klassifizierung von Modellen[267], wobei im Folgenden auf die verbreitete Unterteilung nach PATZAK zurückgegriffen wird, der zwischen Beschreibungs-, Erklärungs-, Prognose- und Entscheidungsmodellen unterscheidet.[268] Modelle lassen sich häufig, aber nicht immer genau einem dieser Modelltypen zuordnen.[269]

Beschreibungsmodelle werden auch Erfassungsmodelle, deskriptive Modelle oder Darstellungsmodelle genannt. Sie dienen dazu, Sachverhalte oder Phänomene möglichst präzise und leicht verständlich darzustellen. Zu unterscheiden sind insbesondere strukturell-deskriptive Modelle, die einen statischen Zustand beschreiben, sowie verhaltensmäßig-deskriptive Modelle, die einen Zeitablauf beschreiben.[270]

---

[262] Vgl. Bruns (Systemtechnik), 1991, S. 1

[263] Vgl. Bachthaler (Systemmethodik), 2000, S. 12 ff.

[264] Vgl. Brandenburg (Methodik zur Planung), 2002, S. 38

[265] Vgl. Stachowiak (Allgemeine Modelltheorie), 1973, S. 130 ff.

[266] Vgl. Stachowiak (Allgemeine Modelltheorie), 1973, S. 130 ff.

[267] Vgl. z. B. Stachowiak (Allgemeine Modelltheorie), 1973, S. 157 ff.; Ulrich; Hill (Grundlagen - Teil 2), 1976, S. 349; Wöhe (Einführung in die allgemeine Betriebswirtschaftslehre), 1996, S. 39 ff.

[268] Vgl. Patzak (Systemtechnik), 1982, S. 313 ff.

[269] Vgl. Bandte (Komplexität in Organisationen), 2007, S. 205

[270] Vgl. Lehner et al. (Wirtschaftsinformatik), 2008, S. 30 f. und Scholl (Robuste Planung und Optimierung), 2001, S. 17 f.

Erklärungsmodelle basieren in der Regel auf Beschreibungsmodellen, gehen in ihrer Funktion aber über diese hinaus: Es werden mit Hilfe eines Erklärungsmodells die Gesetzmäßigkeiten, die sich hinter beobachtbaren Phänomenen verbergen, dargestellt und/ oder analysiert.[271] Erklärungsmodelle sind im Gegensatz zu Beschreibungsmodellen mit dem Ziel verbunden, das zugrunde liegende Beschreibungsmodell zu verbessern oder einen zukünftigen Zustand vorherzusagen. Im ersten Fall werden Erklärungsmodelle auch **kausale Modelle**, im zweiten Fall auch **Prognosemodelle** genannt.[272]

Gestaltungsmodelle dienen der Veränderung der Realität, in dem sie Ansatzpunkte für einen zielgerichteten Einsatz möglicher Einflussgrößen liefern. Hierunter fallen **normative Modelle**, die darstellen, in welchem normativen Rahmen Handlungen durchzuführen sind und eine Leitbildfunktion besitzen und **präskriptive Modelle**, die Vorgehensweisen darstellen und eine Vorbild-, Beispiel- oder Musterfunktion einnehmen, sowie **Entscheidungs-/ Planungsmodelle**, die bei der Entscheidung und Planung unterstützen.[273]

Neben den beschriebenen Grundformen der Modelle stellen **Meta-Modelle** (auch generische Modelle oder Referenzmodelle genannt) Ordnungen dar, um Modelle und nicht die Realität selbst zu beschreiben. Ein Meta-Modell soll veranschaulichen, welche Aspekte und Komponenten bei der Gestaltung und Nutzung von Modellen relevant sind und wie diese Aspekte und Komponenten zusammen hängen.[274]

Die folgende Abbildung fasst die grundlegenden Typen von Modellen zusammen:

Beschreibungsmodelle	Erklärungsmodelle
• Ziel: Darstellung von Sachverhalten oder Phänomenen • Beispiele: Straßenkarte, Röntgenaufnahme	• Ziel: Analyse von Gesetzmäßigkeiten, Prognose möglichen Verhaltens • Beispiel: 3D-Modell eines Werkzeugs zur Kollisionssimulation
Gestaltungsmodelle	**Meta-Modelle**
• Ziel: Veränderung der Realität, Erläuterung eines Zielzustands • Beispiel: Konstruktionszeichnung	• Ziel: Gestaltung von Modellen, Benennung von Relevanz • Beispiel: Konstruktionsrichtlinie

Abbildung 4-2: Grundlegende Modelltypen

[271] Vgl. Schiemenz; Schönert (Entscheidung und Produktion), 2005, S. 49 ff.

[272] Vgl. Lehner et al. (Wirtschaftsinformatik), 2008, S. 31. SZYPERSKI weist darauf hin, dass weder allgemeingültige Beschreibungs- noch Erklärungsmodelle der Planung existieren, dass aber bereits Modelle, die nur für bestimmte Objektbereiche gültig sind, nützlich sein können. Szyperski; Welters (Grenzen und Zweckmäßigkeit der Planung), 1976, S. 268

[273] Vgl. Lehner et al. (Wirtschaftsinformatik), 2008, S. 31 f.; Ulrich (Management), 1984, S. 180

[274] Vgl. Lehner et al. (Wirtschaftsinformatik), 2008, S. 32

4.1.3 Nutzung von Systemtechnik und Modelltheorie zur Methodikentwicklung

In der Literatur finden sich unterschiedliche Definitionen des Begriffs Methodik. Im Rahmen dieser Arbeit wird der Begriff Methodik als System bestehend aus Modellen, Methoden und Hilfsmitteln verwendet.[275]

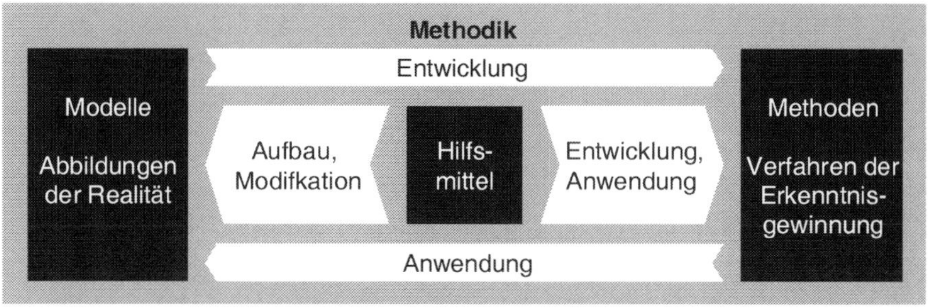

Abbildung 4-3: Methodik: System aus Modellen, Methoden und Hilfsmitteln[276]

Die Nutzung dieses Methodikverständnisses umfasst die Aspekte der Systemtechnik, der Modelltheorie und nutzt Methoden und Hilfsmittel:

Als **System** aus einzelnen Bestandteilen erlaubt es eine Methodik, die Möglichkeiten der Elemente voll auszuschöpfen und zu kombinieren. Hierfür ist aber auch eine sinnvolle Verknüpfung der Bestandteile notwendig.

- Das Prinzip vom **Groben ins Detail** wird in der Methodik genutzt, um über einen sinnvollen Betrachtungshorizont pragmatisch eine sinnvolle Anzahl von Planungsalternativen festzulegen und zu verhindern, dass sinnvolle Planungsalternativen ausgeschlossen werden.
- Das Prinzip der **Variantenbildung** soll für die systematische Entwicklung von möglichen zu bewertenden Planungsalternativen genutzt werden.
- Das Prinzip der **Phasengliederung** des Vorgehens stellt die Grundlage für die Anordnung der Schritte der Methodik in eine Reihenfolge dar. Die Aufgabenstellung der Erhöhung der Planungsproduktivität in der Auftragsabwicklung im Werkzeugbau wird durch eine Unterteilung in einzelne Schritte erst handhabbar.
- Das Prinzip des **Problemlösungsprozesses** ermöglicht die reproduzierbare Anwendung dieser zu durchlaufenden Phasen und stellt damit die logisch aufeinander abgestimmte Anwendung der Elemente der Methodik sicher.

Die Modelltheorie bietet mit der Möglichkeit, für konkrete Zwecke entsprechen ausgelegte **Modelle** einzusetzen, eine Unterstützung für die Entwicklung einer Methodik an. Verkürzungen sind notwendig, um Aussagen über komplexe soziotechnische

[275] Vgl. Neuhausen (Methodik zur Gestaltung modularer Produktionssysteme), 2001, S. 6 f.
[276] i. A. a. Neuhausen (Methodik zur Gestaltung modularer Produktionssysteme), 2001, S. 7

Systeme wie Unternehmen, in denen Menschen mit technischen Systemen interagieren, treffen zu können. Die Modelltheorie erlaubt durch die gezielte pragmatische Verkürzung die Fokussierung auf diejenigen Aspekte, die im Betrachtungsbereich der Planung komplexer Sachverhalte von Bedeutung sind.[277]

Methoden stellen im Gegensatz zu Methodiken Verfahren dar, mit denen überschaubare Aufgaben gelöst und Erkenntnisse gewonnen werden können.[278] **Hilfsmittel** dienen zur Erstellung, Anpassung und Anwendung von Modellen und Methoden und unterstützen damit beispielsweise die Modellierung von Planungsaufgaben und deren Wirkbeziehungen.

Aufgrund dieser Eigenschaften eignen sich Systemtechnik und Modelltheorie für den Aufbau einer Methodik im Sinne des Forschungsziels dieser Arbeit. Sie werden daher im Folgenden zur Strukturierung und Konzeption der Methodik genutzt.

4.2 Strukturierung der Methodik

Um die Methodik konzipieren zu können, werden in diesem Abschnitt zunächst der Betrachtungsbereich definiert, die Herausforderung der Bewertung des Grenznutzens von Planungstätigkeiten erläutert sowie die wichtigsten Aspekte des Vorgehens bei der Anwendung der Methodik bestimmt. Als Ergebnis dieser Strukturierung ergibt sich das Konzept, das im abschließenden Abschnitt beschrieben wird.

4.2.1 Definition des relevanten Betrachtungsbereichs

Zur Entwicklung einer Methodik, die eine Erhöhung der Planungsproduktivität für die Auftragsabwicklung im Werkzeugbau anstrebt, ist es erforderlich, zunächst den Betrachtungsbereich zu definieren. In den vorangegangenen Kapiteln wurde erläutert, was die Motivation aus dem Betrachtungsbereich „Planung in der Auftragsabwicklung im Werkzeugbau" für diese Arbeit ist. Im Folgenden wird kurz definiert, auf welche Aspekte dieses Bezugsrahmens die zu entwickelnde Methodik eingehen wird und wie die einzelnen Komponenten des Bezugsrahmens hierfür definiert werden.

Unter **Auftragsabwicklung**[279] ist der gesamte Prozess zu verstehen, der zur Erfüllung eines Auftrags notwendig ist. Dies umfasst sowohl die direkten Aufgaben der Produktion als auch die indirekten Aufgaben, d. h. Planung in jeglicher Form. Unter **Werkzeugbau**[280] sollen in dieser Arbeit sowohl interne als auch externe Werkzeug-, Formen- und Betriebsmittelbauer verstanden werden. Besonderheit des Werkzeugbaus für die Fragestellung dieser Arbeit ist die hohe Aufgabenintegration der Mitar-

---

[277] Vgl. Bachthaler (Systemmethodik), 2000, S. 24 f.

[278] Vgl. Berens et al. (Quantitative Planung), 2004, S. 102

[279] Vgl. Abschnitt 2.2

[280] Vgl. Abschnitt 2.3

beiter, die ihre Aufgaben häufig auch autark, d. h. so gut wie ohne vorgelagerte Planung ausführen können.[281]

Der Begriff der **Planung in der Auftragsabwicklung im Werkzeugbau** wird in dieser Arbeit sehr weit gefasst: In der Methodik sollen unter Planung neben klassischen operativen Planungstätigkeiten (z. B. Projektmanagement und Arbeitsvorbereitung) auch die Planungstätigkeiten verstanden werden, die Mitarbeiter in direkten Bereichen ausführen, die eigentlich per Definition gerade nicht die Planung, sondern deren Umsetzung als Arbeitsinhalt haben bzw. haben sollten. Es lassen sich letztlich alle Arbeitsinhalte subsumieren, die sich mit der Gestaltung zukünftiger Tätigkeiten befassen.[282] Dies umfasst beispielsweise die Überlegungen eines Werkzeugmachers, welche Nacharbeitsschritte notwendig sind, um ein montiertes Werkzeug funktionsfähig zu machen. Aus der genannten hohen Aufgabenintegration im Werkzeugbau ergibt sich, dass der Anteil der planenden Tätigkeiten auch in direkten Tätigkeitsfeldern besonders hoch ist, sich allerdings auch von Unternehmen zu Unternehmen stark unterscheidet. Die Methodik muss daher insbesondere auch diese Planungstätigkeiten in den direkten Tätigkeitsfeldern berücksichtigen. Formal wird Planung als Abfolge von aufeinander aufbauenden Einzeltätigkeiten verstanden, bei denen die nachgelagerten auf den Ergebnissen der vorgelagerten aufbauen.[283] Der Einfluss, der von Planungstätigkeiten auf nachgelagerte Tätigkeiten ausgeht, wird in der Methodik als „Wirkbeziehung" bezeichnet.

Unter der **Erhöhung der Planungsproduktivität** wird in der Methodik die Verbesserung des Verhältnisses von Nutzen einer Planungstätigkeit für die nachfolgenden Tätigkeiten einerseits zu Aufwand bei der Ausführung der Planungstätigkeiten andererseits verstanden. Ziel der Methodik ist es letztlich, Planungsaktivitäten so zu konzipieren, dass der Gesamtaufwand an Aktivitäten für die Planung und die Ausführung der geplanten Aktivitäten minimiert wird.

4.2.2 Bewertung des Grenznutzens von Planungstätigkeiten zur Erhöhung der Planungsproduktivität

Die Analyse bestehender Ansätze hat gezeigt, dass eine weitreichende Erhöhung der Planungsproduktivität nur möglich ist, wenn sich diese auch bewerten lässt.[284]

---

[281] Ein Beispiel hierfür ist der Try-out, dessen Durchführung vielfach vollständig den Werkzeugmachern überlassen wird, während die Werkzeugkonstrukteure das Ergebnis ihrer Konstruktion sehen, den Try-out aber kaum unterstützen können. Vgl. Haasler (Hochtechnologie und Handarbeit), 2004, S. 83 ff.

[282] Auch so genannte Steuerungsaufgaben beinhalten in der Regel eine Informationsbeschaffung und -aufbereitung sowie eine Entscheidung, so dass sie zu Planungsaufgaben gerechnet werden können. Vgl. Schneider et al. (Operative Produktionsplanung und -steuerung), 2005, S. 77 f.

[283] Vgl. Priese (Planung in Werkstattstrukturen), 2007, S. 64

Die Begriffe Planungsaufgabe und Planungstätigkeit werden in dieser Arbeit synonym verwendet, da die mögliche Unterscheidung im Sinne von „Tätigkeit = tatsächliche Verrichtung" und „Aufgabe = vorgesehene bzw. benötigte Durchführung" nur eine graduelle Unterscheidung darstellt.

[284] Vgl. Abschnitt 3.5

Die zu entwickelnde Methodik muss auf einer validen Beurteilung der Planungsproduktivität und ihres Verbesserungspotenzials aufbauen und soll darüber hinaus diese Bewertung als Grundlage der Soll-Konzeption nutzen.

Absolute Nutzenbewertungen unterliegen jedoch häufig der Beliebigkeit bei der Festlegung des Nullpunkts („Was passiert ohne jede Planung?"). Gleiches gilt demzufolge auch für die Produktivität als Quotient von absolutem Nutzen zu absolutem Aufwand.[285] Daher erscheint für diese Methodik einzig eine Grenznutzenbewertung als sinnvoll. Prinzipiell soll diese die Sinnhaftigkeit einer Veränderung des Planungsaufwands bewerten, indem die Veränderung des Planungsaufwands mit der sich ergebenden Veränderung des Planungsnutzens (im Sinne einer Reduzierung des Aufwands nachfolgender Tätigkeiten) verglichen wird. Operativ werden hierfür Szenarien mit unterschiedlich hohem Planungsaufwand und dem sich ergebenden unterschiedlich hohen Aufwand nachfolgender Tätigkeiten gebildet und diese Szenarien dann verglichen.

4.2.3 Prozess der Anwendung der Methodik

Um die Anwendbarkeit zu ermöglichen, ist die Methodik als Prozess zu gestalten. Der Prozess muss den folgenden Anforderungen genügen:

- Der Prozess muss die Anwendung in der Praxis unterstützen und analog zur betrachteten Planung selbst sowohl einen niedrigen Aufwand als auch gute Ergebnisse sicherstellen, um produktiv (im Sinne von wirksam und wirtschaftlich) zu sein.
- Der Prozess muss hierfür die Nutzung aller notwendigen Modelle, Methoden und Hilfsmittel der Methodik umfassen. Der Zusammenhang zwischen dem Prozess der Methodik einerseits sowie den notwendigen Modellen, Methoden und Hilfsmitteln andererseits muss klargestellt, und die einzelnen Komponenten müssen voneinander abgegrenzt werden.

Notwendige Schritte der Methodik

Um die bisher erläuterten Anforderungen und strukturellen Festlegungen in eine Methodik umzusetzen, werden folgende vier grundlegende Schritte unterschieden:

- Alle Schritte der Methodik müssen auf einem gemeinsamen fundierten Verständnis der Ausgangsituation der Planungsabläufe aufbauen. Um diese Basis zu schaffen, ist zunächst eine **Analyse der Ausgangssituation** notwendig. Darin werden wesentliche Aspekte der betroffenen Planungsprozesse beschrieben. Die Herausforderung dieser Phase liegt darin, zu erkennen, welche Aspekte der Ausgangssituation in den weiteren Schritten der Methodik relevant sind.

---

[285] Vgl. Szyperski; Welters (Grenzen und Zweckmäßigkeit der Planung), 1976, S. 275 f. und Rieg (Planung und Budgetierung), 2008, S. 56

- Um entscheiden zu können, welche Planungstätigkeiten wie sinnvoll und welche Veränderungen im Planungsprozess notwendig sind, ist eine Bewertung der Planungstätigkeiten notwendig. Diese wird eingeleitet mit einer **Analyse der Wirkbeziehungen zwischen Planungstätigkeiten**. Diese erklärt die kausalen Zusammenhänge, allerdings ohne selbst zu bewerten.
- Daran schließt sich die eigentliche **Bewertung der Planungstätigkeiten** bzw. verschiedener Umfänge an Planungsaufwand an. Diese soll auf dem Grenznutzen basieren, den einzelne Planungstätigkeiten für nachfolgende Tätigkeiten in der Auftragsabwicklung besitzen, um auch Alternativen der Auslegung des Planungsprozesses berücksichtigen zu können.
- Abschließend ist auf Basis der Bewertung eine **Soll-Konzeption** der Planung möglich. Diese hat festzulegen, an welchen Stellen im Planungsprozess was wie umfangreich geplant wird.

Die Schritte 2 und 3 stellen das Vorgehen bei der Bewertung dar. Die Schritte 1 und 4 dienen dazu, die Anwendbarkeit und Wirksamkeit der Bewertung sicherzustellen und diese Bewertung zur Erhöhung der Planungsproduktivität zu nutzen.

4.3 Konzeption der einzelnen Phasen der Methodik

Die vier erläuterten grundlegenden Schritte werden als Phasen der Methodik ausgestaltet und sind in folgender Abbildung dargestellt.

Abbildung 4-4: Phasen der Methodik

Eine wiederholte Anwendung der Methodik zur weitergehenden Erhöhung der Planungsproduktivität ist möglich. Hierfür sind wieder alle vier Phasen zu durchlaufen, allerdings können einzelne Schritte der Methodik bei wiederholter Anwendung mit deutlich reduziertem Umfang durchgeführt werden (vgl. hierzu Kapitel 5). Im Folgenden werden die vier Phasen der Methodik im Überblick für die vollständige Anwendung beschrieben:

4.3.1 Analyse der Ausgangssituation

Zunächst ist es notwendig, ein einheitliches Verständnis von Planung mit den an der Anwendung der Methodik Beteiligten zu schaffen (i. d. R. Mitarbeiter des jeweiligen Werkzeugbaus). Dieses einheitliche Verständnis bezieht sich insbesondere auf das Prinzip des Nutzens, den eine beliebige operative Planungstätigkeit für eine nachfolgende Tätigkeit haben kann und darauf, dass sich der Nutzen als Wirkbeziehung („je mehr Planung hier, desto weniger Aufwand dort“) beschreiben lässt. Die Erläuterung des Prinzips der Wirkbeziehung kann auch an Beispielen erfolgen, an denen dieses Prinzip veranschaulicht wird. Beispiele sind etwa „Wenn das Projektmanagement die Kapazitäten der mechanischen Fertigung berücksichtigt, sinkt der Aufwand für kurzfristige Umplanungen der Maschinenbelegung“ oder „Je stärker die Konstruktion auf die Montierbarkeit des Werkzeugs achtet, desto weniger ungeplanter Aufwand entsteht bei der Montage“.

Anschließend werden die Planungsprozesse insgesamt sowie die einzelnen Planungstätigkeiten im Detail systematisch beschrieben. Dies dient dazu, die Planungsinhalte in der Auftragsabwicklung des jeweiligen Werkzeugbaus zu klären und sie einer Analyse der Wirkbeziehungen zugänglich zu machen. Daher stehen hierbei auch Aspekte im Vordergrund, die direkt oder indirekt für die gegenseitige Beeinflussung der Planungstätigkeiten von Bedeutung sind.

Ziel der Phase der Analyse der Ausgangssituation ist die Erarbeitung der folgenden Inhalte:

- Einheitliches Verständnis mit den beteiligten Mitarbeitern über die Prinzipien des Planungsnutzens und von Wirkungsbeziehungen
- Beschreibung des Planungsprozesses
- Beschreibung der Planungstätigkeiten

4.3.2 Analyse der Wirkbeziehungen der Planungstätigkeiten

Die Analyse der Wirkbeziehungen der Planungstätigkeiten stellt auf dieser Basis den kausalen Zusammenhang zwischen den einzelnen Planungstätigkeiten der verschiedenen Phasen der Auftragsabwicklung her. Wirkbeziehungen sind zunächst an den Schnittstellen zwischen den einzelnen Phasen des Auftragsabwicklungsprozesses zu sammeln, zu beschreiben und anschließend in ihrer Wirkung detailliert zu erklären.

Grundsätzlich bezieht sich dieser Analyseschritt noch auf die derzeitige Situation. Eine Erklärung der Auswirkung einer Planungsaktivität ist allerdings nicht möglich, ohne die Auswirkung des Verzichts auf diese Planungsaktivität zumindest ansatzweise vorauszudenken.

Ziel der Phase der Analyse der Wirkbeziehungen der Planungstätigkeiten ist die Erarbeitung der folgenden Inhalte:

- Darstellung (d. h. einfache Beschreibung) der Wirkbeziehungen
- Erklärungen dieser ermittelten Wirkbeziehungen

4.3.3 Entwicklung und Bewertung alternativer Planungsszenarien

Für eine Bewertung des Nutzens von Planungstätigkeiten existiert, wie bereits in Kapitel 3 beschrieben, bisher kein anwendbarer Ansatz. Daher betrachtet die Methodik nicht den absoluten Nutzen, sondern bezieht sich nur auf den Grenznutzen bzw. auf die Auswirkungen unterschiedlicher Planungsumfänge.

Hierfür werden zunächst Szenarien entwickelt, in denen mögliche Planungsumfänge definiert und die Auswirkungen auf die nachfolgenden Tätigkeiten ermittelt werden. Diese Szenarien werden dann bzgl. ihres Gesamtaufwands miteinander verglichen. Das Prinzip dieser alternativen Szenarien der Festlegung des Umfangs und Verteilung von Aufwand zeigt die folgende Abbildung in stark vereinfachter Form.

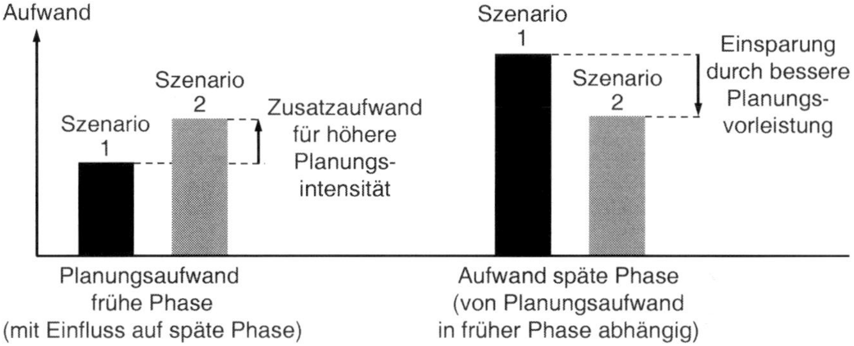

Abbildung 4-5: Alternative Szenarien von Planungsumfängen

Da die Planung, deren Umfang festzulegen ist, früher stattfindet, als die Auswirkungen zum Tragen kommen, werden Kombinationen des Aufwands mehrerer Planungsphasen miteinander verglichen. Die Alternative mit dem jeweils vorteilhafteren Umfang an Aufwand einer bestimmten Planungstätigkeit kann anschließend als Ausgangssituation für die Bewertung des Nutzens weiterer Planungstätigkeiten dienen.

Ziel der Phase der Entwicklung und Bewertung alternativer Planungsumfänge ist die Erarbeitung der folgenden Inhalte:

- Ausgearbeitete alternative Planungsszenarien
- Bewertung der Planungsszenarien im Vergleich

4.3.4 Soll-Konzeption

Die Zusammenstellung eines aufwandsminimalen Szenarios der Aufwandsallokation umfasst die kombinierte Festlegung aller Ausprägungen sämtlicher einzelner Alternativen. Sie beruht auf der sukzessiven Bewertung der jeweiligen Ausprägungen der einzelnen Alternativen: Als Ergebnis dieser Bewertung ergibt sich ein Szenario, das die optimale (oder annähernd optimale) Festlegung des Planungsumfangs der betrachteten Planungsaufgaben und dadurch den geringsten Gesamtaufwand beinhaltet. Um dieses Szenario auch durchsetzen zu können, sind im Rahmen der Soll-Konzeption Erkenntnisse des Veränderungsmanagements zu berücksichtigen.

Ziel der Phase der Soll-Konzeption ist die Erarbeitung der folgenden Inhalte:

- Festlegung der umzusetzenden Szenarien inkl. eines Zeitplans der Umsetzung
- Definition aller notwendigen begleitenden Maßnahmen, um die Veränderungen auch wirksam werden zu lassen
- Festlegung, ob ein weiterer Durchlauf der Methodik durchgeführt werden soll

4.4 Zwischenfazit

In den Kapiteln 2 und 3 wurde der Bedarf aus Sicht der Praxis und der Theorie nach einer Methodik zur Erhöhung der Planungsproduktivität hergeleitet. In Kapitel 4 wurde nun diese Methodik konzipiert. Hierfür wurde in Abschnitt 4.2 inhaltlich die Struktur der Methodik hergeleitet. Kern der Methodik ist die Bewertung des Grenznutzens von Planungstätigkeiten auf der Basis von Wirkbeziehungen.

Da die Bewertung eine Modellunterstützung benötigt, wurden relevante Aspekte der Modelltheorie erläutert und der Umfang der genannten Modellunterstützung festgelegt. Anschließend konnten in Abschnitt 4.3 die vier Phasen der Methodik konzipiert werden: Eine Analyse der Ausgangssituation der Planung umfasst zunächst die Beschreibung des Planungsprozesses und der Planungstätigkeiten. Daran schließt sich die Bewertung der Planungstätigkeiten an: Diese basiert auf einer Erklärung der kausalen Wirkbeziehungen zwischen den einzelnen Planungstätigkeiten sowie einem Vergleich von Alternativen mit geringerem oder höherem Aufwand. Ergebnis der Bewertung ist die Identifikation derjenigen Alternative des Planungsaufwands einer bestimmten Planungstätigkeit, die mit dem geringsten Gesamtaufwand innerhalb des Auftragsabwicklungsprozesses verbunden ist. Abschließend kann auf Basis der Vergleiche der Alternativen der einzelnen Prozessphasen der Auftragsabwicklung eine Soll-Konzeption vorgenommen werden, die den Gesamtaufwand so auf die einzelnen Planungsaufgaben verteilt, dass er minimiert wird.

Auf Basis dieser Konzeption werden nun im Kapitel 5 die einzelnen Elemente der Methodik, ihre Schnittstellen sowie Annahmen, Vorraussetzungen und Varianten detailliert beschrieben.

5 Detaillierung der Methodik

Nachdem im vierten Kapitel die Methodik zur Erhöhung der Planungsproduktivität in der Auftragsabwicklung im Werkzeugbau konzipiert wurde, sollen im fünften Kapitel die vier Phasen der Methodik detailliert werden. Abbildung 5–1 zeigt die Inhalte der vier Phasen. Jede der Phasen ist wiederum in einzelne Schritte aufgeteilt, die jeweils in einem Abschnitt des fünften Kapitels behandelt werden.

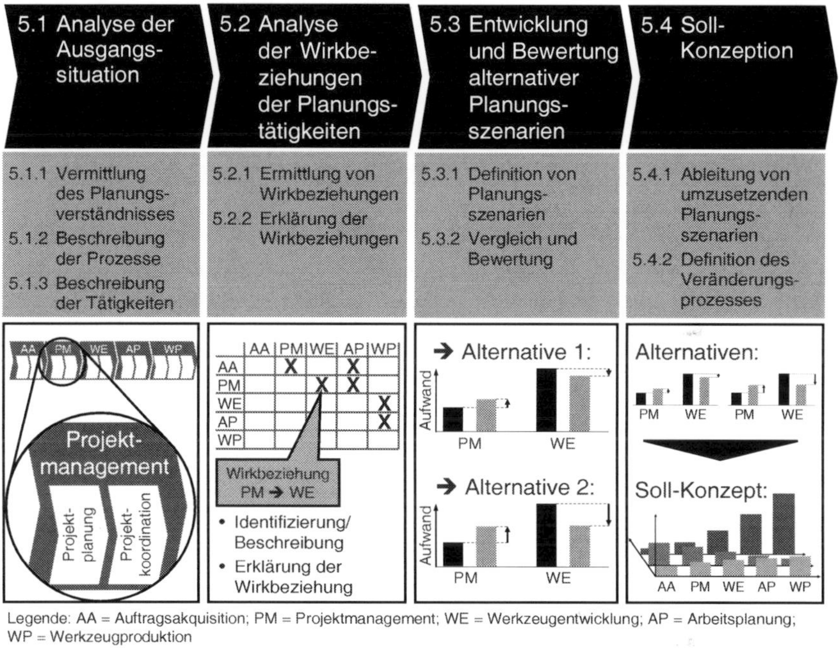

Abbildung 5-1: Inhalte der vier Phasen der Methodik

5.1 Analyse der Ausgangssituation

Vor Beginn der Anwendung der Methodik ist zunächst eine grundlegende Vorbereitung notwendig, die an dieser Stelle erläutert wird, auch wenn sie nicht Bestandteil der Methodik ist. Vor der Anwendung der Methodik sind die Zielsetzung sowie wesentliche Rahmenbedingungen der geplanten Veränderung zu klären. In der Praxis werden Unternehmensziele und Ziele von Veränderungen häufig nur unzureichend expliziert, so dass sich mögliche Veränderungen auch weder zielgerichtet entwickeln noch umsetzen lassen.[286] Für die Analyse ist eine gute Explizierung der Ziele notwendig, die bei Vorliegen der Ergebnisse detailliert werden kann. Festzulegen sind in

[286] Vgl. Krüger (Bezugsrahmen für das Wandlungsmanagement), 2009, S. 41

jedem Fall die zu untersuchenden Bereiche der Auftragsabwicklung eines Werkzeugbaus sowie die teilnehmenden Mitarbeiter.

Nach dieser Vorbereitung ist die Analyse der Ausgangssituation der Inhalt der ersten Phase der Methodik. Der erste Schritt dieser ersten Phase hat das Ziel, das Verständnis von Planung, das dieser Arbeit zu Grunde liegt, zu vermitteln. Da in der Praxis häufig von einem feststehenden Planungsbedarf ausgegangen wird, ist das Prinzip des positiven Grenznutzens den an der Durchführung der Methodik beteiligten Mitarbeitern zu erläutern.

Der zweite Schritt der ersten Phase der Methodik ist die Beschreibung der Planungsprozesse innerhalb des Auftragsabwicklungsprozesses. Hintergrund für diese Beschreibung ist die Tatsache, dass in der Realität häufig der Zweck der Planung erkannt und die Planung auch durchgeführt wird, allerdings ohne den Prozess der Planung selbst zu betrachten.

Der dritte Schritt der ersten Phase der Methodik umfasst die Beschreibung der Planungsaufgaben bzw. -tätigkeiten innerhalb der Planungsprozesse. Gerade Mitarbeiter mit Planungsaufgaben arbeiten an diesen Aufgaben, ohne die hierfür benötigte Zeit zu planen.[287] Eine Metaplanung findet somit bisher nicht statt. Die Methodik, die einen wesentlichen Aspekt einer solchen Metaplanung entwickelt, benötigt zunächst eine Beschreibung der Planungsinhalte, so wie sich diese Planungsinhalte vor der Anwendung der Methodik darstellen.

5.1.1 Vermittlung eines einheitlichen Planungsverständnisses

Wesentlich für die Analyse der Planungstätigkeiten, deren Wirkbeziehung sowie die Definition und Bewertung alternativer Planungsumfänge ist ein einheitliches Verständnis von Planung und insbesondere von den Wirkmechanismen und dem Nutzen, den Planung für nachfolgende Aufgaben hat. In der Praxis herrscht ein Denken in statischen Situationen ohne dynamische Wirkbeziehungen vor. Beispielsweise wird häufig von „Planungsbedarf“ gesprochen, in der Annahme, dass ein solcher fixer Bedarf feststünde und einerseits durch eine Verringerung des geleisteten Planungsaufwands große Probleme aufträten, andererseits dass durch eine Erhöhung des geleisteten Aufwands über den „Planungsbedarf“ keinerlei Nutzen entstünde. Und auch in der Theorie wird teilweise von sprungfixen Nutzenfunktionen ausgegangen.[288] Daher ist es notwendig, die Prinzipien, die der Methodik zu Grunde liegen, den an der Durchführung der Methodik beteiligten Mitarbeitern zu vermitteln.

Die wichtigsten Prinzipien sind:

- Positiver Grenznutzen des Planungsaufwands: Zusätzlicher Aufwand (Sammlung zusätzlicher Informationen, Berücksichtigung weiterer Aspekte etc.) verbessert

[287] Vgl. Gassmann (Projektmanagement), 2006, S. 64

[288] Vgl. Rieg (Planung und Budgetierung), 2008, S. 17

das Planungsergebnis und senkt dadurch den Aufwand für nachfolgende Tätigkeiten.[289]

- Abnehmender Grenznutzen des Planungsaufwands: Je mehr Aufwand für Planung getrieben wird, desto schwieriger ist es, mit zusätzlichem Planungsaufwand noch zusätzlichen Nutzen für die nachfolgenden Tätigkeiten zu erzielen.[290]

Diese beiden Prinzipien sind im Anhang ausführlich dargestellt und können bei der Anwendung der Methodik anhand eines beliebigen Beispiels einer Planungsaufgabe aus der Auftragsabwicklung im Werkzeugbau veranschaulicht werden. Auf eine formale Herleitung der Prinzipien gegenüber den Mitarbeitern des betroffenen Werkzeugbaus kann bei der Anwendung der Methodik verzichtet werden, sofern es mit Hilfe der Beispiele gelingt, die Mitarbeiter zu überzeugen. Der positive Grenznutzen lässt sich daran erläutern, dass davon auszugehen ist, dass es auch beim besten Auftragsdurchlauf der Vergangenheit ein beliebiges Detail gegeben hat, das mit Hilfe einer besseren Planung noch besser hätte gelöst werden können. Der abnehmende Grenznutzen lässt sich über die Kombination zweier Beispiele erläutern: Bei einem extrem niedrigen Planungsaufwand, bei dem die Produktion am Rande des Zusammenbruchs steht, hat schon ein geringfügig höherer Planungsaufwand einen deutlichen Nutzen. Bei einem beliebig hohen Planungsaufwand lässt sich eine Erhöhung des Nutzens durch eine weitere Erhöhung des Aufwands dagegen irgendwann kaum noch nachweisen.

Ein Aspekt der Erfahrung der Mitarbeiter könnte zunächst die Akzeptanz dieses Planungsverständnisses erschweren: So mag es Fälle geben, in denen Mitarbeiter nicht mit getroffenen Entscheidungen konfrontiert werden möchten, sondern selbst entscheiden wollen.[291] In diesen Fällen ist zu erläutern, dass bei der Anwendung der Methodik nicht das Treffen der Entscheidungen im Vordergrund steht, sondern der Planungsaufwand zur Entscheidungsvorbereitung. Gerade die Fälle, in denen übergeordnete Ebenen zu früh Entscheidungen treffen, lassen sich als Folge eines mangelnden Planungsaufwands zur Entscheidungsvorbereitung charakterisieren.

Darüber hinaus existieren Prinzipien, die nicht im Vorfeld erläutert werden müssen, sondern nur dann, wenn die Diskussion zeigt, dass die Mitarbeiter von unpassenden Annahmen bzgl. der Wirkzusammenhänge ausgehen. Diese Prinzipien sind im Anhang ausführlich erläutert und werden an dieser Stelle nur erwähnt:

- Linearisierbarkeit
- Beeinflussbarkeit des Planungsbedarfs

---

[289] Vgl. Verworn (Bedeutung von Planungsaktivitäten), 2007, S. 250 ff.

[290] Vgl. Kosiol (Bausteine der Betriebswirtschaftslehre), 1973, S. 396 und Rieg (Planung und Budgetierung), 2008, S. 56

[291] Der Aspekt der Entscheidungen steht bei den Ansätzen im Vordergrund, die eine Dezentralisierung oder Selbststeuerung der Planung fordern. Vgl. Gierth (Selbststeuerung in der Werkstattfertigung), 2009, S. 34 f.

- Definition von Bilanzhüllen
- Definition eines in sich schlüssigen Szenarios

Bei der ersten Anwendung der Methodik ist die Vermittlung eines einheitlichen Planungsverständnisses absolut notwendig. Allerdings ist es durchaus möglich, zunächst nur das prinzipielle rationale Verständnis sicher zu stellen und im Laufe der Anwendung der Methodik immer dann, wenn dies für die Erarbeitung der einzelnen Inhalte nötig erscheint, das Verständnis zu vertiefen und für eine Verinnerlichung zu sorgen.

Bei folgenden Anwendungen der Methodik kann der Schritt der Vermittlung des Planungsverständnisses mit deutlich reduziertem Aufwand durchgeführt werden: Mitarbeitern, die die Methodik nicht kennen, muss das Planungsverständnis vermittelt werden; bei Mitarbeitern, die die Methodik bereits kennen, reicht es, wenn bei Bedarf bei der Durchführung aufkommende Fragen vertieft werden.

5.1.2 Beschreibung des Prozesses der Auftragsabwicklung im Werkzeugbau

Das bereits in Abschnitt 2.4.1 dargestellte Modell der verschiedenen Phasen der Auftragsabwicklung im Werkzeugbau stellt in leicht abgewandelter Form den Bezugsrahmen dar, um die realen Ausprägungen der Phasen und Teilprozesse des Auftragsabwicklungsprozesses konkret beschreiben zu können. In der Praxis dient ein einheitlicher Bezugsrahmen dazu, dass sich die beteiligten Personen über die relevanten Details verständigen können.

Herleitung: Generisches Modell des Auftragsabwicklungsprozesses

Um eine sinnvolle Darstellung der Wirkzusammenhänge zwischen den einzelnen Planungstätigkeiten zu ermöglichen, wird der Auftragsabwicklungsprozess im zweiten Schritt der ersten Phase der Methodik als rein sequentielle Abfolge der Schritte der Auftragsabwicklung abgebildet. Dass es eine parallele Durchführung von verschiedenen Aufgaben, andere Reihenfolgen der Aufgaben sowie Rückschleifen zwischen den Aufgaben geben kann, wird in der zweiten Phase der Methodik noch erläutert.

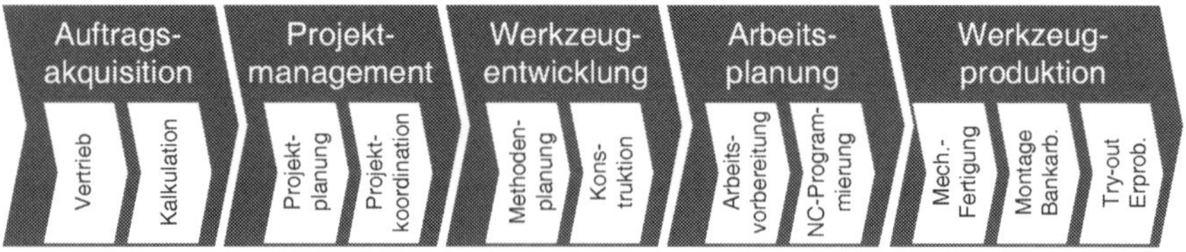

Abbildung 5-2: Auftragsabwicklungsprozess im Werkzeugbau[292]

[292] Eigene Darstellung i. A. a. Klotzbach (Gestaltungsmodell), 2007, S. 49 und Gebeshuber (Werkzeugbau im Wandel der Zeit), 2008, S. 24. Vgl. Abschnitt 2.4.1

Die Auftragsabwicklung umfasst sowohl direkte Aufgaben (Konstruktion, Fertigung und Montage), als auch indirekte Aufgaben (Arbeitsvorbereitung, Produktionssteuerung). Diese Aufgaben stellen auch dann einen zusammen gehörenden Prozess dar, wenn einzelne Aufgaben organisatorisch ausgegliedert sind, wie es beispielsweise bei internen Werkzeugbauabteilungen teilweise der Fall ist.

Neben dem Prozess der Auftragsabwicklung existieren weitere indirekte Aufgaben, die verschiedene Inhalte umfassen und teilweise konzeptionellen und teilweise ausführenden Charakter besitzen. Teilweise sind Aufgaben der eigentlichen Auftragsabwicklung vorgelagert und haben einen wesentlichen Einfluss auf sie (beispielsweise die Produktprogrammplanung bei externen und die Abstimmung mit der Fertigungsplanung bei internen Werkzeugbauern), leiten die Auftragsabwicklung ein (alle Aufgaben von der Entgegennahme des Auftrags vom Kunden bis zur internen Beauftragung der einzelnen Abteilungen), begleiten die Auftragsabwicklung parallel (Einbezug weiterer Unternehmen in der Leistungserstellung) oder folgen auf die Leistungserstellung (Werkzeugproduktion inklusive aller planenden und steuernden Aufgaben im Werkstattbereich).

Anwendung: Beschreibung eines konkreten Auftragsabwicklungsprozesses

Mit Hilfe der Darstellung des generischen Auftragsabwicklungsprozesses sind bei einem konkreten Anwendungsfall die einzelnen Phasen des realen Auftragsabwicklungsprozesses zu beschreiben. Zu prüfen ist hierbei, an welchen Stellen der reale vom oben vorgestellten generischen Prozess abweicht. Dies können beispielsweise Benennungen der Prozessphasen sein. Darüber hinaus sind die Aspekte zu sammeln, in denen der reale Auftragsabwicklungsprozess vom rein sequenziellen abweicht. Eine Darstellung in übergeordnete Phasen (hier fünf) und untergeordnete Tätigkeiten (hier elf) ergibt die Möglichkeit, bei der späteren Ermittlung der Zusammenhänge sowohl abstrakter auf der Ebene der Phasen als auch konkreter auf der Ebene der Tätigkeiten argumentieren zu können, ohne dass hierfür eine erneute Anpassung des Prozesses nötig ist. Eine Analyse des Prozesses bis auf die Ebene der Einzeltätigkeiten ist an dieser Stelle nicht notwendig, da nicht der zeitliche Ablauf im Vordergrund der Analyse steht, sondern die kausalen Zusammenhänge zwischen den Planungstätigkeiten, die in den folgenden Schritten der Methodik untersucht werden.

Bei einer erneuten Anwendung der Methodik kann auf die bereits erstellte Darstellung des Auftragsabwicklungsprozesses zurückgegriffen werden, sofern sich dieser nicht geändert hat. Hat sich der Prozess in der Zwischenzeit geändert, ist die Darstellung mit geringem Aufwand zu aktualisieren.

5.1.3 Beschreibung der Planungstätigkeiten

Im dritten Schritt der ersten Phase der Methodik sind zunächst die Planungstätigkeiten inhaltlich zu beschreiben, bevor die kausalen Wirkbeziehungen zwischen den einzelnen Tätigkeiten und dem jeweiligen Aufwand betrachtet werden. Auf die Verkettung der Tätigkeiten muss daher in diesem Schritt nicht eingegangen werden. Jede Planungstätigkeit lässt sich zunächst frei formuliert inhaltlich beschreiben, so wie die Planung von den beteiligten Mitarbeitern wahrgenommen wird. Diese Beschreibung kann beispielsweise mit den betroffenen Mitarbeitern in Interviews erarbeitet werden.[293] Eine systematische Beschreibung der durchgeführten Planungstätigkeiten hinsichtlich der Umstände ihres Auftretens ist darüber hinaus notwendig, um die Erfassung von kausalen Wirkbeziehungen vorzubereiten. Hierfür sind diejenigen Merkmale zu berücksichtigen, die in einem ursächlichen Zusammenhang mit den Problemen des Untersuchungsbereichs stehen.[294] HEIDERICH schlägt zur Unterstützung der qualitativen Beschreibung problembezogene Fragen vor.[295] Die folgenden Fragestellungen wurden so formuliert, dass sie diese Kriterien erfüllen und die relevanten Merkmale der Planungstätigkeiten bestmöglich erfassen:[296]

1. **Zuordnung zu einem Prozessschritt:** In welchem Prozessschritt der Auftragsabwicklung wird die Planungstätigkeit durchgeführt?
2. **Häufigkeit und Regelmäßigkeit**: Wie oft und wie regelmäßig kommt die Planungstätigkeit bei den verschiedenen Aufträgen vor?
3. **Höhe und Variabilität des Aufwands**: Wie hoch ist der Aufwand für die Durchführung der Planungstätigkeit, wie stark schwankt er?
4. **Standardisierung**: Wie stark ist die Planungstätigkeit standardisiert?
5. **Bedarfsentstehung**: Wann, unter welchen Voraussetzungen und mit welchen Zielen tritt die Planungstätigkeit auf?

1.: Zuordnung zu einem Prozessschritt

Die **Zuordnung der Planungstätigkeit zu einer der Phasen** des Auftragsabwicklungsprozesses ist der erste Teilschritt zur Beschreibung der Planungstätigkeiten. Die Phasen sowie deren Anpassbarkeit an die konkrete Situation des einzelnen Werkzeugbaus sind in Abschnitt 5.1.2 erläutert. Unter Umständen ist eine Zuordnung zu mehreren Phasen möglich, wenn eine Tätigkeit tatsächlich mehrere Phasen betrifft. Zu unterscheiden ist aber, ob es sich um eine Aufgabe handelt (der Mitarbeiter der Auftragsakquisition plant das Projekt), oder ob es sich um die Aufgabe zweier Funktionen parallel handelt (die Werkzeugproduktion steht in Abstimmung mit der Arbeitsplanung).

---

[293] Zu den Möglichkeiten und wissenschaftssystematischen Grenzen des Interviews vgl. Mayer (Interview und schriftliche Befragung), 2009, S. 36 ff.

[294] Vgl. Winkler (Wirkbeziehungen), 2007, S. 92 ff.

[295] Vgl. Heiderich (Informationsflüsse in der Auftragsabwicklung), 2001, S. 90

[296] Es handelt sich dabei um Kriterien, die für die Abhängigkeit zwischen den Planungsaufgaben sowie für die gegenseitige Beeinflussung des Planungsaufwands relevant sind. Vgl. Wienecke (Planungsszenarien), 2003, S. 249 ff.

2.: Häufigkeit und Regelmäßigkeit

Die **Häufigkeit** der tatsächlich durchgeführten Planung sagt etwas über die Relevanz einer Planungstätigkeit aus und ist daher bei der Auswahl der detailliert zu untersuchenden Tätigkeiten zu berücksichtigen.[297] Die **Regelmäßigkeit** erlaubt Rückschlüsse sowohl auf die Relevanz als auch auf die Standardisierbarkeit der Aufgabe.[298]

Aus der Kombination der Ausprägungen der beiden Eigenschaften „Häufigkeit" und „Regelmäßigkeit" ergibt sich das folgende Portfolio.

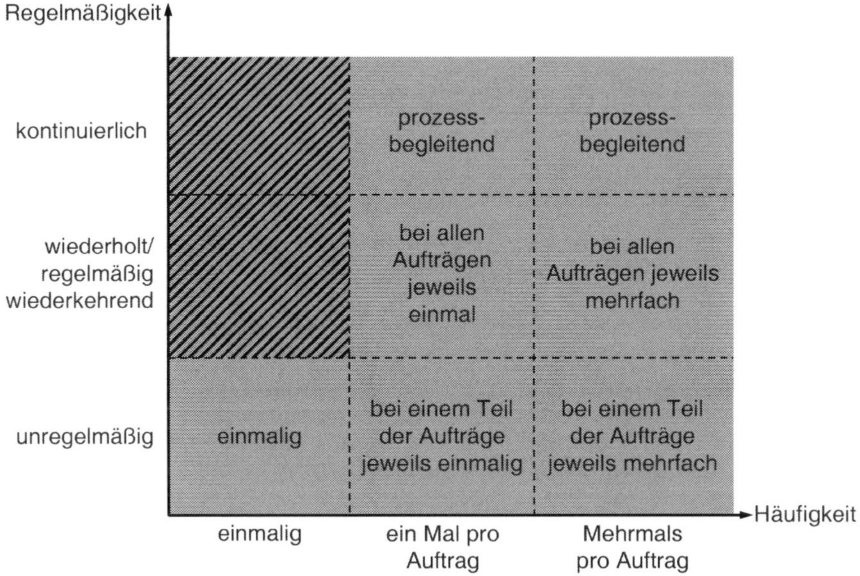

Abbildung 5-3: Kombination der Merkmalsausprägungen von Häufigkeit und Regelmäßigkeit

Zu beachten ist, dass nicht alle Kombinationen der Ausprägungen tatsächlich vorkommen, da für den Fall, dass die Ausprägung des Kriteriums „Häufigkeit" den Zustand „einmalig" annimmt, die Regelmäßigkeit hinfällig ist. Die Häufigkeit lässt sich messen als die Anzahl des Auftretens einer Planungstätigkeit pro Auftrag. Dabei kann die Zahl größer oder kleiner als eins sein. Eine Messung der Regelmäßigkeit ist dagegen nicht notwendig. Vielmehr erscheint eine Unterscheidung nach „unregelmäßig" und „regelmäßig" ausreichend, verbunden mit der Ergänzung „kontinuierlich"

---

[297] Vgl. Rieg (Planung und Budgetierung), 2008, S. 57
Die notwendige Planung wird an dieser Stelle nicht berücksichtigt, da sie sich nicht messen, sondern nur auf anderem Wege (intuitiv oder auch methodisch) ermitteln lässt. Zum Planungsbedarf siehe auch im Anhang Abschnitt 9.1.5

[298] Vgl. Schuh et al. (Frei konfigurierbare Planungsprozesse), 2009, S. 194

als dritter Ausprägung für den Fall, dass eine Tätigkeit dauernd quasi nebenher verrichtet wird, wie es beispielsweise bei Steuerungstätigkeiten häufig der Fall sein kann.

3.: Höhe und Variabilität des Aufwands

Die **Höhe und die Variabilität des Aufwandes** geben Aufschluss über den sich verändernden Umfang des Planungsaufwands in Abhängigkeit vom Auftragsumfang. Beispielsweise kann der Aufwand für die Konzeption eines Werkzeugs in Abhängigkeit von der Komplexität des zu entwickelnden Erzeugnisses gesetzt werden. Der Aufwand für die NC-Programmierung beispielsweise hängt zum einen vom Komplexitätsgrad des zu fertigenden Bauteils und zum anderen vom Standardisierungsgrad der verwendeten Komponenten ab. Ebenfalls denkbar ist der Einfluss des Auftragstyps (Änderungsauftrag, Reparaturauftrag, etc.) auf den Planungsaufwand.

Auch die beiden zusammenhängenden Dimensionen „Höhe des Aufwands“ und „Variabilität des Aufwands“ lassen sich gemeinsam in einem Portfolio darstellen.

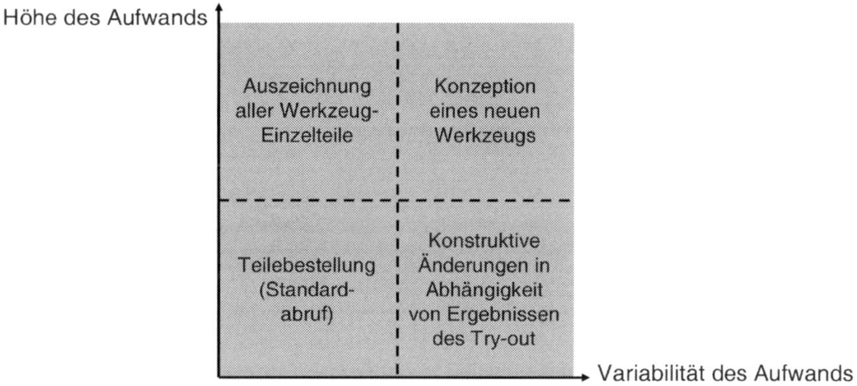

Abbildung 5-4: Kombination der Merkmalsausprägungen von Höhe und Variabilität des Aufwands

4.: Standardisierung

Der **Grad der Standardisierung** besagt, ob eine Tätigkeit immer wieder gleich ausgeführt wird oder immer wieder neue Lösungsideen erfordert. Bei einem geringen Standardisierungsgrad stellt sich zunächst die Frage, ob er sich erhöhen lässt, woraus sich zwei Möglichkeiten ergeben: Erstens kann ein niedriger Standardisierungsgrad eine Auswirkung eines nicht ausreichend ausgelegten Prozesses sein, d. h. die Folge einer mangelnden Abstimmung zwischen Werkzeug, Produkt, Werkzeugerstelung, Werkzeugnutzung etc. In diesem Fall kann es sinnvoll sein, den Standardisierungsgrad zu erhöhen. Zweitens ist ein niedriger (und nicht erhöhbarer) Standardisierungsgrad ein Zeichen dafür, dass die Tätigkeit auch einen gewissen Freiraum benötigt, der sinnvoller Weise auch eingeplant wird und nicht immer wieder neu überraschen sollte.[299]

5.: Bedarfsentstehung

Die **Bedarfsentstehung** erläutert, ob die Tätigkeit planmäßig erfolgt oder unplanmäßig erforderlich wird. Bei einer unplanmäßig erforderlichen Tätigkeit ist eher die Ursache zu untersuchen, während eine planmäßig erforderliche Aufgabe selbst zu untersuchen ist.[300] Vier Aspekte innerhalb der Bedarfsentstehung sind von Bedeutung:

- Die **Kundenrelevanz** besagt, ob die Tätigkeit Auswirkungen hat, die den Kunden betreffen, oder, was bei Planungsaufgaben deutlich häufiger der Fall ist, sich nur auf den Gesamtaufwand im Auftragsabwicklungsprozess auswirkt .[301]
- Die **Relevanz für die Leistungserstellung** beschreibt den Bezug zu den folgenden Phasen: Während viele Planungstätigkeiten unerlässlich für die Durchführung der jeweils folgenden Aufgaben sind, gibt es auch Tätigkeiten, die zwar einen Nutzen haben, aber eben nicht absolut notwendig sind, so dass theoretisch auch ein völliger Verzicht auf diese möglich ist, sofern der Nutzen den Aufwand nicht rechtfertigt.[302]
- Die **Zielsetzung** lässt sich auf Plausibilität untersuchen und sagt dann etwas darüber aus, ob die Tätigkeit selbst sowie auch weitere Tätigkeiten im richtigen Umfang durchgeführt werden.[303]
- Die **Auslösung** beschreibt, was initial zur Aufwandsentstehung geführt hat. Dies kann sowohl die Reaktion auf ein zu lösendes Problem sein, als auch der aktive Ansatz zur Gestaltung ohne unmittelbar auslösendes Ereignis.

Zusammenfassung der Ausprägungen in einer Morphologie

Die möglichen Ausprägungen der fünf Kriterien lassen sich zu einem morphologischen Kasten zusammenfassen, der in der folgenden Abbildung dargestellt ist. Einzelne Planungstätigkeiten lassen sich anschließend mit den Ausprägungen des morphologischen Kastens beschreiben.

---

[299] Vgl. Schmelzer; Sesselmann (Geschäftsprozessmanagement), 2008, S. 226 ff.

[300] Vgl. Wall (Planungs- und Kontrollsysteme), 1999, S. 33 ff.

[301] Statt von Relevanz wird in Unternehmen häufig von Prioritäten gesprochen, die die Faktoren Relevanz, Dringlichkeit und weitere umfassen. Vgl. Verworn (Bedeutung von Planungsaktivitäten), 2007, S. 256

[302] Vgl. Malik (Führen Leisten Leben), 2006, S. 101 ff.

[303] Vgl. Wiendahl (Betriebsorganisation), 2007, S. 56

<table>
<tr><th>Kriterien:</th><th colspan="5">Ausprägung</th></tr>
<tr><td>Prozesszuordnung</td><td>Auftrags-akquisition</td><td>Projektma-nagement</td><td>Werkzeug-entwicklung</td><td>Arbeits-planung</td><td>Werkzeug-produktion</td></tr>
<tr><td>Häufigkeit</td><td>einmalig</td><td colspan="2">selten</td><td colspan="2">häufig</td></tr>
<tr><td>Regelmäßigkeit</td><td>erstmalig</td><td colspan="2">wiederholt</td><td colspan="2">regelmäßig</td></tr>
<tr><td>Höhe d. Aufwands</td><td>hoch</td><td colspan="2">mittel</td><td colspan="2">niedrig</td></tr>
<tr><td>Variabilität d. Aufw.</td><td>hoch</td><td colspan="2">mittel</td><td colspan="2">niedrig</td></tr>
<tr><td>Grad der Standardisierung</td><td>unstandardisiert</td><td colspan="2">durch MA standardisiert</td><td colspan="2">organisationsweit standardisiert</td></tr>
<tr><td>Kundenrelevanz</td><td>direkter Nutzen</td><td colspan="2">indirekter Nutzen</td><td colspan="2">emotionaler Nutzen</td></tr>
<tr><td>Relevanz für Leistungserstellung</td><td>ermöglicht Leistungserstellung</td><td colspan="2">Verbessert Leistungs-erstellungs-Effektivität (Erhöhung TT, Senkung DLZ)</td><td colspan="2">verbessert Leistungs-erstellungs-Effizienz (Senkung der Kosten)</td></tr>
<tr><td>Bedarfsentstehung</td><td>auch bei bester vorgelagerter Planung notwendig</td><td colspan="2">notwendig wg. vorangegangener Fehlplanung</td><td colspan="2">sinnvoll zur Erhöhung des Nutzens/ Senkung des Aufwands</td></tr>
<tr><td>Zielsetzung</td><td>Bestimmen des zukünftigen Zustands</td><td colspan="2">Erhöhung der Sicherheit durch Feinplanung (rollierende Planung)</td><td colspan="2">Anpassung der Planung bei Änderung externer Faktoren</td></tr>
</table>

Abbildung 5-5: Morphologischer Kasten der Planungstätigkeiten

Bei der Anwendung der Methodik ist nicht unbedingt eine Nutzung aller zehn Dimensionen notwendig. Insbesondere bei einer pragmatischen Analyse kann es sinnvoll sein, sich auf diejenigen Merkmale zu beschränken, die eine prägnante Aussage ermöglichen und gleichzeitig auf diejenigen zu verzichten, bei denen eine Zuordnung nach Einschätzung der beteiligten Mitarbeiter zu keinem Erkenntnisgewinn führt.

Interpretation der Beschreibung der Planungstätigkeit

Bei der Anwendung der Methodik dient die Beschreibung der Planungstätigkeiten mit Hilfe des morphologischen Kastens dazu, ein einheitliches Verständnis der formalen Eigenschaften zu schaffen, die für die Wirkbeziehungen zwischen den einzelnen Planungstätigkeiten relevant sind. Daher ist der morphologische Kasten gemeinsam mit den Mitarbeitern des betrachteten Werkzeugbaus zu diskutieren und nicht nur durch eine Person zu nutzen, die beispielsweise die Anwendung der Methodik verantwortet.

Eine Diskussion kann darüber hinaus erste Hinweise darauf geben, an welchen Stellen Veränderungen des Umfangs an Planungsaufwand sinnvoll sein könnten. Auf diese Ideen kann dann bei der Definition von Alternativen zurückgegriffen werden.[304]

[304] Vgl. Abschnitt 5.3.1

Eine Vorgehensweise, um aus der Beschreibung der Planungstätigkeiten bestimmte Schlüsse eindeutig abzuleiten, die dann im nächsten Schritt weiter genutzt werden könnten, ist dagegen nicht Bestandteil der Methodik.[305] Vielmehr ist der zwischengeschaltete Schritt der Analyse der Wirkbeziehungen notwendig.

Bei einer wiederholten Anwendung der Methodik ist in diesem Schritt zu prüfen, auf welche der bereits erstellten Beschreibungen von Planungstätigkeiten zurückgegriffen werden kann. Planungstätigkeiten, die sich in der Zwischenzeit geändert haben, sind neu zu beschreiben.

5.2 Analyse der Wirkbeziehungen der Planungstätigkeiten

Die zweite Phase der Methodik besteht in der Beschreibung der kausalen Wirkbeziehungen zwischen beeinflussenden Planungstätigkeiten einerseits und beeinflussten Tätigkeiten bzw. Aufgaben andererseits, die auch wieder Planungsaufgaben sein können. Hierbei wird auf die Darstellung der Tätigkeiten zurückgegriffen, die sich aus der Anwendung der ersten Phase der Methodik ergeben.

Die Analyse der Wirkbeziehungen erfolgt in zwei Schritten: Zunächst sind konkrete Wirkbeziehungen innerhalb des untersuchten Auftragsabwicklungsprozesses zu identifizieren und inhaltlich mit „je-desto-Zusammenhängen" zu beschreiben. Das Vorgehen bei der Ermittlung und dieser Beschreibung sowie eine Form der Darstellung der inhaltlichen Beschreibung werden in Abschnitt 5.2.1 erläutert.

In einem zweiten Schritt sind die Wirkzusammenhänge zu erklären. Hierzu dient eine Reihe formaler Kriterien, deren Ausprägungen für alle Wirkbeziehung beschrieben werden können. Diese Kriterien sowie das Vorgehen werden in Abschnitt 5.2.2 erläutert.

Vor Beginn der Analyse ist es darüber hinaus sinnvoll, mit den beteiligten Mitarbeitern den Zweck der Analyse der Wirkbeziehungen zu klären: Der Zweck besteht darin, die Auswahl derjenigen Wirkbeziehungen zu identifizieren, bei denen alternative Planungsumfänge definiert und bewertet werden sollen. Diese Definition der Planungsumfänge sowie die Bewertung der Wirkbeziehungen erfolgt in der dritten Phase und wird in Abschnitt 5.3 erklärt.

Sowohl die Ermittlung als auch die Erklärung der Wirkbeziehungen lassen sich bei wiederholter Anwendung der Methodik mit verringertem Aufwand durchführen: Bei beiden Schritten sind die jeweils bisherigen Analyseergebnisse kritisch auf Aktualität zu prüfen und bei Bedarf zu aktualisieren und ggf. zu vervollständigen.

[305] Eine Vorgehensweise, die eine solche deterministische Ableitung der Schlüsse beinhalten würde, hätte genau die Schwachstellen, die in Abschnitt 2.1.3 unter dem Schlagwort „Grenzen der Planung" erläutert sind.

5.2.1 Ermittlung von Wirkbeziehungen

Ziel der Ermittlung von Wirkbeziehungen ist die Sammlung und erste einfache Beschreibung aller relevanten kausalen Zusammenhänge. Hierbei kommt es vor allem darauf an, die Beziehungen in den richtigen Kontext aus verursachender und beeinflusster Planungstätigkeit zu bringen und keine Beziehungen zu übersehen, die für die Entwicklung alternativer Planungsszenarien von Bedeutung sein könnten. Dagegen kommt es in diesem Schritt noch nicht auf die Systematik und Exaktheit der Beschreibung an, vielmehr können Mitarbeiter die Wirkbeziehungen zunächst so beschreiben, wie sie sie wahrnehmen. Eine Vereinheitlichung dieser Beschreibung sowie eine Erklärung der Wirkung selbst werden dann im nächsten Schritt vorgenommen.

Die Planungsphasen der Auftragsabwicklung, zwischen denen Wirkbeziehungen auftreten können, lassen sich als zwei Dimensionen einer Matrix darstellen.[306] Wie in Abschnitt 5.1.2 beschrieben, bietet sich eine Darstellung mit fünf Phasen hierzu an. Im Folgenden wird daher auch die Anwendung der Methodik anhand dieser fünf Phasen erläutert. Bei Nutzung anderer als dieser fünf Phasen sind daher die Darstellungen entsprechend anzupassen. In der folgenden Abbildung ist das Prinzip der Matrix der kausalen Wirkbeziehungen dargestellt.

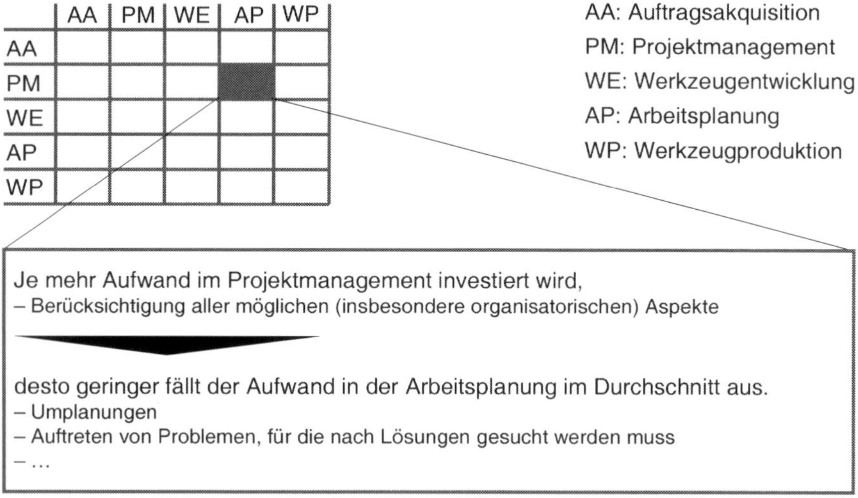

Abbildung 5-6: Struktur der Matrix kausaler Wirkbeziehungen mit einem Beispiel

Links sind die möglichen jeweils verursachenden Phasen und oben die jeweils beeinflussten Phasen dargestellt. Die Matrix stellt einen Ordnungsrahmen für Wirkbeziehungen dar, d. h. Wirkbeziehungen lassen sich hinsichtlich der verursachenden und

---

[306] Vgl. Clark (Automobilentwicklung mit System), 1992, S. 36 und Schiemenz; Schönert (Entscheidung und Produktion), 2005, S. 49 f.

der beeinflussten Phase analysieren und damit den einzelnen Feldern der Matrix zuordnen.

Je nach Detaillierung der Planungsphasen bzw. Planungstätigkeiten kann diese Matrix sehr unterschiedlich umfangreich ausfallen: Bei Nutzung einer Darstellung mit 10 Phasen ergeben sich beispielsweise 100 Matrixfelder. Jede beliebige Wirkbeziehung lässt sich nun mindestens einem Matrixfeld zuordnen, das durch die beeinflussende (vertikale Achse) und beeinflusste Planungsphase (horizontale Achse) bestimmt wird. In der Regel beeinflussen die frühen die späten Phasen. Daher lassen sich insbesondere für diejenige Hälfte der Matrix Wirkbeziehungen finden, die sich oberhalb bzw. rechts von der Diagonalen befindet.[307]

Ausnahmen von dieser Regel gibt es dann, wenn Rückschleifen von späteren auf frühere Phasen auftreten: Dies bedeutet, dass eine Funktion, die grundsätzlich den früheren Phasen zugeordnet werden kann, eine Tätigkeit ausübt, nachdem in einer der späteren Phasen bereits Tätigkeiten ausgeübt wurden. Erläuterungen anhand von Beispielen finden sich weiter unten. Der Diagonalen in der Matrix lassen sich diejenigen Wirkbeziehungen zuordnen, die sich innerhalb einer Planungsphase auswirken, beispielsweise von der mechanischen Fertigung der Werkzeugeinzelteile auf die Werkzeugmontage, die beide der Phase „Werkzeugproduktion“ zugeordnet sind[308]. Die zeitliche Kausalität von frühem auf späten Zeitpunkt bleibt somit gewahrt, auch wenn in der Darstellung der Matrix auch eine gegenteilige Wirkbeziehungen möglich erscheint.

Bei der Anwendung der Methodik sind zu den Feldern der Matrix reale Wirkbeziehungen zu beschreiben. Hierbei ist weder eine Quantifizierung noch die Nutzung eines bestimmten Vokabulars notwendig. Vielmehr ist es Ziel, die inhaltliche Perspektive der Wirkbeziehung zu explizieren, um ein gemeinsames Verständnis hierüber zu schaffen. Im Folgenden werden diese Wirkbeziehungen erläutert. Zur Identifizierung der Wirkbeziehungen können diese Erläuterungen je Matrixfeld als Anstoß genommen werden. Zur Beschreibung sind die generisch gehaltenen Erläuterungen der Wirkbeziehungen für die jeweiligen Einzelfälle zu konkretisieren.

Abbildung 5–7 zeigt für die fünf genannten Phasen der Auftragsabwicklung im Werkzeugbau die prinzipiellen Inhalte der gegenseitigen Wirkbeziehungen. Diese sind so allgemein formuliert, dass sie die wesentlichen real auftretenden Wirkbeziehungen abdecken. Gleichzeitig kann jedoch nicht ausgeschlossen werden, dass auch Wirkbeziehungen existieren, die sich den Matrixfeldern zuordnen lassen, jedoch von den Beschreibungen nicht abgedeckt werden.

---

[307] Vgl. Clark (Automobilentwicklung mit System), 1992, S. 36

[308] Die Werkzeugproduktion stellt auch den einzigen Fall dar, in dem eine Rückwirkung auf eine frühere Phase durch die spätere Phase verursacht wird. Dieser Fall ist nicht damit zu verwechseln, dass die frühere Phase (bspw. durch fehlende Informationen) eine Rückschleife in Form der Forderung der späten Phase nach Nachbesserung (bspw. der Informationsqualität) verursacht.

Beeinflussende Phase \ Beeinflusste Phase	Auftragsakquisition (AA)	Projektmanagement (PM)	Werkzeug-Entwicklung (WE)	Arbeitsplanung (AP)	Werkzeug-Produktion (WP)
Auftragsakquisition (AA)		Abstimmung organisatorischer Anforderungen und Kapazitätsgrenzen verringert Aufwand für Umplanungen	Abstimmung technologischer Anforderungen senkt die Anzahl Änderungen	(nur indirekte Auswirkungen AA→PM→AP)	(nur indirekte Auswirkungen AA→PM→AP→WP)
Projektmanagement (PM)			Zuverlässigkeit der Grobplanung verringert Störungen durch Umplanung	Berücksichtigung von Rahmenbedingungen senkt Aufwand für Auftragssteuerung	(nur indirekte Auswirkungen PM→AP→WP)
Werkzeug-Entwicklung (WE)			Prozessneutraler Aufwand senkt prozessbezogenen Aufwand einzelner Aufträge	Aufwand zur Verbesserung der Fertigungs- und Montagegerechtigkeit senkt Planungsaufwand	Verbesserung der Fertigungs- und Montagegerechtigkeit erhöht die Produktivität der Werkzeugherstellung
Arbeitsplanung (AP)				Prozessneutraler Aufwand senkt prozessbezogenen Aufwand einzelner Aufträge	Verbesserung der Fertigungsunterlagen erhöht die Produktivität der Werkzeugherstellung
Werkzeug-Produktion (WP)			Aufwand für Dokumentation des Try-out senkt Aufwand konstruktiver Änderungen	Aufwand für saubere Rückmeldungen der Try-out-Ergebnisse vereinfacht Steuerung der Nacharbeit	Aufwand für Dokumentation des Try-out senkt Aufwand für Nacharbeit

Abbildung 5-7: Übersicht kausaler Wirkbeziehungen[309]

Um die Ermittlung sowie eine einheitlichen Beschreibung der Wirkbeziehungen zu unterstützen, werden im Folgenden diejenigen dieser Wirkbeziehungen erläutert, die an den Schnittstellen zwischen zwei Phasen jeweils auftreten können.

Wirkbeziehung von Auftragsakquisition auf Projektmanagement

Je besser organisatorische Anforderungen einerseits und die Möglichkeit, diese Anforderungen zu erfüllen andererseits, vor Vertragsschluss aufeinander abgestimmt werden, desto geringer ist der Aufwand für das Projektmanagement, nach Vertragsschluss noch Abstimmungen herbeizuführen. Dies hat folgende Hintergründe:

---

[309] Darstellung i. A. a.: Clark (Automobilentwicklung mit System), 1992, S. 36. Vgl. Wienecke (Planungsszenarien), 2003, S. 252 und Heiderich (Informationsflüsse in der Auftragsabwicklung), 2001, S. 91

- Eine Verhandlung nach Vertragsabschluss ist immer mit zusätzlichen Problemen und dem Risiko eines Vertrauensverlustes behaftet.
- Anforderungen lassen sich ggf. tatsächlich nicht mehr wie gewünscht umsetzen.
- Für jede Partei ergeben sich durch das Eingehen von Kompromissen auch Nachteile gegenüber der Situation, wie sie nach Vertragsabschluss eingeschätzt wurde.

Die Ursache dafür, dass trotzdem häufig nicht alle Anforderungen abgestimmt sind, ist darin zu sehen, dass ein Vertragsabschluss ohne Abstimmung der Anforderungen oft leichter zu realisieren ist als mit Abstimmung. Bei internen Werkzeugbauern kommt hinzu, dass häufig erwartet und damit de facto vorgeschrieben wird, dass mit der Werkzeugerstellung begonnen wird, auch wenn noch nicht alle Details abgestimmt sind. Die bessere Kenntnis der Einsatzbedingungen des Werkzeugs durch einen internen Werkzeugbau kann dieses Problem jedoch reduzieren.[310]

Unter Berücksichtigung der Auswirkungen fehlender Abstimmung wird es allerdings häufig sinnvoller sein, mehr Aufwand in die Abstimmung zu investieren, als dies heute der Fall ist.

Wirkbeziehung von Auftragsakquisition auf Werkzeugentwicklung

Je besser technologische Anforderungen vor Vertragsschluss geklärt sind, desto geringer ist die Anzahl von Änderungswünschen und Nachforderungen gegenüber der Werkzeugkonstruktion und desto geringer ist der hierfür notwendige Änderungsaufwand in der Phase der Werkzeugentwicklung. Weder Änderungswünsche von Seiten des Kunden, noch Änderungen, die auf Grund von internen Randbedingungen notwendig werden, lassen sich ganz ausschließen. Dies führt dazu, dass aus technischen Gründen die Möglichkeiten einer Verringerung der Anzahl Änderungen nicht trivial sind, sondern hierfür ein gewisser Aufwand investiert werden muss. Hinzu kommen die organisatorischen Aspekte der Verhandlung mit dem Kunden vergleichbar mit den organisatorischen Anforderungen, von denen vor allem das Projektmanagement betroffen ist.[311]

Wirkbeziehung von Auftragsakquisition auf Arbeitsplanung

Die Auftragsakquisition wirkt sich auf die Arbeitsplanung indirekt aus: Je besser Anforderungen des Kunden vor Vertragsschluss geklärt sind, desto geringer sind Anzahl und Umfang der Veränderungen, die vom Projektmanagement angestoßen und von der Arbeitsplanung umgesetzt werden müssen. Durch Aufwand, der in der Phase der Auftragsakquisition für die verschiedenen Aspekte einer Auftragsklärung auf-

[310] Vgl. Brunkhorst (Angebots- und Auftragsplanung), 1995, S. 45 f.

[311] Vgl. Mennig; Bader (Werkzeugbau für die Kunststoffverarbeitung), 2008, S. 476.
Eine Darstellung des Aufwands, der mit Änderungen für den Werkzeugbau verbunden ist, findet sich bei Brunkhorst (Angebots- und Auftragsplanung), 1995, S. 63 ff.

gewendet wird, verringert sich die Wahrscheinlichkeit von erhöhtem und unerwartetem Aufwand für die Arbeitsplanung.[312]

Wirkbeziehung von Auftragsakquisition auf Werkzeugproduktion

Die Auftragsakquisition wirkt sich analog zur Auswirkung auf die Arbeitsplanung auch auf die Werkzeugproduktion indirekt aus: Je besser Anforderungen des Kunden vor Vertragsschluss geklärt sind, desto geringer sind Anzahl und Umfang der konstruktiven und der organisatorischen Veränderungen, die von der Werkzeugproduktion umgesetzt werden müssen. Durch Aufwand, der in der Phase der Auftragsakquisition für die verschiedenen Aspekte einer Auftragsklärung aufgewendet wird, verringert sich die Wahrscheinlichkeit von technischen Veränderungen in der Konstruktion oder organisatorischen Veränderungen im Projektmanagement und in der Arbeitsplanung, die jeweils zu einem erhöhten Aufwand in der Werkzeugproduktion geführt hätten.[313]

Wirkbeziehung von Projektmanagement auf Werkzeugentwicklung

Je besser das Projektmanagement ein Werkzeugprojekt insgesamt plant, desto geringer fallen die Störungen aus, die sich durch Änderungen im Projektplan ergeben. Dies hat direkt Auswirkungen auf die Werkzeugentwicklung: Je mehr Aufwand für die Berücksichtigung aller möglichen (insbesondere auch der technischen) Aspekte im Projektmanagement getrieben wird, desto geringer ist die Wahrscheinlichkeit, dass durch Nichtberücksichtigung Probleme auftreten, die sich für die Werkzeugentwicklung in Umplanungen äußern. Dies gilt unabhängig davon, dass auch Probleme auftreten können, auf die das Projektmanagement keinen Einfluss hat und die sich zu den Problemen, auf die es Einfluss hat, hinzuaddieren.[314]

Wirkbeziehung von Projektmanagement auf Arbeitsplanung

Je besser das Projektmanagement ein Werkzeugprojekt insgesamt plant, desto geringer fallen die Störungen aus, die sich durch Änderungen im Projektplan ergeben. Dies hat analog zur Auswirkung auf die Werkzeugentwicklung direkt Auswirkungen auf die Arbeitsplanung: Je mehr Aufwand für die Berücksichtigung aller möglichen (insbesondere der organisatorischen) Aspekte vom Projektmanagement getrieben wird, desto geringer ist die Wahrscheinlichkeit, dass durch Nichtberücksichtigung Probleme auftreten, die sich für die Arbeitsplanung in Umplanungen äußern. Dies gilt analog zur Auswirkung von Projektmanagement auf Werkzeugentwicklung unabhängig davon, dass auch Probleme auftreten können, auf die das Projektmanagement keinen Einfluss hat und die zu den Problemen, auf die es Einfluss hat, hinzukommen.[315]

---

[312] Vgl. Zoschke (Verbesserung der Planung im Werkzeugbau), 1997, S. 105

[313] Vgl. Zoschke (Verbesserung der Planung im Werkzeugbau), 1997, S. 64

[314] Vgl. Tracht (Planung des Werkzeugbaus), 2002, S. 20 ff.

[315] Vgl. Wiendahl (Auftragsmanagement), 2002, S. 95 ff.

Wirkbeziehung von Projektmanagement auf Werkzeugproduktion

Das Projektmanagement wirkt sich auf die Werkzeugproduktion indirekt aus: Je besser die vereinbarten technologischen und organisatorischen Anforderungen an Werkzeuge vom Projektmanagement berücksichtigt werden, desto geringer sind Anzahl und Umfang der konstruktiven und der organisatorischen Veränderungen, die von der Werkzeugproduktion umgesetzt werden müssen. Der Aufwand, der vom Projektmanagement aufgewendet wird, verringert die Wahrscheinlichkeit von technischen Veränderungen in der Konstruktion oder organisatorischen Veränderungen in der Arbeitsplanung, die jeweils zu einem erhöhten Aufwand in der Werkzeugproduktion führen.[316]

Wirkbeziehung von Werkzeugentwicklung auf Werkzeugentwicklung

Je mehr prozessneutraler Aufwand vor der Beauftragung betrieben wird, um einen beliebigen Aspekt der Werkzeugentwicklung zu verbessern, desto geringer wird der Aufwand, der für die auftragsbezogene Werkzeugentwicklung im Einzelfall benötigt wird. Diese Wirkbeziehung unterscheidet sich in zwei Punkten von den bisher erläuterten Beziehungen: Einerseits wirkt sie sich nicht von Prozessphase zu Prozessphase aus, da genau genommen der auftragsneutrale Aufwand nicht innerhalb des Auftragsabwicklungsprozesses getrieben wird. Andererseits betrifft sie nicht die Schnittstelle zwischen zwei Phasen oder Funktionen, sondern ist funktionsintern. Da sie allerdings Auswirkungen auf den Prozess hat, wird sie an dieser Stelle mit aufgenommen.[317]

Wirkbeziehung von Werkzeugentwicklung auf Arbeitsplanung

Je mehr Aufwand in der Werkzeugentwicklung für eine fertigungs- und montagegerechte Konstruktion der Werkzeuge getrieben wird, desto einfacher ist es für die Arbeitsplanung, die Fertigung und Montage vorherzuplanen. Dies gilt insbesondere dann, wenn die Werkzeugentwicklung auf die Ansätze der Standardisierung und Modularisierung zurückgreift, so dass die Arbeitsplanung die Arbeitsschritte der Fertigung und Montage nicht vollständig neu konzipieren muss, sondern weitgehend auf bestehende Arbeitspläne zurückgreifen kann. Neben die vorrangige Zielsetzung, eine fertigungs- und montagegerechten Werkzeugkonstruktion sicherzustellen, tritt somit die heute überwiegend nachrangige Zielsetzung einer arbeitsplanungsgerechten Konstruktion.[318]

---

[316] Vgl. Tracht (Planung des Werkzeugbaus), 2002, S. 24 ff.

[317] Boos entwickelt beispielsweise eine Methodik zur Modularisierung von Werkzeugen, die darauf abzielt, nach einem auftragsneutralen Initialaufwand Aufwandsreduzierungen in der Auftragsabwicklung für die Entwicklung zu ermöglichen. Vgl. Boos (Modulare Werkzeuge), 2008, S. 74

[318] Eine Beschreibung der sehr vielfältigen positiven Auswirkungen, die von einer Standardisierung als Beispiel eines auftragsneutralen Aufwands ausgehen und sich auf die Auftragsplanung sowie auf den Steuerungsaufwand auswirken, findet sich bei Hill (Standardisierung im Werkzeugbau), 2008, S. 6.

Wirkbeziehung von Werkzeugentwicklung auf Werkzeugproduktion

Je mehr Aufwand in der Werkzeugentwicklung für eine fertigungs- und montagegerechte Konstruktion der Werkzeuge getrieben wird, desto geringer ist der Aufwand in der Fertigung und Montage selbst. Wenn die Fertigungs- und Montagegerechtigkeit auf Standardisierung beruht, sinkt außerdem die Wahrscheinlichkeit von unerwarteten Problemen oder Verzögerungen, da Erfahrungseffekte genutzt und Prozesse stabiler gestaltet werden können. Hinzu kommt der indirekte Effekt, dass die Arbeitsplanung, sofern sie auf eine gute Vorleistung der Werkzeugentwicklung zurückgreifen kann, bessere Arbeitspläne im Hinblick auf den Aufwand der Werkzeugproduktion erstellen kann.[319]

Wirkbeziehung von Arbeitsplanung auf Arbeitsplanung

Je mehr auftragsneutraler Aufwand im Vorfeld der Beauftragung getrieben wird, um einen beliebigen Aspekt der Arbeitsplanung zu verbessern, desto geringer wird der notwendige Aufwand für die auftragsbezogene Arbeitsplanung im Einzelfall. Diese Wirkbeziehung unterscheidet sich wie auch die Wirkbeziehung von Werkzeugentwicklung auf Werkzeugentwicklung von den meisten anderen Wirkbeziehungen: Sie wirkt nicht von einer Prozessphase auf eine andere, sondern von einer prozessneutralen Tätigkeit auf den Prozess, und sie betrifft keine Schnittstellen zwischen Prozessphasen, sondern ist funktionsintern. Aufgrund ihrer Auswirkungen auf den Prozess wird sie hier mit aufgenommen.[320]

Wirkbeziehung von Arbeitsplanung auf Werkzeugproduktion

Zunächst gibt es eine Wirkbeziehung zwischen der Arbeitsplanung und den planenden/ steuernden Aufgaben innerhalb der Werkzeugproduktion: Je detaillierter die Arbeitsplanung ausgeführt und in Form von Arbeitsunterlagen dokumentiert oder in anderer Form (z. B. mündlich) kommuniziert wird, desto geringer ist der Aufwand der Werkzeugproduktion für die Interpretation sowie für die Überlegungen, wie eine bestimmte Fertigungs- oder Montageaufgabe oder der Try-out durchzuführen sind.

Hinzu kommt eine Wirkbeziehung zwischen der Arbeitsplanung und den ausführenden Aufgaben innerhalb der Werkzeugproduktion: Je mehr Aufwand in der Arbeitsplanung für die Definition der bestmöglichen Arbeitspläne bzw. des bestmöglichen Fertigungs- und Montageprozesses aufgewendet wird, desto geringer ist dann der

[319] Die genannte Methodik von Boos kann darüber hinaus auch in der Werkzeugproduktion Skaleneffekte durch den Rückgriff auf bekannte Module ermöglichen. Vgl. Boos (Modulare Werkzeuge), 2008, S. 74.

Die mechanische Fertigung ist hierfür darauf angewiesen, dass auch die Arbeitspläne dieser Module standardisiert sind, während die Werkzeugmontage sowie der Try-out kaum Arbeitspläne benötigen.

[320] Vgl. Eversheim (Arbeitsvorbereitung), 2002, S. 215 ff.

Aufwand für die Umsetzung der Arbeitspläne und die Durchführung der mechanischen Fertigung und Werkzeugmontage.[321]

Wirkbeziehung von Werkzeugproduktion auf Werkzeugentwicklung

ERLENSPIEL spricht von einem „Paradoxon der Konstruktion", wenn in frühen Phasen die Eigenschaften der Konstruktion festgelegt werden, aber erst in späten Phasen Erkenntnisse hierüber gewonnen werden können. Aufzulösen sei dies durch einen systematischen Informationsrückfluss zur Nutzung im nächsten Projekt.[322] Hierfür ist im Werkzeugbau ein Informationsfluss vom Try-out zur Werkzeugentwicklung notwendig, der häufig mit einer Änderung verbunden ist:

Je detaillierter und systematischer die Ergebnisse des Try-out (als Teil der Werkzeugproduktion) dokumentiert werden, desto geringer ist der Aufwand für notwendige konstruktive Änderungen. Dies betrifft alle technischen Aspekte, die im Try-out zum Tragen kommen. Für den Fall, dass beim Try-out Erfahrungen gesammelt werden, die bei späteren Werkzeugkonstruktionen genutzt werden können, gibt es zusätzlich zur prozessinternen Wirkbeziehung auch noch eine gleichgerichtete prozessübergreifende Wirkbeziehung.[323]

Wirkbeziehung von Werkzeugproduktion auf Arbeitsplanung

Die Wirkbeziehung von Werkzeugproduktion auf Arbeitsplanung bezieht sich auf eine Rückschleife und ist vorwiegend organisatorischer Natur: Je detaillierter und systematischer die Ergebnisse des Try-out dokumentiert werden, desto geringer ist der Aufwand für die Festlegung, welche Arbeitsschritte anschließend noch durchzuführen sind. Sind die Informationen dagegen unvollständig, ist es für die Arbeitsplanung kaum möglich, die folgenden Arbeitsschritte sinnvoll festzulegen, so dass sich die Wirkbeziehung indirekt auch auf den anschließenden Nacharbeitsprozess, bestehend aus Werkzeugentwicklung, Arbeitsplanung und Werkzeugproduktion, negativ auswirkt.[324]

Wirkbeziehung von Werkzeugproduktion auf Werkzeugproduktion

Die Wirkbeziehung von Werkzeugproduktion auf Werkzeugproduktion ist prozessintern und bezieht sich auf die unterschiedlichen Tätigkeiten innerhalb der Werkzeugproduktion: Je exakter die mechanische Fertigung die Werkzeugeinzelteile gefertigt hat, desto weniger Probleme entstehen daraus für die Werkzeugmontage und den Try-out. Je exakter die Werkzeugmontage inkl. mechanischer Anpassarbeiten gear-

---

[321] Beispiele hierfür sind die schon in den Abschnitten 3.4.5, 3.4.6 und 3.4.7 erläuterten Ansätze.

[322] Vgl. Ehrlenspiel (Integrierte Produktentwicklung), 2007, S. 194

[323] Die Softwareentwicklung ist im Gegensatz zu vielen Werkzeugbaubetrieben ein Beispiel dafür, wie Tests auf verschiedenen Stufen strukturiert ablaufen und ihre Ergebnisse anschließend systematisch in Verbesserungen bzw. „Bug fixing" einfließen können. Vgl. Gienke et al. (Handbuch Produktion), 2007, S. 716

[324] Vgl. Gienke et al. (Handbuch Produktion), 2007, S. 611 und 736 f.

beitet hat, desto geringer ist der Aufwand im Try-out.[325] Je besser die Dokumentation der aufgetretenen Probleme im Try-out ist, desto geringer ist der Aufwand für die Nacharbeit in allen Nacharbeitsphasen, insbesondere der mechanischen Fertigung und der Montage.[326] Während der letzte Teilaspekt eindeutig eine Wirkbeziehung darstellt, die von einer Planungstätigkeit ausgeht, lassen sich die ersten beiden Teilaspekte nur im weitesten Sinne zur Planung zugehörig zählen. Da das Prinzip der Beeinflussung aber das gleiche ist, werden sie an dieser Stelle mit betrachtet.[327]

5.2.2 Erklärung von Wirkbeziehungen

Die Erklärung von Wirkbeziehungen (zweiter Schritt der zweiten Phase der Methodik) geht über die rein deskriptive Beschreibung hinaus und verfolgt das Ziel, das eigentliche Kausale an der Beziehung herauszuarbeiten. Während eine Systematisierung der Planungstätigkeiten noch verhältnismäßig einfach auf Basis der Erfahrung der beteiligten Mitarbeiter erfolgen kann, stellt sich die systematische Erklärung der Wirkbeziehungen deutlich komplizierter dar. Dies ist darin begründet, dass bei der täglichen Arbeit in der Praxis und insbesondere bei der Erfüllung der Aufgaben die Aufgabeninhalte ständig durchdacht werden, die Wirkbeziehungen zwischen den Aufgaben dagegen nur in den seltensten Fällen betrachtet werden. Entsprechend wird häufig nur ein Aspekt, beispielsweise nur das Symptom eines Fehlers oder nur die vermeintliche Ursache eines Problems gesehen. Um sicherzustellen, dass alle Aspekte einer Wirkbeziehung erfasst werden, sind daher auch alle Ebenen zu beschreiben, die möglicherweise relevant sein können.

Mitarbeiter verschiedener Ebenen können eine sehr unterschiedliche Wahrnehmung bzw. Vorstellungen von den verschiedenen Aspekten von Wirkbeziehungen haben. Gleichzeitig kommt einem gemeinsamen Verständnis der Wirkbeziehungen eine hohe Bedeutung zu. Daher empfiehlt es sich, die Wirkbeziehung zunächst auf mehreren verschiedenen (bzw. bei Wunsch der Mitarbeiter auf allen weiteren) Ebenen zu beschreiben. Dies ermöglicht in der Anwendung mit den Mitarbeitern, dass die jeweils von ihnen als relevant erachtete Ebene der Wirkbeziehung Eingang in die Analyse findet und nicht umformuliert werden muss.

Die Ebenen, auf denen eine Wirkbeziehung beschrieben werden kann, ergeben sich aus den verschiedenen Schritten, den eine kausale Wirkung von der Ursache über einzelne Zwischenschritte bis hin zu einem Symptom nimmt.

---

[325] Vgl. die Einführung zu Pfeifer (Qualitätsmanagement), 2001, S. XXVII

[326] Dies gilt umso mehr, als dass implizites und „paradigmatisches" Wissen bei der Bewertung der Ergebnisse des Try-outs notwendig ist, das in der mechanischen Fertigung oder der Montage evtl. nicht vorliegt. Vgl. Haasler (Hochtechnologie und Handarbeit), 2004, S. 194

[327] Eine Anwendung der Methodik auch auf diese Nicht-Planungsaufgabe (bzw. deren Auswirkungen auf folgende Aufgaben) wird in der Praxis immer dann sinnvoll sein, wenn pragmatische Verbesserungen gefragt sind und es nicht primär auf eine wissenschaftliche Ausgrenzung dieser Aufgaben aus dem Betrachtungsfokus ankommt.

TOCKENBÜRGER beschreibt, wie sich Wirksysteme auf Basis einzelner direkter Zusammenhänge aufbauen lassen. Den Aufbau zeigt die folgende Abbildung für den Fall eines umsatzorientierten und eines kostenorientierten Wirksystems.

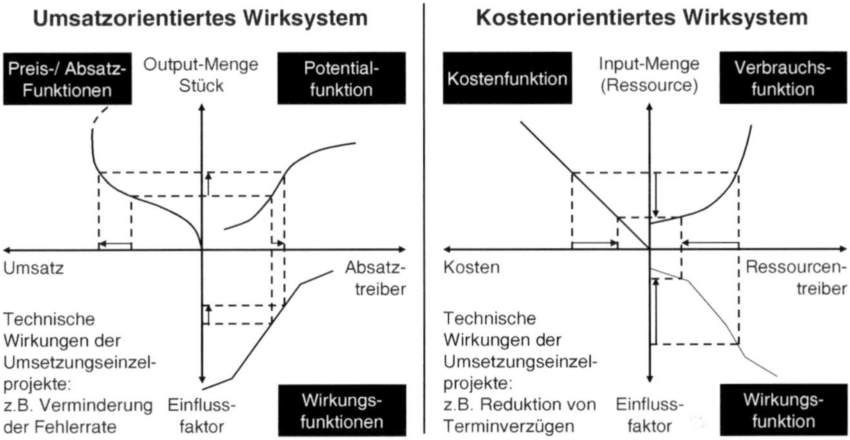

Abbildung 5-8: Aufbau technischer Wirksysteme nach TOCKENBÜRGER[328]

Bei der Erfassung der einzelnen Funktionen des Wirksystems wird von zusammenhängenden, zumindest abschnittsweise differenzier- und damit linearisierbaren Funktionen ausgegangen. Ziel dieser Wirksysteme ist nicht eine umfassende Abbildung mathematischer Modelle für prozessspezifische Netzwerke. Vielmehr wird auf eine formal genaue, grundsätzlich vollständige Erfassung aller (auch nebensächlicher) Einflussgrößen verzichtet, und es werden nur diejenigen Zusammenhänge abgebildet, bei denen von einem nennenswerten Einfluss auszugehen ist.[329]

TOCKENBÜRGER nutzt drei Funktionen, die sich als Wirkbeziehung von vier Dimensionen in einem Diagramm grafisch darstellen lassen. Inhaltlich gibt es für die Anzahl Funktionen jedoch keinen Grund für eine Beschränkung. Für die Methodik wird vielmehr die Anzahl möglicher Wirkbeziehungen, die in Abschnitt 5.2.1 einzeln erläutert wurden, erweitert: Das Verständnis von Wirksystemen von TOCKENBÜRGER wird übernommen, die Darstellung der Wirkbeziehungen kann jedoch als beliebige kausale Kette von einer verursachenden Tätigkeit, über mehrere zwischengeschaltete, bis hin zur letztlich betroffenen ausführenden Tätigkeit erfolgen.

In der Analyse mit dem Ziel einer Erklärung sind die Schritte der Wirkbeziehung zu durchdenken. Zu diesen Schritten der kausalen Wirkung eines Problems von der

---

[328] i. A. a. Tockenbürger (Controlling prozessorientierter Restrukturierungen), 2000, S. 217

[329] Vgl. Tockenbürger (Controlling prozessorientierter Restrukturierungen), 2000, S. 218 f.
Den Weg einer mathematischen Modellierung wählt WINKLER unter Inkaufnahme, dass die Prognose der Auswirkung nur so gut sein kann, wie die zur Verfügung stehenden Daten. Vgl. Winkler (Wirkbeziehungen), 2007, S. 92 ff.

Ursache bis zum letztendlich feststellbaren Problem kommen noch Lösungsideen, die an anderen Stellen der Wirkungskette angreifen können. Um die eigentliche Wirkbeziehung herauszuarbeiten, kann es sinnvoll sein, auch diese Lösungsideen von der initialen Veränderung über die Einzelschritte der Wirkung bis hin zur Veränderung des Symptoms zu dokumentieren. Die Erarbeitung von Alternativen ist zwar erst das Ziel der dritten Phase der Methodik, aber Ideen der Mitarbeiter, die zum Verständnis für die Wirkbeziehungen führen könnten, sollten auch dann genutzt werden, wenn hierdurch teilweise den Inhalten der dritten Phase der Methodik vorweggegriffen wird.

In den folgenden beiden Abbildungen sind zum einen diejenigen Ebenen dargestellt, die aus der Problemsicht der Wirkbeziehung sichtbar sind und zum anderen diejenigen Ebenen, die sich aus der Maßnahmensicht wahrnehmen lassen:

Problemsicht auf Wirkbeziehung	Beispiel
• Symptom	• Kunde beschwert sich über Ist-Liefertermin
• „eigentliches“ Problem	• Wiederholt schlechte Termintreue
• Ursache	• Nacharbeit dauert länger als geplant
• Ursache der Ursache	• Nur eine Nacharbeitsschleife vorgesehen, aber oft mehrere benötigt
• Ursache der Ursache der ...	• Toleranzen der Einzelteile nicht eingehalten
• Mögliche relevante Einflussgrößen	• Geplante Nacharbeitsschleifen, Fehler in der Werkzeugherstellung, Toleranzforderungen der Serienteile

Abbildung 5-9: Erklärung von Wirkbeziehungen aus Problemsicht

Maßnahmensicht auf Wirkbeziehung	Beispiel
• Operative „unterste“ Veränderung	• Einführung einer Regel zur Festlegung der Anzahl einzuplanender Nacharbeitsschleifen
• Direkte Auswirkung	• Sinken der Wahrscheinlichkeit, mehr Nacharbeitsschleifen zu benötigen als eingeplant
• Folgende Auswirkung	• Steigender Aufwand für Arbeitsplanung mit Beachtung der Regel. Steigende Verfügbarkeit der Kapazität für eingeplante Nacharbeitsschleifen.
• Unbeeinflusste Aspekte	• Anzahl benötigter Nacharbeitsschleifen sinkt nicht

Abbildung 5-10: Erklärung von Wirkbeziehungen aus Maßnahmensicht

Vorgehen bei der Erklärung der Wirkbeziehungen

Wie auch die Beschreibung der Planungstätigkeiten ist die Beschreibung der Wirkbeziehungen gemeinsam mit den Mitarbeitern des betrachteten Werkzeugbaus zu diskutieren und nicht nur durch die Person zu erarbeiten, die die Anwendung der Methodik verantwortet. Wichtig ist jedoch, sicherzustellen, dass die Aspekte, die von Mitarbeitern eingebracht werden, sinnvoll den einzelnen Ebenen der beiden Perspektiven zugeordnet werden. Die verbleibenden Lücken zwischen einzelnen Aspekten innerhalb der beiden Sichten lassen sich über gezielte Fragen und gemeinsame Plausibilitätsüberlegungen verhältnismäßig leicht füllen.

Die Frage, wie sich Erkenntnisse über die relevanten wirklichen Zusammenhänge ermitteln lassen, ist vielfach diskutiert worden. An dieser Stelle soll nicht auf die erkenntnistheoretischen Ansätze eingegangen werden, sondern im Sinne des Verständnisses einer Methodik[330] auf Methoden zur Analyse von soziotechnischen Sachverhalten.

OHNO, der „Vater des Toyota Produktionssystems“, sagte zur Frage des Vorgehens bei der Analyse von Problemen: „Data is of course important in manufacturing, but I place the greatest emphasis on fact.“[331] Aus dieser Perspektive entstand das Vorgehen zur Analyse von Problemen, die grundlegend verstanden werden sollen, bevor eine Lösung gestartet wird. Die Methodik dieser Arbeit nutzt dieses Prinzip, um Wirkbeziehungen zwischen den einzelnen Phasen des Auftragsabwicklungsprozesses zu analysieren.

Die Prinzipien, die dabei beachtet werden sollen, sowie die Fehler, die zu vermeiden sind, sind in der folgenden Abbildung aufgeführt:

Vorgehen	Zu vermeidende Fehler
• Nutze das Wissen der Mitarbeiter • Nutze Daten nur dann, wenn vorhanden und zuverlässig • Hinterfrage die Glaubwürdigkeit von Informationen • Hinterfrage die Glaubwürdigkeit von Einschätzungen	• Aufwändige Suche nach Detaildaten • Blindes Vertrauen in subjektiv gefärbte Informationen • Blindes Vertrauen in nicht nachvollziehbare Einschätzungen

Abbildung 5-11: Prinzipien bei der Analyse von Wirkbeziehungen[332]

Die Vorgehensweise ist als Heuristik unter dem Schlagwort des „fünf-Mal-‚warum?‘-Fragens“ und als „Root-Cause-Analyse“ bekannt geworden: Es soll hierbei solange

[330] Vgl. Abschnitt 4.1.3

[331] Zitiert nach Liker (The Toyota Way), 2004, S. 226

[332] Vgl. Liker (The Toyota Way), 2004, S. 224 f. und Ohno (Das Toyota-Produktionssystem), 2009, S. 49 f.

(i. d. R. fünf Mal) „warum“ gefragt werden, bis die ursprüngliche Ursache eines Problems gefunden wurde. Die Methode ist gleichermaßen simpel wie effektiv, insbesondere in Fällen, in denen mangels bekannter Ursache keine andere spezifischere Heuristik genutzt werden kann.[333]

Im Gegensatz zu vielen technischen Problemstellungen besteht aber bei der Analyse von Wirkzusammenhängen, die sowohl technische, als auch organisatorische Aspekte beinhalten, die Gefahr, dass die Antworten auf die wiederholten „warum“-Fragen an der eigentlichen Problemstellung vorbei gehen. Dies ist immer dann der Fall, wenn es nicht eine singuläre Wirkungskette gibt und Aspekte als Ursache genannt werden, die als Randbedingungen feststehen, während beeinflussbare Aspekte ignoriert werden. Im Folgenden soll dies an einem einfachen Beispiel erläutert werden, bei dem nur eine von zwei Alternativen (Frage B) auf das behebbare Problem eingeht, während Frage A auf eine Rahmenbedingung stößt, auf die nur bedingt Einfluss genommen werden kann:

- Frage: Warum musste die Maschine umgerüstet werden?
- Antwort: Weil ein anderes Werkzeug kurzfristig höher priorisiert wurde.
- Frage: Warum mussten Werkzeuge kurzfristig umpriorisiert werden?
- Antwort: Weil die Terminplanung nicht angepasst worden war.
- Frage: Warum war die Terminplanung nicht angepasst worden?
- Antwort: Weil die Mitarbeiter der Terminplanung in Urlaub waren.
- Alternative Frage A: Warum waren die Mitarbeiter in Urlaub?
- Alternative Frage B: Warum führt der Urlaub dazu, dass Terminpläne nicht angepasst werden?

Die Frage kann also sinngemäß lauten „Warum war das so?“ oder „Warum ist das die Ursache?“. Es ist notwendig, nicht nur „warum“ zu fragen, sondern zu beurteilen, wie die Frage so zu stellen ist, dass tatsächlich der Kern der Wirkungskette erfasst wird.[334]

Nach der eigentlichen Erklärung der Wirkbeziehungen sind in einem letzten inhaltlichen Schritt die Intensitäten zu beschreiben. Während eine formal saubere Quantifizierung nur für einzelne Szenarien möglich ist, soll an dieser Stelle auf die Erfahrung der beteiligten Mitarbeiter zurückgegriffen werden, um Eigenschaften der Wirkbeziehung zu erfassen, die eine Aussage über die Intensität ermöglichen. Hierbei kann auch auf beliebige Erfahrungswerte zurückgegriffen werden, ohne dass es einer be-

---

[333] Vgl. Ohno (Das Toyota-Produktionssystem), 2009, S. 49 f.
Eine Anwendung auf technische Probleme im Werkzeugbau findet sich bei Gebeshuber (Werkzeugbau im Wandel der Zeit), 2008, S. 32

[334] Vgl. Ohno (Das Toyota-Produktionssystem), 2009, S. 50

stimmten Form bedarf. Dies kann beispielsweise die Einschätzung eines Meisters sein, allein mit dem Trouble-Shooting einer definierten Ursache, die einer Wirkbeziehung zuzuordnen ist, eine bestimmte Anzahl von Stunden pro Woche zu verbringen.

Anschließend ist der Wirkzusammenhang zu dokumentieren. Zur Beschreibung dienen sechs Dimensionen, die in der folgenden Abbildung gemeinsam mit beispielhaften Ausprägungen dargestellt sind und zur simplen Abfrage genutzt werden können:

Relevante Dimension	Form der Dokumentation
• Verursachende Phase	AA, PM, WE, AP, WP
• Beeinflusste Phase	AA, PM, WE, AP, WP
• Planungsergebnis entspricht Plan-Ergebnis?	Ja, i.d.R., i.d.R. nicht, nein
• Planergebnis ist sinnvoll?	Freitext
• Verbesserungsbedarf ist bei den Durchführenden bekannt?	Freitext
• In welcher Form lässt sich die Intensität der Wirkbeziehung beschreiben?	Freitext

Abbildung 5-12: Zusammenfassende Erklärung von Wirkbeziehungen

Die Wirkbeziehungen können anhand der betreffenden (d. h. verursachenden und beeinflussten) Phasen der Matrix der Wirkbeziehungen (vgl. Abschnitt 5.2.1) zugeordnet werden. Diese Dokumentation dient anschließend als Basis für die Entwicklung alternativer Planungsszenarien.

5.3 Entwicklung und Bewertung alternativer Planungsszenarien

Die dritte Phase der Methodik hat als Ziel die Definition sowie die Bewertung alternativer Planungsumfänge, die als einzelne Szenarien ausgestaltet werden. Unter Szenarien sollen an dieser Stelle die Beschreibung alternativer Zukunftsbilder verstanden werden, die auf in sich stimmigen, logisch zusammen passenden Annahmen basieren.[335] Ein solches Szenario besteht zum einen aus dem eigentlichen Planungsaufwand der frühen Phase, der festgelegt werden kann, sowie aus dem Aufwand der späteren Phase(n), die vom Umfang des Aufwands der früheren Phase abhängt bzw. abhängen.

Die Bewertung vollzieht sich in den folgenden beiden Schritten, die in den Abschnitten 5.3.1 und 5.3.2 erläutert sind:

- Definition von alternativen Umfängen des Aufwands der Planungstätigkeit

[335] Vgl. Tockenbürger (Controlling prozessorientierter Restrukturierungen), 2000, S. 226

- Untersuchung der Auswirkungen der Veränderung des Planungsaufwands auf die nachfolgenden Aufgaben sowie Beurteilung der Veränderungen

Beide Schritte beruhen auf dem Modell des Grenzplanungsnutzens, das im Folgenden vor der Erläuterung der beiden Schritte dieser Phase der Methodik kurz vorgestellt wird und im Anhang ausführlich dargestellt ist. Die Untersuchung der Auswirkungen der Veränderung nutzt das Modell zur Abschätzung der sich aus der Veränderung des Planungsaufwands ergebenden Effekte. Für die Definition von alternativen Umfängen an Planungsaufwand ist ein Verständnis dieses Modells zumindest sehr hilfreich.

Modell des Grenzplanungsnutzens

Das Verständnis der Planung, das der Methodik zugrunde liegt, wurde bereits in Abschnitt 5.1.1 kurz erläutert, das Prinzip der Wirkbeziehungen in Abschnitt 5.2. Auf dieser Basis wird im Folgenden ein Modell des Grenzplanungsnutzens vorgestellt, mit dessen Hilfe sich alternative Planungsumfänge inklusive der sich ergebenden Aufwandsveränderungen nachfolgender Tätigkeiten darstellen lassen.

Die Analyse existierender Ansätze zur Nutzenbewertung hat gezeigt, dass es keine praktikable Möglichkeit einer absoluten Nutzenbewertung gibt. Diese inhärente Problematik lässt sich umgehen, indem nicht auf den absoluten Nutzen, sondern auf den Grenznutzen fokussiert wird. Unter Grenznutzen ist die inkrementelle Nutzenänderung bei einer inkrementellen Änderung des Aufwandes für die Tätigkeit zu verstehen. Ist der Grenznutzen für eine bestimmte Situation bekannt, lässt sich für genau diese Situation direkt ableiten, ob ein höherer oder geringerer Aufwand sinnvoller wäre. Die eigentliche Herausforderung liegt aber auch hier in der Ermittlung des Grenznutzens bzw. einer Nutzenfunktion in der Nähe der Ist-Situation und weniger in der anschließenden Verarbeitung dieser Information.[336] Für die Ermittlung des Grenznutzens gilt, dass sie stark vom Einzelfall abhängig ist. Die Planung, insbesondere die operative Planung bis hin zur Steuerung, hängt stark von den Randbedingungen des Einzelfalls bzw. einer konkreten Auftragsabwicklung ab.[337] Daher wird an dieser Stelle im Rahmen der Methodik ein Grenznutzenmodell erläutert, jedoch nicht eine allgemein gültige Formel für die Ermittlung des Grenznutzens angegeben.

Hierfür werden die folgenden Formen einer Änderung des Planungsaufwands zusammengefasst:[338]

---

[336] Vgl. zu dieser Unterscheidung die grundlegenden Erläuterungen zu Planung in Abschnitt 2.1.1 sowie die ausführliche Abgrenzung von Informationsbeschaffung, Informationsverarbeitung und Entscheidung im Anhang.

[337] Vgl. Verworn (Bedeutung von Planungsaktivitäten), 2007, S. 256

[338] Diese drei Fragen umfassen diejenigen Aspekte der Metaplanung, die Auswirkungen auf den Aufwand einer bestimmten Planungsphase haben.

Vgl. Hungenberg (Optimierung von operativen Planungssystemen), 1993, S. 238 f. und Wienecke (Planungsszenarien), 2003, S. 252

- Änderung des Umfangs der Planungsinhalte („Was wird geplant – was nicht?")[339]
- Änderung des Planungshorizonts („Wann wird geplant?")[340]
- Änderung der Detaillierung der Planung („Wie detailliert wird geplant?")[341]

Eine Zusammenfassung erscheint sinnvoll, da sich die drei Fragen nicht unabhängig voneinander beantworten lassen, sondern im Gegenteil sich aus der Beantwortung einer Frage die Beantwortung der anderen beiden Fragen häufig fast vollständig ergibt.

Entscheidend bei der Grenzbetrachtung ist, dass immer die beeinflussende und die beeinflusste Seite (hier: Planungsphase) gegenüber gestellt werden. Daher wird im Folgenden aufgezeigt, wie sich die Phasen einschließlich des jeweiligen Aufwands handhabbar darstellen lassen. Im Anhang findet sich darüber hinaus eine Herleitung und umfangreichere Erläuterung.

Die folgende Abbildung zeigt zwei verschiedene Möglichkeiten, Szenarien darzustellen:

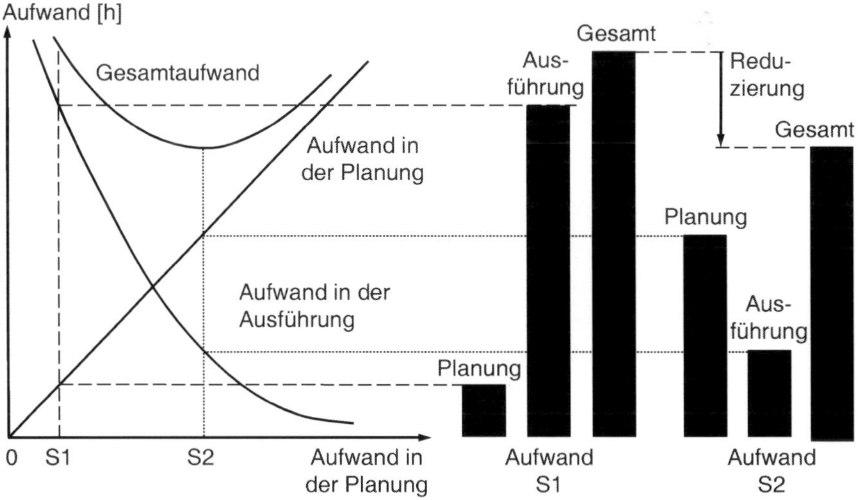

Abbildung 5-13: Mögliche Darstellung verschiedener Szenarien

Auf der linken Seite ist die Wirkbeziehung des Umfangs an Planungsaufwand auf den Umfang an Ausführungsaufwand dargestellt, die in Abschnitt 3.4.8 erläutert wurde. Zu beachten ist hierbei, dass die beeinflussende Dimension (Abszissenachse) nur den Aufwand der Planung darstellt, während in der beeinflussten Dimension (Or-

---

[339] Vgl. Abschnitt 3.4.1 (Metaplanung) und 3.4.3 (Zero Base Budgeting)

[340] Vgl. Abschnitt 3.4.4 und 3.4.5 (Planungszeitpunkt)

[341] Vgl. Abschnitt 3.4.6 (Planungstiefe)

dinatenachse) aller Aufwand aufgetragen ist. Da der Gesamtaufwand sich aus Ausführungsaufwand und Planungsaufwand zusammensetzt, findet sich letzterer auch innerhalb der Grafik als eine der beiden Aufwandsarten, die sich zum Gesamtaufwand addieren. Eine Möglichkeit, einzelne Szenarien (d. h. Kombinationen aus Umfängen an Aufwand der voneinander abhängigen Phasen) darzustellen, ist auf der rechten Seite der Abbildung dargestellt.

Die Darstellung in Balkenform enthält keine Aussage über den quantifizierten Wirkzusammenhang zwischen den Phasen, lässt sich aber auch für die Darstellung von Szenarien mit mehreren Phasen nutzen, wie in der folgenden Abbildung dargestellt ist:

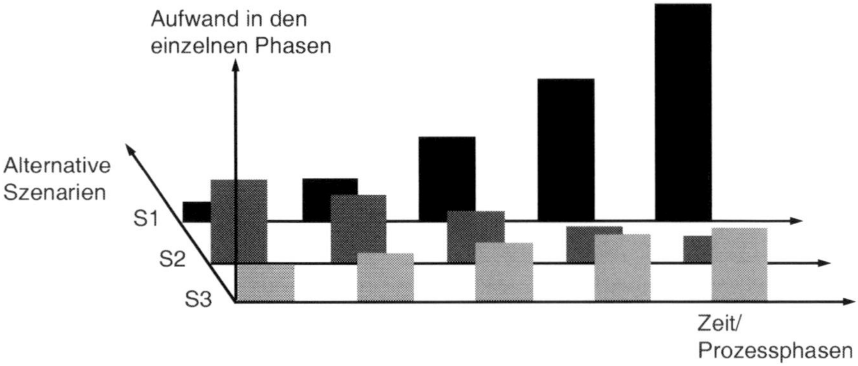

Abbildung 5-14: Drei Szenarien als Aufwandsverteilung über fünf Phasen

In dieser Darstellung gibt es drei Szenarien, die jeweils mit Aufwand in fünf Phasen verbunden sind und die im folgenden beispielhaft erläutert werden: Im Szenario S1 wird in den ersten beiden Phasen wenig Aufwand investiert, so dass im Laufe der Zeit, d. h. in den späteren Phasen des Prozesses, der notwendige Aufwand stark steigt. Im Szenario S2 wird zunächst sehr viel Aufwand für die Planung aufgebracht, so dass der Aufwand in den letzten Phasen gering ist. Im Szenario S3 wurde dagegen ein guter Kompromiss gewählt, bei dem am Anfang zwar weniger geplant wurde als in S2, aber immer noch genug, um den hohen Aufwand in den letzten Phasen wie in S1 zu vermeiden.

Die Form der Darstellung als alternative Aufwandsverteilung über den interessierenden Prozessphasen wird im Folgenden zur Entwicklung und Bewertung von Alternativszenarien genutzt.

5.3.1 Definition von alternativen Planungsszenarien

Für die Planungsphasen, deren Planungsaufwand neu festgelegt werden soll, müssen zunächst mögliche Umfänge an Planungsaufwand definiert werden, die anschließend geprüft werden können. Grundsätzlich gibt es für die Definition von Veränderungen sowohl die Möglichkeit der Einsparung, als auch der Ausdehnung des

Planungsaufwands. Um den Planungsaufwand einer bestimmten Phase der Auftragsabwicklung festzulegen, sind die Wirkbeziehungen zu prüfen, die von dieser Phase ausgehen und daher innerhalb der Matrix in der entsprechenden Zeile stehen.

Interessant sind nun für eine Erhöhung des Umfangs an Planungsaufwand insbesondere diejenigen Wirkbeziehungen, die eine starke positive Auswirkung beschreiben. Operativ bedeutet das, dass mit einem geringen zusätzlichen Aufwand ein hoher zusätzlicher Nutzen erwartet werden kann. Für eine Verringerung des Umfangs an Planungsaufwand sind die schwachen Wirkbeziehungen interessant. Operativ sind das diejenigen, bei denen bei einem hohen zusätzlichen Aufwand in der verursachenden Phase nur ein geringer zusätzlicher Nutzen in der beeinflussten Phase erwartet werden kann bzw. bei denen bei einer deutlichen Reduzierung des Aufwands in der verursachenden nur mit einer geringen Verringerung des Aufwands in der beeinflussten Phase gerechnet werden muss.[342] Der Grund hierfür liegt schlicht darin, dass eine starke positive Wirkbeziehung nichts anderes bedeutet, als dass der Planungsaufwand in der frühen Phase „lohnend" für die spätere Phase ist, während eine nur schwach positive Wirkbeziehung bedeutet, dass sich der Planungsaufwand in der früheren Phase deutlich weniger „lohnt".

Darüber hinaus ist es auch möglich, den Planungsaufwand der betrachteten Phase zu verändern, indem der Aufwand der vorgelagerten Phasen angepasst wird. Hierfür ist in der Matrix der Wirkbeziehungen die Zeile der Wirkbeziehungen zu untersuchen, die sich auf die interessierende Phase auswirkt. Starke positive Wirkbeziehungen sprechen wieder für eine frühere/ intensivere Planung, und schwache positive Wirkbeziehungen sprechen wieder für eine spätere/ schwächere Planung. Die folgende Abbildung zeigt dieses prinzipielle Vorgehen bei den beiden grundlegenden Möglichkeiten:

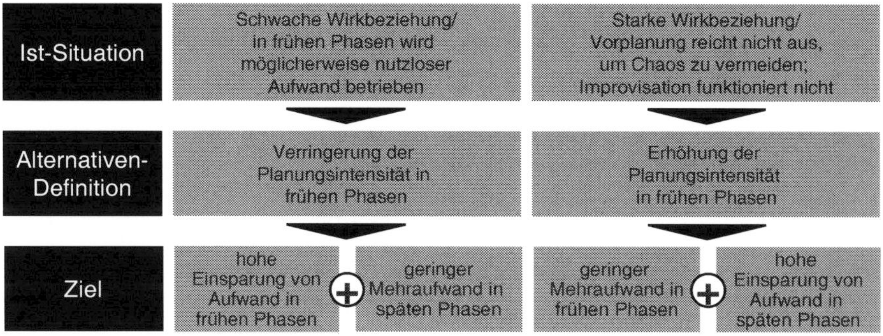

Abbildung 5-15: Vorgehensweise bei der Entwicklung von Alternativen

Es ergeben sich letztlich immer zwei Möglichkeiten im Sinne von „Such-Richtungen", zur Erarbeitung von Alternativen, die in Abbildung 5–15 dargestellt sind, nämlich die

---

342 Vgl. Hungenberg (Optimierung von operativen Planungssystemen), 1993, S. 238 f.

Erhöhung und die Verringerung des Planungsaufwands der betrachteten Planungsstufe. Der allgemeine Fall umfasst die Verfolgung beider Möglichkeiten.

In dem Fall, dass als Ausgangssituation ein nutzloser oder nutzenarmer Aufwand der betrachteten Planungsstufe im Vordergrund steht, ist die näherliegende Lösungsalternative diejenige, die eine Verringerung des Umfangs an Planungsaufwand vorsieht. Diese Verringerung des Planungsaufwands ist unter der Randbedingung zu konzipieren, dass sich der Mehraufwand in den folgenden Phasen in Grenzen hält. Für den anderen Fall, dass als Ausgangssituation Aufwand in der Auftragsabwicklung dadurch auftritt, dass in vorgelagerten Phasen nicht gut genug geplant wurde, ist die näherliegende Lösungsalternative diejenige, die eine gezielte Erhöhung des Umfangs an Planungsaufwand auf der Ebene vorsieht, auf der nicht gut genug geplant wurde.

Insbesondere in dem Fall, dass eine grundlegende und ergebnisoffene Auslegung einer Phase vorgesehen ist, sind die beiden genannten Fälle zu kombinieren und sowohl für eine Erhöhung als auch für eine Verringerung des Planungsaufwands jeweils eine Alternative zu definieren. Alle zu berücksichtigen Alternativen sind in ähnlicher Form wie die Ist-Situation zu beschreiben, um sie einer Bewertung zugänglich zu machen.

Inhaltliche Aspekte bei der Suche nach Alternativszenarien

Natürlich ist es in der Praxis möglich, ausgehend von einer Beschreibung der Wirkbeziehungen die vermeintlich „interessantesten“ möglichen Veränderungen ohne weitere Systematik zu definieren und diese dann systematisch zu bewerten. Gemäß dem Prinzip von POPPER, dass es egal sei, woher wissenschaftlich zu prüfende Thesen stammen[343], ergibt die systematische Bewertung dieser wie auch immer ausgewählten Alternativen eine fundierte Entscheidungsgrundlage.

Zur methodischen Unterstützung bietet sich trotzdem ein strukturierteres Vorgehen an, um sicherzustellen, dass tatsächlich sinnvolle Alternativen entwickelt werden. Dieses besteht aus den folgenden Schritten:

- Identifizierung einer Aufgabe (Planung oder Ausführung), deren Aufwand durch bessere Vorplanung gesenkt werden soll oder Identifizierung einer Planungsaufgabe, deren Aufwand durch weglassen gesenkt werden soll
- Identifizierung der jeweils betroffenen nach- oder vorgelagerten Aufgaben (Planung und Ausführung)
- Auswahl einer zu untersuchenden Abhängigkeit
- Definition einer Alternative

---

[343] Das Aufstellen der Theorien sei einer logischen Analyse vielmehr weder zugänglich noch bedürftig. Popper (Logik der Forschung), 2005, S. 7

Identifizierung einer Aufgabe, deren Aufwand gesenkt werden soll

Für die Auswahl derjenigen Aufgaben, deren Aufwand gesenkt werden soll, werden zwei Kriterien genutzt:

Der **Aufwand für eine einzelne Aufgabe** ist relevant, da sich bei einer gleichen prozentualen Verringerung des Aufwands die größten absoluten Einsparungen ergeben. Der **Anteil nicht wertschöpfender Tätigkeiten** ist relevant, da sich deren Aufkommen deutlich einfacher verringern lässt, als der Aufwand innerhalb der wertschöpfenden Aufgaben.

Beide Kriterien lassen sich prinzipiell ermitteln und beispielsweise in einem Portfolio übersichtlich darstellen. Ein hoher Aufwand für eine Aufgabe und ein gleichzeitig hoher Anteil nicht wertschöpfender Tätigkeiten sprechen für ein relativ hohes Potenzial zur Senkung des Aufwands dieser Aufgabe.[344] Die beiden Kriterien gelten sowohl für diejenigen Aufgaben, deren Aufwand durch eine bessere Vorplanung gesenkt werden soll (Vorverlagerung des Aufwands) als auch für diejenigen, bei denen ein direktes Weglassen von Planungsaufwand in Frage kommt (und damit eine Rückverlagerung des Aufwands auf spätere Prozessphasen).

Identifizierung der jeweils betroffenen nach- oder vorgelagerten Aufgaben

Da innerhalb einer jeden Abhängigkeit jeweils immer zwei Aufgaben betroffen sind, ist zu der Aufgabe, deren Aufwand gesenkt werden soll, das Pendant zu identifizieren, bei dem eine Erhöhung des Aufwands in Kauf zu nehmen ist.

Für die Aufgaben, deren Aufwand durch eine intensivere Vorplanung verringert werden soll, sind alle vorgelagerten und direkt beeinflussenden Aufgaben zu identifizieren. Analog sind für Aufgaben, deren Aufwand durch Weglassen zu verringern ist, alle direkt betroffenen folgenden Aufgaben zu identifizieren.

Auswahl einer zu untersuchenden Abhängigkeit

Unter den identifizierten betroffenen nach- oder vorgelagerten Aufgaben sind die zu untersuchenden Aufgaben festzulegen. Bei mehreren Wirkbeziehungen innerhalb einer Kombination aus zwei Aufgaben ist außerdem die zu betrachtende Abhängigkeit auszuwählen.

Zur Unterstützung dieser Auswahl ist die vermutete Intensität der Abhängigkeit entscheidend, auch wenn ihre Bewertung noch aussteht: Bei einer starken Intensität ist eher ein höherer Aufwand in der früheren Phase sinnvoller, bei einer geringen Intensität eher ein niedrigerer.

---

[344] Zu der Frage, ob zunächst nur die aller dringendsten Veränderungen vorgenommen werden sollten oder direkt mit einer umfangreichen Neudefinition vieler Planungstätigkeiten begonnen wird, siehe Abschnitt 5.4.1

Definition eines Szenarios

Innerhalb der zu untersuchenden Wirkbeziehungen aus jeweils zwei Aufgaben ist für die erste Aufgabe ein zu bewertender Planungsumfang zu definieren. Häufig wird bei der Anwendung der Methodik zu diesem Zeitpunkt auch schon feststehen, welche Alternativen in Frage kommen. Die grundlegenden Möglichkeiten ergeben sich fast zwangsläufig aus den beiden Fragen „welche Unterstützung würde uns helfen?“ und „was könnten wir weglassen?“.

5.3.2 Vergleich der Planungsszenarien und Bewertung des Grenznutzens

Die definierten Planungsszenarien als Veränderung gegenüber der aktuellen Situation sind hinsichtlich ihrer Vorteilhaftigkeit im zweiten Schritt der dritten Phase der Methodik zu beurteilen. Dafür wird im Folgenden zunächst erklärt, wie sich der Aufwand ermitteln lässt, der mit einem solchen Szenario in den verschiedenen Planungsphasen verbunden ist. Anschließend wird auf Basis dieser Abschätzung erläutert, wie Szenarien abschließend bewertet werden können.

Untersuchung der Auswirkungen der einzelnen Umfänge an Planungsaufwand

Für jeden der geänderten Umfänge an Planungsaufwand wird zunächst mit Hilfe der in Abschnitt 5.2 dargestellten kausalen Wirkbeziehungen untersucht, welche Auswirkungen sich ergeben, d. h. wie sich der Aufwand in den Phasen verändern wird (passiv), die der Phase mit (aktiv) geändertem Aufwand folgen. Dabei sind nur der direkte, sowie der sich zwingend einstellende indirekte Einfluss zu berücksichtigen.[345] Hierfür wird nicht auf ein feststehendes Kostenmodell zurückgegriffen, sondern es werden im Einzelfall nur diejenigen Prozesse und Tätigkeiten berücksichtigt, die auch tatsächlich beeinflusst werden.[346] Hierfür sind die folgenden Schritte zu durchlaufen:[347]

1. Festlegung der Veränderung des Umfangs an Planungstätigkeiten einer bestimmten Planungsstufe
2. Identifikation der unmittelbar von der Veränderung des Planungsumfangs betroffenen Tätigkeiten

[345] Der mögliche dritte Fall umfasst die Situation, dass durch die Aufwandserhöhung in Phase n eine Einsparung an Aufwand in Phase n+1 erzielt werden kann und in der Phase n+1 der übliche Aufwand aufgewendet wird, woraus sich in Phase n+1 eine Planungsvorleistung für die Phase n+2 ergibt, die aus Sicht der Phase n+2 so erscheint, als hätte Phase n+1 zusätzlichen Aufwand investiert. Vgl. im Anhang Abschnitt 9.1.1.

[346] Existierende Kostenmodelle zeichnen sich gerade dadurch aus, dass sie *alle* Kosten innerhalb einer bestimmten Bilanzhülle erfassen. Vgl. Blomeyer (Wirtschaftlichkeitsbewertung), 2003, S. 33 ff. und 81 f. Dies ist allerdings nur für eine absolute Kostenbewertung sinnvoll, nicht für eine Bewertung des Grenznutzens bzw. der Veränderung der Kosten im Rahmen einer alternativen Gestaltung von Aufgaben.

[347] Die Schritte sind angelehnt an die Schritte der Fortpflanzungsbetrachtung bei Änderungen von Produktbestandteilen nach Blomeyer (Wirtschaftlichkeitsbewertung), 2003, S. 103

3. Beurteilung der Auswirkungen der Veränderung des Planungsumfangs auf die unmittelbar betroffenen Tätigkeiten
4. Identifikation der mittelbar von der Veränderung des Planungsumfangs betroffenen Tätigkeiten
5. Beurteilung der Auswirkungen der Veränderung des Planungsumfangs auf die mittelbar betroffenen Tätigkeiten

Die Schritte vier und fünf sind solange mehrfach zu durchlaufen, wie sich unausweichliche mittelbare Auswirkungen feststellen lassen.

Im Einzelfall kann diese Ermittlung und Abschätzung der einzelnen Auswirkungen mit erheblichem Aufwand und gleichzeitig hoher Ungenauigkeit verbunden sein. Die Abwägung wird in der Praxis allerdings auch ohne die hier entwickelte Methodik unternommen, nur dass auf die mit der Methodik verbundene Systematik verzichtet wird und Entscheidungen intuitiv und teilweise auch nur implizit getroffen werden.[348] Mitarbeiter tun sich häufig schwer, Abschätzungen hinsichtlich der Veränderung des Aufwands abzugeben. Dies hat unter anderem folgende Gründe:

- Mitarbeiter wissen aus Erfahrung, dass Abschätzungen häufig ungenau sind. Dies gilt für „neuartige" Abschätzungen, also Abschätzungen, die zum ersten Mal zu einem bestimmten Bereich getroffen werden, ganz besonders.[349]
- Mitarbeiter wissen, dass sie sich mit unrealistischen Abschätzungen angreifbar machen: Wenn durch Berücksichtigung weiterer Aspekte nachweisbar würde, dass eine Abschätzung völlig unrealistisch ist, dann wirkt sich das negativ auf die wahrgenommene Sachkompetenz desjenigen aus, der die Abschätzung vorgenommen hat.[350]
- Mitarbeiter wissen, dass Sie an den Abschätzungen gemessen werden könnten: Häufig wird erwartet, dass sich Mitarbeiter bereiterklären, ein Ziel, das zuvor als realistisch eingeschätzt wurde, auch zu erreichen. Eine ungenaue Abschätzung birgt dann immer die Gefahr, dass man sich als Mitarbeiter verpflichtet hat und an der Verpflichtung gemessen wird, aber keine Chance sieht, der Verpflichtung auch gerecht zu werden.[351]

---

[348] Die Abschätzung erfordert in vielen Fällen und gleichzeitig in unterschiedlichem Ausmaß Erfahrung. Eine Erläuterung des Unterschieds zwischen fundierter Erfahrung und Intuition sowie die Notwendigkeit, sich auf Erfahrung zu verlassen und intuitive Einschätzungen zu vermeiden, findet sich bei Malik (Führen Leisten Leben), 2006, S. 242 ff.

[349] Vgl. o. V. (Organisationshandbuch), 2007, S. 172 f.

[350] Dies gilt insbesondere bei Aufgaben, die auf Grund ihres kreativen oder koordinierenden Charakters schwieriger abzuschätzen sind, als produktive oder Routinetätigkeiten. Vgl. o. V. (Organisationshandbuch), 2007, S. 168 ff.

[351] Für Bereiche, in denen einzelne Personen anhand der Genauigkeit ihrer Kostenschätzung bewertet werden, ist dieses Problem intensiv diskutiert worden. Vgl. Stockhammer (Honorierung von Planungsleistungen), 2009, S. 14 f.

Diese Widerstände sind nicht etwa durch mangelndes Verständnis begründet, sondern im Gegensatz rational nachvollziehbar.[352] Umgekehrt ist es aber auch möglich, die Argumente zumindest teilweise zu entkräften:

- Ungenaue Abschätzungen sind besser (d. h. genauer und nützlicher) als der Verzicht auf Abschätzungen und das anschließende Treffen von Entscheidungen ohne jede Grundlage.[353]
- Durch eine Abschätzung einzelner Aspekte, sehr grobe Angaben und Vorschläge durch denjenigen, der die Anwendung der Methodik verantwortet, lässt sich verdeutlichen, dass die Abschätzung niemals mathematisch exakt sein kann, sondern gerade dadurch nützlich ist, dass sie so exakt wie gerade möglich ist.[354]
- Die Sorge, dass sie an einer konkreten Einschätzung gemessen würden, muss den Mitarbeitern genommen werden: Vielmehr sind Mitarbeiter in der Umsetzung an Erfolgskriterien zu messen, auf die sie selbst einen Einfluss haben, und nicht nur an ihren Einschätzungen.[355]

Aufgrund der beschriebenen Herausforderungen bzgl. der Quantifizierbarkeit ist es für eine wiederholte Anwendung der Methodik sinnvoll, die Abschätzungen nach Umsetzung der Alternativen zu verifizieren und die damit gewonnenen Erfahrungen wieder in die Sammlung der Referenzkausalitäten einzupflegen.

Die Kombination des aktiv veränderten Aufwands in einer Phase und des so ermittelten passiv veränderten Aufwands in den Folgephasen stellt die Alternative dar, die mit der ursprünglichen Situation zu vergleichen und zu bewerten ist.

Bewertung der definierten Alternativen

Für jede der so definierten Alternativen wird gegenüber der ursprünglichen Situation die ermittelte Veränderung des Aufwands bewertet.[356] Wenn in Phase n der Auftragsabwicklung der Aufwand erhöht wird, so ergibt sich in einer oder mehrerer der Phasen n+1, n+2 etc. eine Verringerung des Aufwands. Es wird hier davon ausgegangen, dass der in Phase n+1 nicht mehr notwendige Aufwand nicht „reinvestiert", also für einen anderen Aspekt der Planungstätigkeit zur Verbesserung des Planungsergebnisses genutzt, sondern eingespart wird. Wird der einsparbare Aufwand trotzdem nach wie vor aufgebracht, ist dies als zweite Veränderung, ausgehend von

---

[352] Vgl. Richter; Ibold (Organisationssoziologie und Change-Management), 2007, S. 234 f.

[353] Vgl. Malik (Führen Leisten Leben), 2006, S. 242 ff.

[354] Vgl. Steinmann; Schreyögg (Management), 2005, S. 66

[355] Das kann vom Umsetzungsgrad einer Maßnahme bis zum Effekt, den einer Veränderung mit sich bringt, reichen.

[356] Es handelt sich somit um eine Wirtschaftlichkeitsbewertung anhand der Kostenveränderung, so dass auch von Kostenvergleichsrechnung gesprochen werden kann. Zu Unterschieden, Gemeinsamkeiten und der Möglichkeit, die verschiedenen Wirtschaftlichkeitsrechnungen ineinander zu überführen vgl. Obermeier; Gasper (Investitionsrechnung und Unternehmensbewertung), 2008, S. 106

Phase n+1 betrachtet, jedoch nicht als Folge der ursprünglich von Phase n ausgehenden Alternative. Das gleiche gilt genauso auch für den Fall einer Aufwandsreduzierung in Phase n: Wieder werden nur die zwangsläufigen Auswirkungen auf die nachfolgenden Phasen betrachtet, nicht jedoch die indirekten Auswirkungen, die entstehen, wenn der Aufwand in einer der folgenden Phasen trotz Beeinflussung durch Phase n konstant gehalten wird.

Mit Hilfe dieser Bewertung ergibt sich, welche der Aufwandsverteilungen sinnvoller, d. h. mit einem geringeren Gesamtaufwand verbunden sind. Für Veränderungen anderer Planungsaufgaben und Konzeption alternativer Planungsszenarien auch für diese Aufgaben kann es sinnvoll sein, nicht auf Basis der bisherigen Ausgangssituation zu konzipieren, sondern auf Basis eines als besser bewerteten Szenarios. Das heißt, dass bei einem erneuten Durchlauf der Phase „Entwicklung und Bewertung alternativer Planungsszenarien" bzgl. einer anderen Planungsphase bzw. einer anderen Wirkbeziehung angenommen wird, dass das als sinnvoll erkannte Szenario umgesetzt wird und damit als Basis der Entwicklung dient. Das gesamte Vorgehen der Bewertung und ggf. des Anstoßes eines neuen Durchlaufs der Phase ist in der folgenden Abbildung dargestellt: Da beim Durchlauf der Methodik in der Regel an mehreren Planungsphasen und an mehreren Planungsaufgaben Veränderungen konzipiert werden, sind diese auch jedes Mal zu bewerten und anschließend ggf. als Basis der folgenden Veränderungen zu nutzen, ggf. aber auch zu verwerfen.

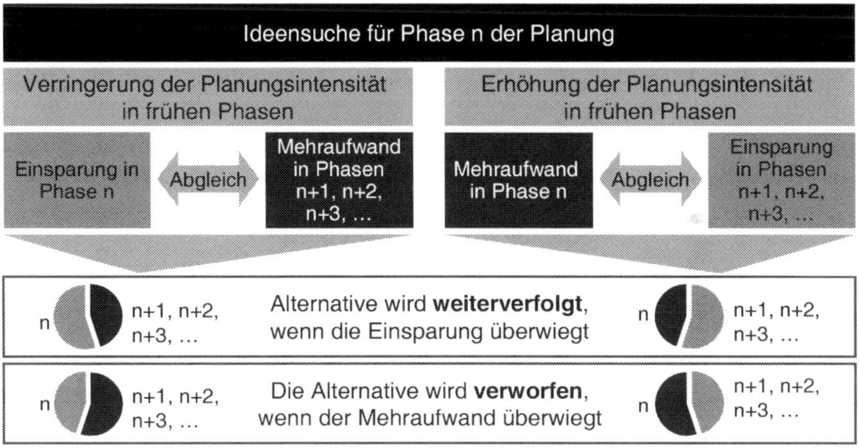

Abbildung 5-16: Vorgehensweise bei der Bewertung der Alternativen

5.4 Soll-Konzeption der Festlegung und Verteilung des Planungsaufwands

Die vorangegangenen Abschnitte haben erläutert, wie Szenarien einer geänderten Festlegung und Verteilung von Planungsaufwand auf die einzelnen Phasen des Auftragsabwicklungsprozesses entwickelt werden können. Diese Szenarien lassen sich allerdings nicht alle gleichzeitig und ohne jegliche Probleme umsetzen. Vielmehr sind zwei Herausforderungen in der vierten Phase der Methodik vor der Umsetzung zu klären: Erstens stellt sich die Frage, welche der Szenarien direkt und welche erst darauf aufbauend umgesetzt werden sollen, bzw. welche Reihenfolge der Realisierung sinnvoll erscheint. Zweitens stellt sich die Frage, welche Hinderungsgründe auf Seiten der Mitarbeiter hinsichtlich des Verständnisses, der Fähigkeit und der Bereitschaft existieren und wie diesen zu begegnen ist. Diesen beiden Fragen wird im Folgenden nachgegangen. Nach Durchführung dieser beiden Schritte ist darüber hinaus zu prüfen, inwiefern die Soll-Konzeption weitere Durchläufe der Methodik benötigt.

5.4.1 Ableitung umzusetzender Szenarien der Aufwandsallokation

Inhalt der Festlegung eines aufwandsminimalen Szenarios der Aufwandsallokation ist die Optimierung der Aufwandsintensität jeder einzelnen Planungsstufe. Nur wenn sich eine Kombination der Festlegungen ergibt, die ganzheitlich ist im Sinne einer aufeinander abgestimmten Festlegung aller Einzelalternativen, lässt sich tatsächlich von einem Optimum sprechen.

Hierbei tritt das typische Problem simultaner Planung auf, da alle Planungsentscheidungen prinzipiell voneinander abhängen.[357] Ein solches Planungsproblem lässt sich geschlossen nur lösen, wenn es vollständig inkl. der Interdependenzen der Teilprobleme modelliert wird.[358] Die Vollständigkeit der Modellierung ist aber bei realen Problemen wie dem hier Vorliegenden selten möglich.

In der Realität erweist sich daher eine gleichzeitige Veränderung aller Parameter bzw. hier der Umfänge an Aufwand aller Planungsaufgaben als kaum zu realisieren: Die Planbarkeit der prinzipiellen Wirkbeziehungen und der konkreten Auswirkungen einzelner Veränderungen ist begrenzt, so dass sich ein Optimum in der Praxis nicht durch die gleichzeitige Durchführung aller Veränderungsschritte realisieren lässt.

Hieraus ergeben sich unterschiedliche mögliche Vorgehensweisen, die durch die folgenden Dimensionen unterschieden werden können:

- Umfang der Konzeption vor Beginn der Umsetzung
- Reihenfolge bei der sukzessiven Definition von Veränderungen
- Intensität der Veränderung

Umfang der Konzeption vor Beginn der Umsetzung

Veränderungen einzelner Planungsstufen müssen konzipiert und bewertet werden, die dann Auswirkungen auf weitere Planungsstufen haben, so dass sich bei der Konzeption ein sukzessives Vorgehen ergibt. Fraglich ist nun, ob auch die Umset-

---

[357] Genau genommen handelt es sich hierbei um ein Problem der Metaplanung, in dem aber alle für die Planung getroffenen Aussagen ihre Gültigkeit behalten.

[358] Vgl. die Erläuterung zur Simultanplanung in Alisch (Gabler-Wirtschaftslexikon), 2004, S. 2665

zung sukzessiv erfolgen sollte oder eine Konzeption aller (bzw. möglichst vieler) Planungsstufen erst vollständig durchzuführen ist, worauf dann alle Veränderungen gleichzeitig umgesetzt werden.

Eine möglichst **vollständige Definition der Veränderungen** und anschließende gemeinsamer Umsetzung aller definierten Veränderungen hat den Vorteil des geringeren Initialaufwands, da einzelne Planungsaufgaben nicht immer wieder neu verändert werden müssen. Sie hat dagegen den Nachteil, dass die gegenseitige Beeinflussung der Veränderungen nur mit Aufwand und auch nicht exakt möglich ist.

Eine **Definition einzelner Veränderungen mit direkter Umsetzung** vor der Betrachtung der nächsten Planungsstufe hat dagegen den Vorteil der geringeren Komplexität: Auswirkungen bleiben überschaubar, und auf einen hohen Bewertungsaufwand für ein mittelmäßiges Bewertungsergebnis kann verzichtet werden. Die detaillierte Definition mit anschließender direkter Umsetzung hat dagegen den Nachteil, dass der Planungsumfang etlicher Planungsstufen viele Male leicht verändert werden muss, bevor das erreichte Gesamtziel erreicht wird. Dadurch ergibt sich für die betroffenen Mitarbeiter der jeweiligen Planungsstufe die Unsicherheit, welche Veränderungen anschließend noch folgen werden.

Reihenfolge bei der sukzessiven Definition von Veränderungen

Sowohl bei der klein- als auch bei der großschrittigen Vorgehensweise ist die Reihenfolge der Definition von Veränderungen festzulegen. Um sich mit Hilfe einer sukzessiven Veränderung des betrachteten Teils der Auftragsabwicklung einem Gesamtoptimum anzunähern, ergeben sich die beiden folgenden Möglichkeiten der „gerichteten" und der „ungerichteten" Reihenfolge der Festlegung des Planungsaufwands:

Bei der **gerichteten Reihenfolge** wird der Umfang an Planungsaufwand der einzelnen Planungsstufen in chronologischer (zeitlicher) Reihenfolge festgelegt. Die Auswirkungen der frühen auf die späteren Phasen können damit vollständig berücksichtigt werden. Die gerichtete Reihenfolge bietet sich an, wenn der komplette Planungsprozess neu ausgelegt werden soll. Die Schwierigkeit besteht bei diesem Vorgehen darin, dass zu Beginn des Vorgehens die Auswirkungen über alle Planungsstufen nur unvollständig abgeschätzt werden können. Diese Reihenfolge entspricht einem Vorgehen mit Top-Down-Charakter.[359]

Bei der **ungerichteten Reihenfolge** wird, beginnend mit der Ausgangssituation für einzelne Planungsstufen, eine Veränderung bewertet und festgelegt. Für diese Einzeloptimierung wird der Planungsaufwand aller anderen Planungsstufen als feststehend angenommen. Es ist somit möglich, auf die offensichtlich bedeutenderen Planungsstufen einzugehen bzw. auf diejenigen, bei denen das größere Potenzial für

---

[359] Zu den beschriebenen Aspekten des Top-Down-Vorgehens vgl. Schmelzer; Sesselmann (Geschäftsprozessmanagement), 2008, S. 121 ff.

Verbesserungen gesehen wird. Gleichzeitig kann es passieren, dass bei dieser sukzessiven Verbesserung einzelne Planungsstufen mehrfach betrachtet werden müssen. Diese Reihenfolge entspricht einem Vorgehen mit Bottom-Up-Charakter.[360]

Intensität der Veränderung der Planung

Bei der Veränderung der Planungsprozesse durch eine Veränderung der Verteilung des Planungsaufwands auf die einzelnen Phasen lassen sich neben den Unterschieden, die sich durch die Inhalte der Planungstätigkeiten ergeben, noch Unterschiede bzgl. der Art der Umverteilung des Planungsaufwands erfassen. Folgende grundlegende Möglichkeiten sind hier von Bedeutung (in der Reihenfolge beginnend von Veränderungen, die auch inkrementell sein können, zu fundamentalen Veränderungen):

- Veränderung des Planungsaufwands in einer Planungsphase mit der Folge der gegenteiligen Veränderung in einer oder mehreren folgenden Phasen
- Zeitliche Verschiebung von Anfang und/ oder Ende von Planungsphasen unabhängig vom jeweiligen Inhalt
- Veränderung der Reihenfolge der Planungsaktivitäten
- Veränderung des Inhalts der Planungsphasen, z. B. Verschiebung von Planungsaufgaben aus einer in eine andere Phase oder Ausgestaltung einer rollierenden Planung
- Veränderung der Anzahl der Planungsebenen, häufig aber nicht zwangsläufig verbunden mit einer Änderung der Anzahl der Hierarchieebenen

Die letzten drei Möglichkeiten stellen Veränderungen dar, die immer fundamentalen Charakter haben, also nicht ohne grundlegende Änderungen auskommen. Die ersten beiden Möglichkeiten stellen dagegen Veränderungen dar, die zwar auch fundamental sein können, dies aber nicht notwendigerweise sind, sondern in der größeren Anzahl der Fälle inkrementellen Charakter haben.

Wenn auch strukturelle Veränderungen in Frage kommen, ist die Bilanzhülle entsprechend so groß zu wählen, dass alle von der Veränderung betroffenen Planungsaufgaben erfasst werden. Wenn beispielsweise die Anzahl Planungsstufen festgelegt werden soll, ist nicht mehr der Grenznutzen einzelner Planungsaufgaben zu bewerten, sondern der Grenznutzen der Anzahl von Planungsstufen. Gemein ist diesen Ansätzen aber, dass jeweils denkbare Alternativen definiert und anschließend gegeneinander bewertet werden.

---

[360] Zu den beschriebenen Aspekten des Bottom-Up-Vorgehens vgl. Schmelzer; Sesselmann (Geschäftsprozessmanagement), 2008, S. 121 ff.

Vorgehen bei der Ableitung umzusetzender Szenarien der Aufwandsallokation

Auf Basis der erläuterten drei Dimensionen ist schließlich festzulegen, welche Veränderungen in welcher Reihenfolge sinnvoll sind. Hierfür sind zwei Aspekte von Bedeutung:

Zunächst ist es wichtig, dass die Veränderungen zueinander passen, dass es also einen „Fit" zwischen den einzelnen Aspekten aller Veränderungen gibt. Dies bedeutet, dass Veränderungen zu identifizieren sind, die für weitere Veränderungen vorausgesetzt werden bzw. die selbst weitere Veränderungen voraussetzen. Hieraus ergeben sich Randbedingungen einer Reihenfolge.

Darüber hinaus können Veränderungen hinsichtlich des Nutzens, den Sie insgesamt herbeiführen sowie des zeitlichen Aufwands, der mit ihrer Umsetzung verbunden ist, beurteilt werden. Anschließend können, die oben genannten Randbedingungen bzgl. der Reihenfolge vorausgesetzt, diejenigen Veränderungen zunächst umgesetzt werden, die den höchsten Nutzen mit dem geringsten Aufwand versprechen.

Weder die Ermittlung der gegenseitigen Beeinflussung der Veränderung über die Umsetzung einzelner Szenarien noch der jeweilige Aufwand, der in der Umsetzungsphase aufzuwenden ist, kann oder muss exakt bestimmt werden. Wichtig ist jedoch, die genannten Aspekte zu durchdenken und bei der Entscheidungsfindung zu berücksichtigen.

5.4.2 Definition des Veränderungsprozesses

Im zweiten Schritt der vierten Phase der Methodik ist der Veränderungsprozess zur Umsetzung des Soll-Konzepts festzulegen: Wenn schon die Planung technischer Objekte, wie z. B. Werkzeuge und anderer Betriebsmittel, Anpassungen verschiedenster Art erfordert und nicht einfach vollständig möglich ist, so gilt dies für die Planung der Veränderung innerhalb von Organisationen erst recht: Studien belegen die hohe Quote gescheiterter Veränderungsprojekte und den Bedarf nach einem wirksamen Veränderungsmanagement.[361] Die auftretenden nicht-inhaltlichen Probleme lassen sich zwei Ebenen des Widerstands zuordnen: Einerseits treten Probleme auf, die auf einzelne Personen zurückzuführen sind. Diese sind überwiegend psychologischer Natur im Sinne fehlender Bereitschaft des Einzelnen, operative Routinen aufzugeben. Andererseits treten Probleme auf, die auf die Organisation als Ganzes zurückzuführen sind. Diese sind überwiegend soziologischer Natur im Sinne eines politischen Prozesses, indem häufig die Machtverteilung verändert wird, wogegen sich diejenigen Gruppen wehren, die Machtverluste zu befürchten haben.[362]

Die Kenntnis der Aspekte des Veränderungsmanagements ist notwendig, um Veränderungsprozesse definieren zu können. Neben der Planung der inhaltlichen Aspekte

[361] Vgl. Aiken; Keller (The irrational side of change management), 2009, S. 101

[362] Vgl. Müller-Stewens; Lechner (Strategisches Management), 2005, S. 578 f.

der Veränderung soll daher im Folgenden auf methodische Unterstützung bei der Veränderung eingegangen werden, die als letzter Schritt der Methodik vorauszudenken ist.

Ein Großteil der Ansätze zur Gestaltung von Veränderungen basiert auf einer Phaseneinteilung. Die folgende Abbildung stellt eine solche Phaseneinteilung sowie die jeweiligen Inhalte bzw. Ziele der Phasen und die jeweils wichtigsten Handlungsfelder einer methodischen Unterstützung dar.

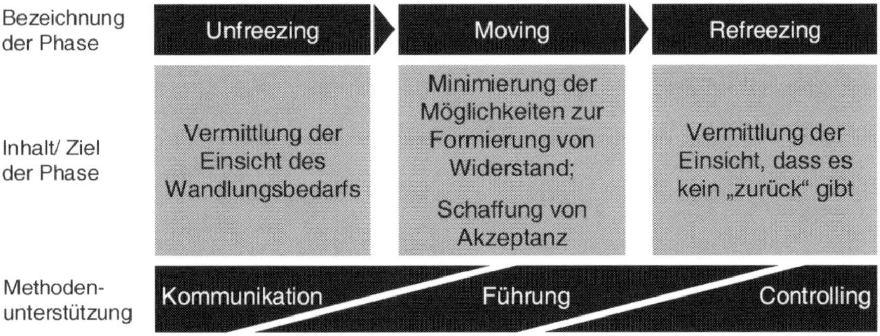

Abbildung 5-17: Phasen, Ziele und Handlungsfelder einer methodischen Unterstützung in Veränderungen[363]

Im Folgenden sind die Handlungsfelder erläutert, in denen eine methodische Unterstützung genutzt werden kann. Da die Phasen nicht streng aufeinander folgen, sondern die jeweiligen Problemstellungen auch parallel und überlappend auftreten, lässt sich auch die methodische Unterstützung nicht völlig starr den einzelnen Phasen zuordnen.

Kommunikation der Veränderungen

Kommunikation ist heute als eine der wichtigsten Aufgaben in und über Veränderungen anerkannt.[364] Die Aspekte der Kommunikationsstrategie, die im Veränderungsprogramm zu berücksichtigen sind, werden im Folgenden jeweils bezogen auf den konkreten Bedarf im Anwendungsfall der Umsetzung veränderter Szenarien der Allokation von Planungsaufwand erläutert.[365]

- **Kommunikation des Wandlungsbedarfs:** Die Mitarbeiter sollen die Notwendigkeit erkennen, dass eine Veränderung der Planungsprozesse notwendig ist, um

[363] i. A. a. die Darstellung der Anforderungen „Wandlungsbedarf", „Wandlungsbereitschaft" und „Wandlungsfähigkeit" bei Krüger (Topmanager als Promotoren und Enabler des Wandels), 2009, S. 151

[364] Vgl. Doppler; Lauterburg (Change-Management), 2008, S. 350

[365] Vgl. Brehm (Kommunikation im Wandel), 2002, S. 271 ff.
Leicht verändert auch in Brehm (Kommunikation im Wandel), 2009, S. 317 ff.

die Produktivität der Planung und damit die Wettbewerbsfähigkeit des Unternehmens bzw. des Werkzeugbaus insgesamt zu stärken.

- **Kommunikation des Ziels und der Inhalte der Veränderung:** Die Mitarbeiter sollen das Ziel der Veränderung, also die voraussichtlichen Effekte und den Nutzen, die eine Veränderung der Allokation des Planungsaufwands mit sich bringen, verstehen.
- **Kommunikation der notwendigen Wandlungsbereitschaft und -fähigkeiten:** Die Mitarbeiter sollen verstehen, dass ihre Bereitschaft zu der Veränderung sowie ihr Verständnis von den veränderten Planungsszenarien notwendig sind, um den Wandel zu realisieren.
- **Kommunikation von Feedback:** Die Mitarbeiter sollen entweder nach der Erarbeitung sowie während der Umsetzung die Veränderung miterleben oder laufend über die Veränderungen, von denen sie nicht direkt selbst betroffen sind, informiert werden und über die Veränderungen, die sie selbst betreffen, auch selbst informieren.

Führung der Veränderungen

Unter Führung wird an dieser Stelle der Umgang mit Mitarbeitern verstanden, die für die Umsetzung der definierten Veränderungen verantwortlich sind. Zielsetzung der Führung ist die Wirksamkeit, also dass die vereinbarten Veränderungen umgesetzt sind, d. h. dass sie erstens realisiert sind und zweitens auch funktionieren.[366]

Zielsetzung der Führung muss es sein, Widerstände möglichst gar nicht erst aufkommen zu lassen oder zumindest zu überwinden, bevor sie die Veränderung aufhalten können. Ein Verständnis für den Nutzen der Veränderung stellt sich insbesondere dann ein, wenn die Veränderung schon an der betroffenen oder einer anderen Stelle erfolgreich umgesetzt wurde. Daher kann mit der Umsetzung nicht gewartet werden, bis Akzeptanz besteht.[367]

Die Unterscheidung zwischen einerseits vordergründiger, also erzwungener, aber halbherzig realisierter und andererseits wirksamer Umsetzung ist wichtig, da gerade im Kontext der in dieser Arbeit entwickelten Methodik die Gefahr besteht, dass eine Veränderung zwar vordergründig umgesetzt ist, sich aber der Erfolg der Veränderung nicht einstellt, da an irgendeiner Stelle etwas „nicht richtig“ gemacht wurde. In diesem Fall ist es notwendig, zu ermitteln, was die Ursache der fehlenden Umsetzung ist und diese Information auch für eine wirksame Umsetzung zu nutzen. Ansonsten besteht die Gefahr, dass die Veränderung insgesamt als nicht sinnvoll er-

[366] Vgl. Malik (Führen Leisten Leben), 2006, S. 223

[367] Vgl. die Erläuterung der verschiedenen Rollen in Veränderungen bei Ford et al. (Resistance to change), 2008, S. 362 ff.

scheint. Daher kommt es darauf an, die Veränderung wirksam werden zu lassen und sie nicht nur vordergründig umzusetzen.[368]

Daher ist es notwendig, dass die Umsetzung der Veränderung solange von höherer Stelle verfolgt wird, bis sie funktioniert und ihren Nutzen erbringt. Diese Verfolgung muss im Detail nachvollziehen, welche Planungsszenarien mit welchen Veränderungen tatsächlich wie umgesetzt sind und welche Folgen sich hieraus für den Gesamtprozess ergeben.[369] Als zusätzlicher Nutzen ergibt sich aus dieser engen Begleitung die Verifizierung oder im ungünstigen Fall durchaus auch die Korrektur der getroffenen Annahmen über die Wirkzusammenhänge der Planungstätigkeiten, die als Erfahrung bei einer folgenden Anwendung der Methodik genutzt werden können.

Controlling der Veränderungen

Um einen Veränderungsprozess steuern zu können, ist es notwendig, die tatsächliche Ist-Situation zu erfassen und mit dem geplanten Ziel zu vergleichen. Wenn der Soll-Ist-Vergleich zu einer Rückkopplung auf die zu regelnde Größe führt, ergibt sich ein geschlossenes Regelkreisprinzip.[370] Notwendig ist hierfür allerdings eine funktionierende Erfassung der Ist-Situation der Veränderung, die an dieser Stelle nur ansatzweise erläutert werden kann.

Das Controlling von Veränderungsprojekten lässt sich auf verschiedene Formen des Projektcontrollings, beispielsweise das F&E- oder das Innovationscontrolling zurückführen, allerdings greifen Veränderungsprojekte tiefer und sind daher schwieriger zu steuern.[371] Ziel des Controllings ist es, herauszufinden, ob trotz der Konsequenzen für die Betroffenen ein Wandlungsfortschritt erzielt wurde und ob es gelungen ist, Akzeptanz aufzubauen und die realisierten und zukünftigen Veränderungen auch zu leben. Diese sind auf der Ebene der Veränderungen der einzelnen umgesetzten Szenarien zu erfassen. Die Ergebnisse dieser Erfassung kann dann stufenweise aggregiert und schließlich auf dieser Basis der Erfolg der Veränderung ermittelt werden.[372]

So wie die Wirkungsbeziehungen innerhalb der Planungstätigkeiten nicht trivial zu erfassen und zuzuordnen sind, so sind auch die Zusammenhänge von Veränderung der Planung selbst auf Grund von nicht vorhersehbaren äußeren Einflüssen und Veränderungen der Produktivität der Planung nur schwer messbar. Dies gilt umso

---

[368] Gerade bei Veränderungen ist ein häufig beobachtetes Phänomen, dass eine sogenannte „Umsetzung" abgeschlossen wurde, der Erfolg aber nicht bzw. in der Einschätzung der Beteiligten noch nicht eingetreten ist. Vgl. Malik (Führen Leisten Leben), 2006, S. 74

[369] Vgl. Malik (Führen Leisten Leben), 2006, S. 225

[370] Vgl. Tockenbürger (Controlling prozessorientierter Restrukturierungen), 2000, S. 131 ff.

[371] Vgl. Bach; Brehm (Wandlungscontrolling), 2000, S. 356

[372] Vgl. Bach; Steinhaus (Controlling der strategischen Erneuerung), 2009, 362 ff.

mehr, je tiefgreifender die Veränderung, d. h. je deutlicher die Verlagerung von Planungsaufwand ist.[373]

Festlegung weiterer Durchläufe der Methodik

Nach der vollständigen Durchführung der Methodik ist zu prüfen, ob ein weiterer Durchlauf sinnvoll ist. Dies ist von den beiden folgenden Aspekten abhängig zu machen:

- Rahmenbedingungen des Werkzeugbaus
- Erfahrungen über den Nutzen der Anwendung der Methodik

Es ist sowohl eine einmalige als auch eine wiederholte Anwendung möglich. Idealerweise sind bei Beginn der Anwendung schon die Rahmenbedingungen bekannt, die sich auf die Frage auswirken, ob eine wiederholte Anwendung durchgeführt werden soll oder nicht. Bei der Durchführung werden jedoch auch Erfahrungen gewonnen, die bei der anschließenden Entscheidung zumindest berücksichtigt werden können, teilweise aber auch allein entscheidend sind.

Insofern gelten auch für die Anwendung der Methodik, die Planungsprozesse plant und somit ein Element der Metaplanung darstellt, die Prinzipien der Planung: Eine zusätzliche Anwendung bringt zusätzlichen Nutzen mit sich, allerdings sinkt dieser zusätzliche Nutzen, je häufiger die Methodik bereits angewendet wurde. Für die Festlegung weiterer Durchläufe bedeutet das, dass solche weiteren Durchläufe immer dann sinnvoll sind, wenn der sich ergebende voraussichtliche Nutzen durch eine gezieltere Planung den Aufwand für diese Durchläufe rechtfertigt. Da sich dieser Nutzen nicht a priori berechnen lässt, ist die Entscheidung auf der Grundlage der Erfahrungen mit dem ersten Durchlauf bzw. den ersten Durchläufen zu treffen.

5.5 Zwischenfazit

Auf Basis der Konzeption der Methodik zur Erhöhung der Planungsproduktivität in der Auftragsabwicklung im Werkzeugbau in Kapitel 4 wurde in Kapitel 5 diese Methodik detailliert. Im Detail wurden die vier Phasen der Methodik, die in Kapitel 4 hergeleitet wurden, in einzelne Schritte unterteilt und diese Schritte und ihre jeweiligen Vorraussetzung und Ergebnisse im Detail erläutert.

Bei der Beschreibung der Inhalte der einzelnen Schritte wurde auf zwei Dinge wert gelegt: Zunächst ist ein Planungsverständnis erforderlich, das Wirkungszusammenhänge zwischen einzelnen (Planung-)Tätigkeiten wahrnimmt, aus denen sich Schlussfolgerungen für den Umfang und die Allokation von Planungsaufwand ergeben. Darüber hinaus wurde ein systematischer Prozess beschrieben, der die An-

[373] Vgl. Malik (Strategie des Managements), 2008, S. 52 ff. zum grundsätzlichen Problem der Mess- und Steuerbarkeit sowie Bach; Brehm (Wandlungscontrolling), 2000, S. 357 zur Anwendung auf das Veränderungsmanagement.

wendbarkeit sicherstellen soll, allerdings weder eine Adaption auf den Einzelfall gänzlich überflüssig macht noch das genannte Planungsverständnis ersetzen kann.

Das Vorgehen selbst wurde für den Fall beschrieben, dass die Methodik einmalig durchgeführt wird. Auf Unterschiede, die sich bei mehrmaliger Anwendung ergeben, wurde kurz hingewiesen. Im Einzelfall ist dann eine Vereinfachung einzelner Schritte möglich, die sich aus dem Zusammenhang der Anwendung ergibt.

Im folgenden Kapitel 6 wird die Anwendung der Methodik anhand von zwei Fallbeispielen gezeigt. Insbesondere lässt sich anhand dieser Beispiele auch veranschaulichen, welche Schritte der Methodik mit welchem inhaltlichen Aufwand verbunden sind. Anschließend wird die Methodik insgesamt bewertet und ein Gesamtfazit gezogen.

6 Anwendung in Fallbeispielen

Einer der wesentlichen Ansprüche eines explorativen Forschungsprozesses ist es, mit den erzielten Ergebnissen eine Hilfestellung zur Verbesserung einer zu beobachtenden Realität zu erzielen.[374] Der von ULRICH definierte und im ersten Kapitel beschriebene Forschungsprozess beginnt mit der Identifizierung einer Problemstellung in der Praxis und endet mit der Validierung der Ergebnisse in der Praxis.[375] Daher ist es im Sinne dieses Forschungsprozesses das Ziel dieses Kapitels, die Methodik zur Erhöhung der Planungsproduktivität vor dem Hintergrund ihrer Praxistauglichkeit zu verifizieren und damit ihre Anwendbarkeit sicherzustellen.

Zu diesem Zweck wurde die Methodik bei mehreren Werkzeugbaubetrieben mit Führungskräften und planenden sowie operativen Mitarbeitern angewendet.[376] Aus Geheimhaltungsgründen sind im Folgenden nur einige Aspekte der Methodik dargestellt. Auch wenn auf eine möglichst aussagefähige Darstellung der Anwendung Wert gelegt wird, sind doch einzelne Details, die die Unternehmen betreffen, anonymisiert, verfremdet oder vereinfacht. Anhand dieser Anwendung werden die gewonnenen Erfahrungen bzgl. eines sinnvollen Vorgehens erläutert.

6.1 GEDIA Gebrüder Dingerkus GmbH

6.1.1 Unternehmenssituation

Das Unternehmen GEDIA entwickelt und produziert Karosseriepressteile und Schweißbaugruppen für die Automobilindustrie. Weltweit beschäftigt GEDIA an fünf Standorten mehr als 2.100 Mitarbeiter und hatte 2007 einen Jahresumsatz von 320 Mio. Euro.[377]

Der Werkzeugbau am Standort Attendorn versorgt die Serienproduktion mit Stanz-, Umform- und Schnittwerkzeugen. In Konstruktion und Produktion von Werkzeugen stellt man sich dem Wettbewerb durch einen nennenswerten Anteil Fremdvergaben, so dass ein kontinuierlicher Benchmarking-Vergleich gewährleistet ist.

6.1.2 Darstellung der Planungsaufgaben im Auftragsabwicklungsprozess

Zunächst wurden im Werkzeugbau der Firma GEDIA Planungsaufgaben im Auftragsabwicklungsprozess analysiert. Hierfür wurde zunächst der Auftragsabwicklungs-

[374] Vgl. die Erläuterung zu den Ansätzen von ULRICH, KUBICEK, SCHANZ und TOMCZAK in Kapitel 1

[375] Vgl. Ulrich (Management), 1984, S. 194

[376] Es handelt sich hierbei um ein Projekt der *„aachener initiative modell-, werkzeug- und formenbau“*, in der in Zusammenarbeit der beiden leitenden Institute (WZL und Fraunhofer IPT) mit ca. 20 Mitgliedsunternehmen anwendungsnahe Forschungsprojekte zu technologischen und zu strategischen/ organisatorischen Themen erarbeitet werden.

[377] www.gedia.de/Kennzahlen.96.0.html abgerufen am 31.10.2009

prozess analysiert und die generische Darstellung des Auftragsabwicklungsprozesses an den konkreten Prozess bei GEDIA angepasst:

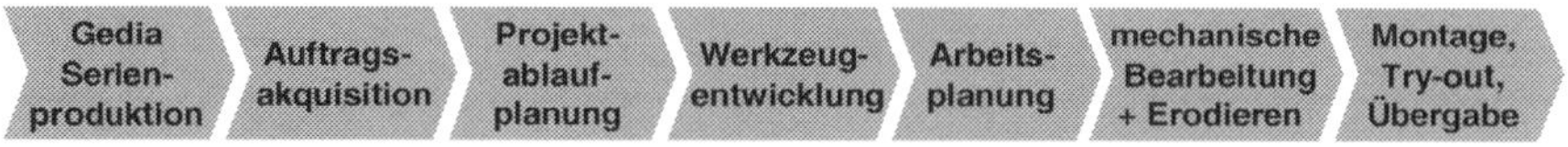

Abbildung 6-1: Auftragsabwicklungsprozess im Werkzeugbau von GEDIA

Nach der Diskussion des Auftragsabwicklungsprozesses wurden die wesentlichen Planungsaufgaben erfasst. Es zeigte sich, dass vor allem in der Konstruktion und Arbeitsplanung noch Potenzial zur Veränderung des Planungsaufwands besteht. Exemplarisch werden im Folgenden für die Konstruktion die Planungsaufgaben vorgestellt.

Planungsaufgaben der Konstruktion bei GEDIA

Die Konstruktion bei GEDIA beinhaltet drei wesentliche Aufgaben: Zunächst wird festgelegt, inwiefern externe Konstruktionsbüros den Werkzeugentwicklungsprozess unterstützen sollen, da ein Großteil der eigentlichen Konstruktionsarbeit extern vergeben wird. Dann wird das Werkzeug in der Methodenfeinplanung vollständig konzipiert. Schließlich erfolgt die Ausgestaltung aller Details des Werkzeugs. Dabei laufen der interne und der alternative externe Konstruktionsprozess weitgehend gleich ab; bei externer Konstruktion fällt aber zusätzlicher Abstimmungsaufwand an. Zur Beschreibung der Aufgaben der Konstruktion wurde ein vereinfachter morphologischer Kasten genutzt, anhand dessen sich die drei Aufgaben der Konstruktion wie folgt typisieren ließen:

Kriterien:	Ausprägung „Festlegung Fremdvergabeumfänge				
Prozesszuordnung	Auftrags-akquisition	Projektma-nagement	Werkzeug-entwicklung	Arbeits-planung	Werkzeug-produktion
Variabilität d. Aufw.	hoch	mittel	niedrig		
Grad der Standardisierung	unstandardisiert	durch MA standardisiert	organisationsweit standardisiert		
Häufigkeit	einmalig	selten	häufig		

Abbildung 6-2: Aufgabe „Festlegung Fremdvergabeumfänge“ bei GEDIA

Kriterien:	Ausprägung „Methodenfeinplanung“				
Prozesszuordnung	Auftrags-akquisition	Projektma-nagement	Werkzeug-entwicklung	Arbeits-planung	Werkzeug-produktion
Variabilität d. Aufw.	hoch	mittel	niedrig		
Grad der Standardisierung	unstandardisiert	durch MA standardisiert	organisationsweit standardisiert		
Häufigkeit	einmalig	selten	häufig		

Abbildung 6-3: Aufgabe „Methodenfeinplanung“ bei GEDIA

Kriterien:	Ausprägung „Konstruktion“				
Prozesszuordnung	Auftrags-akquisition	Projektma-nagement	Werkzeug-entwicklung	Arbeits-planung	Werkzeug-produktion
Variabilität d. Aufw.	hoch		mittel		niedrig
Grad der Standardisierung	unstandardisiert		durch MA standardisiert		organisationsweit standardisiert
Häufigkeit	einmalig		selten		häufig

Abbildung 6-4: Aufgabe „Konstruktion“ bei GEDIA

Die Aufgaben unterscheiden sich insbesondere nach der Variabilität des Aufwands. Dagegen sind alle Aufgaben prinzipiell standardisiert, d. h. es gibt Richtlinien, die wesentliche Aspekte festlegen, auch wenn in allen drei Aufgaben ein hoher Anteil nicht standardisierbarer Kreativität genutzt wird. Jede der Aufgaben kommt im Gegensatz zu vielen Aufgaben des Projektmanagements oder der Arbeitsplanung pro Auftrag genau einmal vor.

6.1.3 Beschreibung der Wirkbeziehungen zwischen den Planungsaufgaben

Die prinzipiellen Wirkbeziehungen wurden bei GEDIA anhand der in Abschnitt 5.2.1 erläuterten Kriterien standardisiert beschrieben. Im Folgenden wird exemplarisch diejenige Wirkbeziehung dargestellt, die für die anschließend erläuterte Planungsalternative relevant ist.

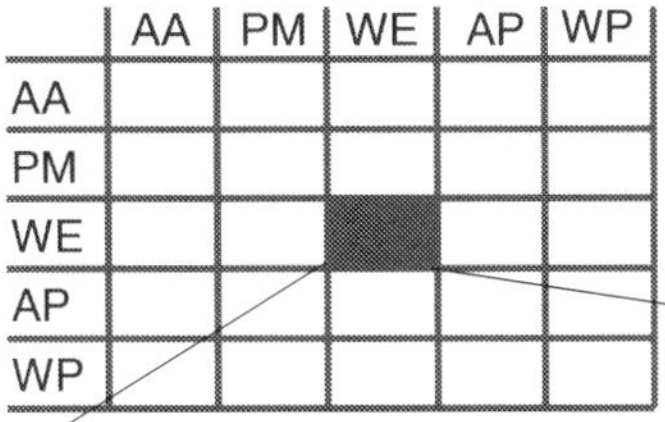

AA: Auftragsakquisition
PM: Projektmanagement
WE: Werkzeugentwicklung
AP: Arbeitsplanung
WP: Werkzeugproduktion

Je mehr prozessneutraler Aufwand in der Konstruktion investiert wird,
- Standardisierung
- Wissensmanagement
- Kooperationsprozess mit Lieferanten und externen Konstrukteuren

desto geringer fällt der prozessbezogener Aufwand in der Konstruktion bei einzelnen Aufträgen aus.
- Aufwand für Detailkonstruktion
- Suche nach Informationen
- Abstimmung von Anforderungen
- Rückschleifen wegen nicht erfüllter Anforderungen

Abbildung 6-5: Auswirkungen innerhalb der Konstruktion bei GEDIA

Diese Wirkbeziehungen sind konstruktionsintern und beziehen sich nur auf die Frage, wie viel prozessneutraler Aufwand getrieben werden sollte, um den einzelnen

Prozess/ Auftrag möglichst effizient abarbeiten zu können. Hierunter lassen sich alle prozessübergreifenden Fragen der Konstruktionsorganisation, insbesondere aber Richtlinien, Kataloge und weitere Hilfsmittel fassen, die zunächst erarbeitet werden müssen und anschließend die Konstruktion erleichtern. Von Bedeutung ist der Zeitbezug der Wirkbeziehung, da es sich um einen Zusammenhang zwischen prozess-/ auftragsunabhängigen sowie prozess-/ auftragsbezogenen Tätigkeiten handelt. Die Planungskonformität, Intention, Vorhersehbarkeit, Eindeutigkeit der Folgen, Kausalität und Linearität sind durch die hohe Determiniertheit der Wirkbeziehung geprägt, so dass sich die Wirkbeziehung sehr gut steuern lassen sollte.

Der bei GEDIA betrachtete Fall umfasste die Spezifikation von Anforderungen an Werkzeuge. Die Nutzung von Lasten- und Pflichtenheften bei der Beauftragung und Abwicklung von externen Leistungen ist im Maschinenbau seit langem etabliert.[378] Im Werkzeugbau ist dagegen häufig der Fall anzutreffen, dass eine Bestellung ohne vollständige Spezifikation der Anforderungen erfolgt und während des Konstruktionsprozesses die Anforderungen nach und nach geklärt werden. Werden hierdurch Änderungen notwendig, muss häufig über die hierdurch entstehenden Kosten nachverhandelt werden. Anzutreffen ist diese Situation sowohl in externen als auch in internen Kunden-Lieferanten-Beziehungen, d. h. sowohl zwischen internem Werkzeugbau und Serienproduktion als auch zwischen externem Werkzeugbau und Kunde und eben auch zwischen Werkzeugbau und Lieferant bzw. externem Leistungserbringer. Bei GEDIA war von dieser Situation die Werkzeugkonstruktion betroffen, für die keine umfangreiche Richtlinie zu Verfügung stand. Da ein Großteil des Aufwands an Werkzeugkonstruktion extern durchgeführt wurde, betraf die fehlende Spezifikation sowohl die Konstruktion, als auch das Management externer Wertschöpfungspartner. Beide Aufgaben wurden allerdings in diesem Fall von der gleichen Abteilung, nämlich der Werkzeugkonstruktion, übernommen.

6.1.4 Definition von Planungsalternativen und Bewertung

Für die Wirkbeziehungen wurden jeweils Maßnahmen zur früheren Investition von Aufwand definiert: Hierzu wurde überlegt, wie der Aufwand in der abhängigen Phase (hier: Aufwand pro Auftrag in der Werkzeugkonstruktion) durch Aufwand in der beeinflussenden Phase (hier: auftragsunabhängiger Aufwand) gesenkt werden könnte.

Für die prozessneutrale Unterstützung der Konstruktion wurde eine Betriebsmittelrichtlinie grob konzipiert, die gegenüber den externen Konstrukteuren die Funktion eines Lastenhefts übernehmen kann. Die Konzeption, die Nutzung sowie die Bewertung der Betriebsmittelrichtlinie sind als Beispiel für die Definition von Planungsalternativen und Bewertung der Aufgaben im Folgenden erläutert:

[378] Vgl. o. V. (Auftragsabwicklung), 1991, S. 17 ff.

Aufbau der Betriebsmittelrichtlinie zur Spezifikation der Anforderungen

Eine Spezifikation hat dafür Sorge zu tragen, dass vor Vertragsabschluss Anforderungen hinreichend klar vereinbart werden. Dies umfasst im Einzelnen:

- Informationen zu Werkzeugen, Maschinen und Fertigungsverfahren
- Vorschriften bzgl. der Gestaltung der Werkzeugeinzelteile
- Daten bzgl. der Einsatzgrenzen von Fertigungsverfahren
- Informationen bzgl. optimaler Nutzung von Fertigungsverfahren

Bewertung der Nutzung der Betriebsmittelrichtlinie

Nach der Definition, Sammlung und Aufbereitung der Inhalte ist die Betriebsmittelrichtlinie sowohl allen internen Konstrukteuren als auch allen externen Konstruktionsbüros zur Verfügung zu stellen. Um mit der Richtlinie arbeiten zu können, sind darüber hinaus Schulungen sowie ein regelmäßiger Pflegeaufwand notwendig. Der gesamte initiale sowie regelmäßige Zeitaufwand hierfür wurde im Workshop abgeschätzt. Gegenüber dem Initialaufwand tritt der regelmäßige Aufwand in den Hintergrund.

Folgende Nutzenpotenziale wurden dem zusätzlichen Aufwand gegenübergestellt:

- Verkürzung der Durchlaufzeit der Konstruktion durch Reduzierung der notwendigen Änderungsschleifen um 20%
- Verkürzung der Bearbeitungszeit in der mechanischen Fertigung durch fertigungsgerechte Gestaltung der Werkzeugeinzelteile um 5%
- Verringerung der Reibungsverluste bei der Abstimmung konstruktiver Details durch grundsätzliche technologische Festlegungen
- Erhöhung der Planbarkeit und der Termintreue von Folgeprojekten durch einen geringeren Umfang an Verzögerungen

Diese ermittelten Effekte umfassen teilweise reduzierte Kosten und teilweise organisatorische Aspekte, wie z. B. die Zeit. Da die monetäre Bewertung der Zeitaspekte (Durchlaufzeit und Termintreue) mit Auswirkung auf den Kunden nicht Fokus der Methodik ist, sei hierzu auf die entsprechende Literatur verwiesen.[379] Möglich war dagegen die Abschätzung der Reduzierung des Aufwands für die Planungsaufgaben, die üblicherweise mit der Nachverfolgung und Koordination technischer Fragestellungen der internen und externen Konstruktion verbunden sind.[380]

---

[379] Frick erläutert das Nutzenpotenzial „Zeitersparnis", und Schönung beschreibt die Möglichkeiten der Verrechnung des Kundennutzens über entsprechend angepasste Preise. Vgl. Frick (Geschäftsmodelle im Werkzeugbau), 2006, S. 187 und Schönung (Kundenwertorientierte Preissetzung), 2008, S. 154

[380] Zum Vorgehen siehe Abschnitt 5.3

Nach Schätzung der Aufwandsveränderungen durch die beteiligten Experten ist damit zu rechnen, dass schon nach zwei durchschnittlichen Werkzeugprojekten die Nutzung einer Betriebsmittelrichtlinie rentabel sein kann. Damit wurde die entscheidende Grenzbetrachtung, also die gleichzeitige Betrachtung der Veränderung der Aufwandsbestandteile der einzelnen Phasen, die sich durch eine Veränderung der Planungstätigkeiten ergibt, erfolgreich umgesetzt.

6.1.5 Soll-Konzeption

Im Rahmen der Soll-Konzeption stellte sich die Frage nach der Abstimmung und Integration der einzelnen Maßnahmen. An dieser Stelle soll nur auf die Maßnahme der Betriebsmittelrichtlinie eingegangen werden, die auch aus mehreren Einzelaspekten bestand. Als bedeutend wurde in der Diskussion eingeschätzt, die Konstruktionsrichtlinie sowohl intern als Richtlinie im engeren Sinne als auch extern als auftragsunabhängiges Pflichtenheft bzw. Bestandteil eines jeden auftragsspezifischen Pflichtenhefts nutzen zu können. Damit sind sowohl ein Prozess, nämlich der Konstruktionsprozess, der bei den meisten Werkzeugbaubetrieben in der Regel intern stattfindet, als auch die Zusammenarbeit mit Kooperationspartnern, nämlich den externen Konstruktionsbüros betroffen.

Wesentliches Element der Soll-Konzeption ist darüber hinaus die Vorgehensweise bei der Einführung. Hierzu wurden zunächst die technisch notwendigen Aspekte bearbeitet: Es wurden die notwendigen Mitarbeiter, die zu erarbeitenden Aspekte der Richtlinie sowie die internen und externen Schulungsmaßnahmen definiert. Darüber hinaus wurde auf das Veränderungsmanagement eingegangen: Einerseits wurde festgelegt, wie mit einfachen Mitteln der Kommunikation die Sinnhaftigkeit der Veränderung vermittelt werden könnte. Anderseits wurden mögliche interne und externe Quellen des Widerstands in Form der zukünftigen internen und externen Nutzer der Betriebsmittelrichtlinie identifiziert sowie Möglichkeiten definiert, eine Verschleppung der Einführung der Betriebsmittelrichtlinie zu verhindern.

Zwischenfazit

Die Anwendbarkeit der Methodik konnte im GEDIA-Werkzeugbau erfolgreich nachgewiesen werden. Ein Fokus wurde dabei auf Planungsaufgaben der Konstruktion gelegt, die sehr früh im Auftragsabwicklungsprozess wesentliche Entscheidungen zu treffen hat und diese sorgfältig vorbereiten muss. Hierfür ist Aufwand notwendig, dessen Nutzen bisher nicht bewertet werden konnte. Am Beispiel der Konzeption einer Betriebsmittelrichtlinie konnte eine solche Bewertung vorgenommen werden. Hierfür wurden der notwendige Aufwand zur Erstellung, der Aufwand zur Anwendung und die Auswirkungen einer Anwendung der Betriebsmittelrichtlinie in Form einer Aufwandsreduzierung bei der Betriebsmittelkonstruktion abgeschätzt. Durch die Ermittlung dieses Potenzials zur Aufwandsreduzierung mit Hilfe der Methodik konnte gleichzeitig das Potenzial der Methodik gezeigt werden.

6.2 Maschinenfabrik Reinhausen

6.2.1 Unternehmenssituation

Kerngeschäft der in Regensburg ansässigen Maschinenfabrik Reinhausen (MR) ist die Herstellung von Lösungen zur Regelung von Leistungstransformatoren. Dies erfolgt vor allem mit Hilfe von Stufenschaltern, die das Übersetzungsverhältnis der Primär- zur Sekundärwicklung an wechselnde Lastverhältnisse anpassen. Im Geschäftsjahr 2008 erwirtschafteten 2.500 Mitarbeiter einen Umsatz von 565 Mio. Euro.[381]

Der interne Betriebsmittelbau am Standort Regensburg versorgt die Fertigung mit Umformwerkzeugen und Betriebsmitteln. Nach einer Neuorganisation wurden die Prozesse der Auftragsabwicklung seit 2006 ständig weiterentwickelt und verbessert. Das ERP-System wird im Betriebsmittelbau sehr intensiv genutzt, und es werden alle Arbeitsschritte, die für die Betriebsmittelerstellung notwendig sind, bis hin zur Vorbereitung der Fräswerkzeuge zur Bearbeitung der Betriebsmittel, detailliert im ERP-System geplant und nachverfolgt.

6.2.2 Darstellung der Planungsaufgaben im Auftragsabwicklungsprozess

Zunächst wurden der Auftragsabwicklungsprozess bei MR diskutiert und die Planungsaufgaben innerhalb des Auftragsabwicklungsprozesses beschrieben (erste Phase der Methodik).

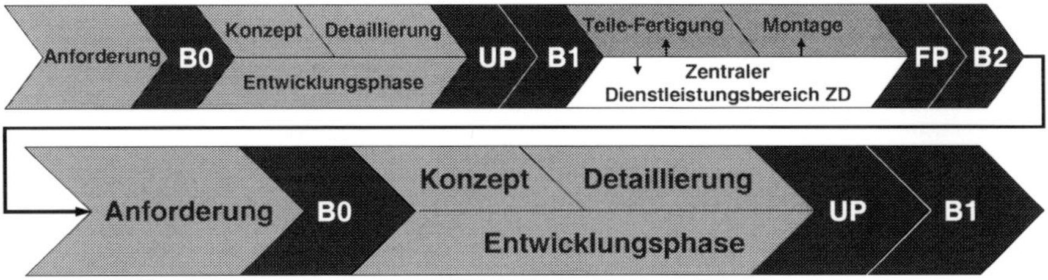

Abbildung 6-6: Auftragsabwicklungsprozess mit Abstimmungssitzungen vor und nach der Konstruktion bei MR

Die vom Werkzeugbau der MR genutzte Darstellung des Auftragsabwicklungsprozesses (Abbildung 6–6) entspricht weitgehend dem generischen Auftragsabwicklungsprozess, der in Abschnitt 5.1.2 dargestellt wurde. Im Projekt wurde nun die Darstellung von MR und die generische Darstellung dieser Methodik parallel genutzt, so dass alle Aufgaben einerseits zur Konkretisierung anhand des MR-Prozesses und andererseits zur Anwendung der Methodik innerhalb der generischen Darstellung zugeordnet werden konnten. Im Projekt wurden nun die Aufgaben der Phasen An-

---

381 www.reinhausen.com/de/desktopdefault.aspx/tabid-10/248_read-630/ abgerufen am 31.10.2009

forderung, Entwicklung, Fertigung sowie Montage/ Bankarbeit/ Try-out aufgenommen und anhand einer Auswahl an Kriterien systematisch beschrieben.

6.2.3 Beschreibung der Wirkbeziehungen zwischen den Planungsaufgaben

Aus den ermittelten grundsätzlichen Wirkbeziehungen[382] wurden bei MR mehrere als besonders relevant ausgewählt. Die Wirkbeziehungen wurden sowohl prinzipiell als auch anhand der in Abschnitt 5.2.1 erläuterten Kriterien standardisiert beschrieben. Im Folgenden soll nur die Analyse bzgl. der Auswirkungen vom Try-out auf die anschließende Nacharbeit dargestellt werden. Abbildung 6–7 stellt in der Matrix der Wirkbeziehungen die Auswirkung von Try-out (als Teil der Werkzeugproduktion) auf die anschließende Nacharbeit (in den betroffenen wiederholt durchlaufenden Phasen) dar und nennt in Stichworten kurz einige Aspekte dieser Abhängigkeit.

	AA	PM	WE	AP	WP
AA					
PM					
WE					
AP					
WP					

AA: Auftragsakquisition
PM: Projektmanagement
WE: Werkzeugentwicklung
AP: Arbeitsplanung
WP: Werkzeugproduktion

Je mehr Aufwand für die Dokumentation im Try-out aufgewendet wird,
- Dokumentation der Ausgangssituation (Maschinenparameter, Material, ...)
- Dokumentation der aufgetretenen Situation
- Mögliche Ursachen (getrennt von der Tatsachenbeschreibung)

desto geringer fällt der Aufwand für die Nacharbeit aus.
- Aufwand für Ermittlung der Ursache und sicherer Lösungen
- Aufwand für konstruktive Änderungen
- Steuerungsaufwand in SAP
- Aufwand für Nacharbeit in Fertigung, Montage und Aufwand bei erneutem Try-out

Abbildung 6-7: Auswirkungen vom Try-out auf die Nacharbeit bei MR

Im Folgenden sind die Wirkmechanismen erläutert, die im Workshop identifiziert werden konnten. Dies betrifft vor allem die Dokumentation der Try-out-Ergebnisse. Hintergrund der identifizierten Zusammenhänge bei der Maschinenfabrik Reinhausen ist, dass es auf der einen Seite als normal angesehen und akzeptiert wird, dass Rückschleifen notwendig werden.[383] Gleichzeitig ist der Try-out aber nicht auf einen

[382] Vgl. Abschnitt 5.2

[383] Eine völlige Vermeidung jeglicher Nacharbeit erscheint für den Werkzeugbau heute und in absehbarer Zukunft tatsächlich unrealistisch. Auf den Umfang, in dem die Nacharbeit teilweise reduziert werden könnte, wenn schon bei der Konstruktion die Werkzeug-internen Prozesse noch detaillierter untersucht würden (z. B. durch intensivere Simulation), soll an dieser Stelle nicht näher eingegangen werden.

strukturiert ablaufenden Nacharbeitsprozess hin ausgelegt und in der grundlegenden Prozessdarstellung auch nicht explizit beschrieben. Daher erschien gerade für den Try-out eine Erfassung der Wirkbeziehungen sinnvoll, um eine bessere Planung zu erreichen. Im Folgenden sind nun die identifizierten Wirkmechanismen zunächst einzeln beschrieben:

- Im Try-out wird nicht nur die Funktion als Ganzes getestet, sondern es wird auch die Erfüllung etlicher Detailanforderungen bzgl. der konstruktiven Auslegung überprüft und bei Nichterfüllung eine Nacharbeitsschleife in der Konstruktion angestoßen. Je besser die nicht erfüllten Anforderungen beschrieben werden, desto einfacher hinsichtlich eines geringen Aufwands und nachhaltiger hinsichtlich der Wahrscheinlichkeit für weitere Nacharbeitsschleifen lässt sich die Änderung in der Konstruktion umsetzen.
- Bei einer fehlenden Funktionalität des Werkzeugs ist Nacharbeit in der Werkzeugmontage notwendig. Je besser die fehlende Funktionalität des Werkzeugs beschrieben ist, desto einfacher hinsichtlich eines geringen Aufwands und nachhaltiger hinsichtlich der Wahrscheinlichkeit für weitere Nacharbeitsschleifen lässt sich die Änderung in der Montage umsetzen.
- Bei Fehlern in Werkzeugeinzelteilen bzw. einer fehlenden Funktionalität der Einzelteile sind diese in der mechanischen Fertigung nachzuarbeiten. Je besser die fehlende Funktionalität der Einzelteile des Werkzeugs beschrieben ist, desto einfacher hinsichtlich eines geringen Aufwands und nachhaltiger hinsichtlich der Wahrscheinlichkeit für weitere Nacharbeitsschleifen lässt sich die Änderung in der mechanischen Fertigung umsetzen.
- Je mehr Abweichungen vom Standard-Planungsprozess im ERP-System bei der Einplanung der Nacharbeit auftreten, desto höher ist einerseits der Aufwand für die „manuelle" Steuerung der Nacharbeit und desto schlechter sind andererseits Durchlaufzeit und Termintreue des Nacharbeitsdurchlaufs.

Diese Wirkbeziehungen wurden neben der prinzipiellen Erläuterung und der Einordnung in die Matrix wiederum auch anhand der Kriterien aus Abschnitt 5.2.1 erläutert. Auf die Wiedergabe der Zuordnung der Wirkbeziehungen zu diesen Kriterien wird aus Gründen der Übersichtlichkeit an dieser Stelle verzichtet.

6.2.4 Definition von Planungsalternativen und Bewertung

Als mögliche Alternativen zur derzeitigen Situation von Nacharbeit und Try-out wurden drei Ansätze für den Try-out ausgearbeitet, die die ermittelten kausalen Wirkbeziehungen zwischen den Prozessphasen als Hebel nutzen, um den Prozess der Nacharbeit mit einem geringeren Aufwand durchführen zu können. Diese drei Ansätze können einzeln oder gemeinsam genutzt werden und sind im Folgenden beschrieben:

Nutzung einer Try-out-Checkliste

Der erste Ansatz beruht auf den ersten drei der in Abschnitt 6.2.3 beschriebenen Wirkbeziehungen und bezieht sich auf die systematische Dokumentation der aufgetretenen Probleme bei der Durchführung des Try-out. Aufgrund der umfangreichen Erfahrung von Mitarbeitern im Try-out werden häufig nicht einheitlich die beobachteten Symptome sowie die Rahmenbedingungen dokumentiert. Stattdessen wird die Erfahrung so weit wie möglich genutzt, um teilweise Symptome, teilweise vermutete Ursachen und teilweise Maßnahmen festzustellen und diese dann dokumentiert oder mündlich an die entsprechenden Stellen, wie Arbeitsplanung, Konstruktion, mechanische Fertigung oder Montage weiterzugeben.

Bei einer Forderung nach einer systematischen Dokumentation von Symptom und Rahmenbedingung bei gleichzeitigem Verzicht auf die Interpretationsleistung der Werkzeugmacher wurde die gefährdete Akzeptanz der Werkzeugmacher als zentral für eine Realisierung angesehen. Daher wurde eine Checkliste konzipiert, deren vollständiges Ausfüllen dazu zwingt, die Rahmenbedingungen und die tatsächlich beobachtbaren Probleme systematisch zu beschreiben. Die Checkliste enthält unter anderem die Beschreibung des Problems, die Zuordnung des Problems zu einer Anforderung, verschiedene Prozess- und Materialparameter, Maschineneinstellungen und weitere Rahmenbedingungen. Diese Dokumentation kann anschließend von allen Beteiligten genutzt werden, um das Problem zu lösen. Hierfür wird von MR das „PULS-Prinzip" präferiert, das das Durchdenken von Problem, Ursache, Lösung und Sicherstellung der Nachhaltigkeit der Lösung fordert. Durch die Checkliste ist einerseits die Systematik des Vorgehens gewährleistet, während andererseits durch die Beteiligung der Werkzeugmacher bei der Nutzung dieser Dokumentation für die anschließende Lösungserarbeitung ihre Akzeptanz sichergestellt werden kann.

Nach der Konzeption wurde der Aufwand des Ansatzes mit den erzielbaren Einsparungen verglichen. Der Einfachheit halber wurde auf eine vollständige Erfassung aller Aufwände der betroffenen Phasen verzichtet. Es wurden vielmehr nur diejenigen Aufwände erfasst, die von einer Veränderung betroffen wären:

- Durch eine Erhöhung des Aufwands für die Dokumentation pro Try-out bei gleichzeitiger Reduzierung der Anzahl Try-out-Schleifen ist allein für die Dokumentation aller Try-out-Schleifen insgesamt mit einer Senkung des Aufwands zu rechnen.
- In den Abteilungen Konstruktion, mechanische Fertigung und Montage ergibt sich voraussichtlich eine deutliche Reduzierung der Anzahl notwendiger Schleifen, ohne dass der Aufwand pro Schleife nennenswert sinkt.

Die folgende Abbildung zeigt schematisch diese ermittelten Veränderungen des Aufwands:

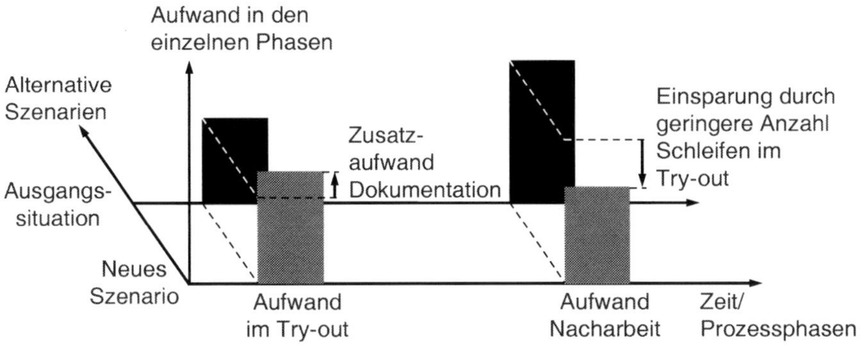

Abbildung 6-8: Schematisierte Darstellung der durchgeführten Bewertung

Aus den Schätzungen der einzelnen Aufwandsveränderungen durch die beteiligten Experten konnte schließlich eine Veränderung des Gesamtauftwands für Try-Out und Nacharbeit pro Auftrag gegenüber der aktuellen Situation um durchschnittlich 25% ermittelt werden.

ERP-Rückmeldung als Normalfall und Sicherstellung einer kurzfristigen mechanischen Nacharbeit bei Verzicht auf eine Rückmeldung

Der zweite Ansatz bezieht sich auf die vierte in Abschnitt 6.2.3 erläuterte Wirkbeziehung. Der Ansatz hat den konkreten Hintergrund, dass Nacharbeiten häufig ohne Rückmeldung in SAP angestoßen werden, dann eine höhere Durchlaufzeit als erwartet benötigen und sich schließlich ihr Status nicht mehr nachvollziehen lässt. Der Grund hierfür liegt darin, dass der Prozess der Rückschleife in SAP eigentlich nicht vorgesehen ist, daher nur über Umwege realisiert werden kann und daher so viel Zeit benötigt, dass teilweise auf eine Rückmeldung in SAP verzichtet wird.

Der Ansatz umfasst nun zunächst die Vorgehensweise der Rückmeldung: Gegenüber der derzeitigen Situation wird definiert, dass bei Nacharbeitsbedarf der Arbeitsschritt Try-out im Auftragsdatensatz in SAP nur unvollständig zurückgemeldet wird. Durch die Operation des „unvollständigen Zurückmeldens" lässt sich darstellen, dass einerseits der Schritt des Try-outs abgeschlossen ist, allerdings nicht zum nächsten Schritt, der Inbetriebnahme, übergegangen werden kann, da Nacharbeit notwendig ist. Somit wird gegenüber der derzeitigen Situation der Nachverfolgungsaufwand vermieden, der immer dann auftritt, wenn unklar ist, ob sich ein Werkzeug im Try-out oder in der Nacharbeit befindet. Alle weiteren Aspekte und Varianten, unter welchen Vorraussetzungen die Arbeitsplanung den Auftrag für die Nacharbeit erneut einplant, wurden in diesem Ansatz nicht verändert.

Der zweite Aspekt des Ansatzes befasst sich mit einem standardisierten Vorgehen für den Fall, dass während des Try-outs kleine Änderungen an Werkzeugeinzelteilen notwendig werden, die mit minimalem Aufwand in der mechanischen Fertigung erledigt werden können. Unter bestimmten Vorraussetzungen ist es denkbar, dass diese

Nacharbeit auch ohne Rückmeldung in SAP durchgeführt wird. Für den hier entwickelten Ansatz wurden diese Vorraussetzungen definiert, von denen sich die wichtigste auf den zeitlichen Rahmen („Durchführung in gleicher Schicht") bezieht. Wichtig ist vor allem, dass ausgeschlossen werden kann, dass das Einzelteil liegen bleibt und anschließend aufwändig gesucht werden muss.

Auch dieser zweite Ansatz der standardisierten Rückmeldung in SAP inkl. der Vorraussetzungen eines Verzichts auf eine Rückmeldung wurde bewertet. Aufgrund der fehlenden Erfassung des Aufwands für das Suchen nach nachzuarbeitenden Einzelteilen ist aber in diesem Fall auf eine Quantifizierung verzichtet worden, so dass zwar Anhaltspunkte für eine Verbesserung aufgezeigt werden konnten, auf eine Ermittlung des Grenznutzens aber verzichtet werden musste.

6.2.5 Soll-Konzeption

In der Soll-Konzeption wurde der Zusammenhang der Ansätze definiert sowie eine Reihenfolge der Umsetzung der Ansätze konzipiert. Die Nutzung der Try-out Checkliste stellt die Basis dar, um inhaltlich sinnvoll nacharbeiten zu können. Der Ansatz der gezielten Rückmeldung dagegen stellt eine rein organisatorische Veränderung der Steuerung des Nacharbeitsprozesses dar. Daher wurden die beiden Ansätze als sowohl gleichzeitig als auch unabhängig voneinander umsetzbar eingeschätzt. Die beiden Aspekte der SAP-Rückmeldung erstens und die Sicherstellung einer direkten mechanischen Nacharbeit bei Verzicht auf eine Rückmeldung zweitens sollten dagegen in jedem Fall gemeinsam umgesetzt werden, da sie sich ergänzen und das Fehlen der Lösung des einen Aspekts den Nutzen der Umsetzung des anderen Aspekts deutlich reduzieren würde.

Anschließend wurden im Workshop die notwendigen Schritte zur Erarbeitung der Checkliste sowie zur Ermöglichung der „unvollständigen Rückmeldung" und der Sicherstellung einer direkten Nacharbeit in der mechanischen Fertigung definiert, da diese Erarbeitung im Detail nicht mehr Inhalt des Projekts war. Besonderer Wert wurde dabei auf zwei Aspekte gelegt: Erstens ist darauf zu achten, dass die Mitarbeiter, die die Dokumentation des Try-out sowie die Rückmeldung in SAP im Try-out durchzuführen haben, über den Nutzen ihres erhöhten Aufwands informiert sind. Zweites ist darauf zu achten, dass die Regeln für die Dokumentation des Try-out sowie für die Rückmeldung in SAP so gestaltet sind, dass ein versehentliches oder leichtes Abweichen von diesen Regeln sicher vermieden wird, da ein solches Abweichen zu einem schleichenden Rückfall zum bisherigen Zustand führen würde.

Zwischenfazit

Im Werkzeugbau der Maschinenfabrik Reinhausen konnte die Anwendbarkeit der Methodik nachgewiesen werden. Durch die Anwendung auf die Rückschleife der Nacharbeit im Prozess vom Try-out zur mechanischen Fertigung konnte darüber hinaus gezeigt werden, dass sich die Entwicklung und Bewertung von verbesserten Szenarien nicht nur für Wirkbeziehungen innerhalb eines linearen Prozessablaufs nutzen lässt: Vielmehr existieren auch bei Rückschleifen von späteren auf frühere Phasen Wirkbeziehungen, die systematisch untersucht werden können. Gerade hier konnte ein hohes Potenzial nachgewiesen werden, da Abweichungen von einem linearen und regelmäßig ablaufenden Prozess, wie Nacharbeit und Rückschleifen im Try-out, sehr häufig vorkommen, aber bislang nicht systematisch geplant werden.

6.3 Werkzeugbau GmbH

6.3.1 Unternehmenssituation

Die Werkzeugbau GmbH entwickelt und produziert Spritzgusswerkzeuge für medizintechnische Einweginstrumente. Sie beschäftigt 80 Mitarbeiter an ihrem einzigen Standort in Deutschland. Die Werkzeugbau GmbH zeichnet sich durch Eigenschaften mehrerer realer Werkzeugbaubetriebe aus, in denen der Autor die Methodik angewendet hat.

Ihre Kunden erwarten von der Werkzeugbau GmbH insbesondere die Fähigkeit zur Herstellung von Werkzeugen, die mit einer möglichst einfachen Konstruktion die mäßig komplizierten Spritzgusskomponenten mit hoher Oberflächengüte und hoher Prozesssicherheit bei hohen Standzeiten fertigen können. Es findet ein intensiver Austausch bezüglich der Bauteilgestaltung statt, ohne dass allerdings große Gestaltungsfreiräume bestehen.

6.3.2 Darstellung der Planungsaufgaben im Auftragsabwicklungsprozess

Zunächst wurden die Planungsaufgaben im Auftragsabwicklungsprozess in ihrer derzeitigen Form aufgenommen, dokumentiert und auf dieser Basis diskutiert. Schon hier stellte sich heraus, dass insbesondere die Verantwortung der Konstrukteure für die von ihnen verursachten Auswirkungen auf nachfolgende Prozessschritte nicht klar definiert war. Dies galt sowohl für die Aufgabe der Methodenplanung als auch für die Konstruktion und Ausdetaillierung in 3D-CAD. Daher wurde festgelegt, diesen Bereich in der folgenden Analyse besonders zu betrachten.

6.3.3 Beschreibung der Wirkbeziehungen zwischen den Planungsaufgaben

Um sicherzustellen, keine wesentlichen Zusammenhänge zu vernachlässigen, wurden zunächst alle denkbaren Wirkbeziehungen zwischen den fünf Phasen der Auftragsabwicklung angesprochen. Diejenigen Wirkzusammenhänge, die im Auftragsabwicklungsprozess der Werkzeugbau GmbH als besonders bedeutsam eingeschätzt wurden, wurden anschließend in ihrer unternehmensspezifischen Ausprägung detailliert beschrieben. Die beiden Wirkbeziehungen, die von der Werkzeugentwicklung ausgehen, sind im Folgenden herausgegriffen und erläutert:

Zunächst handelt es sich um eine Wirkbeziehung innerhalb der Werkzeugentwicklung zwischen Methodenplanung einerseits und der Ausdetaillierung andererseits. Abbildung 6-9 erläutert dieses Prinzip:

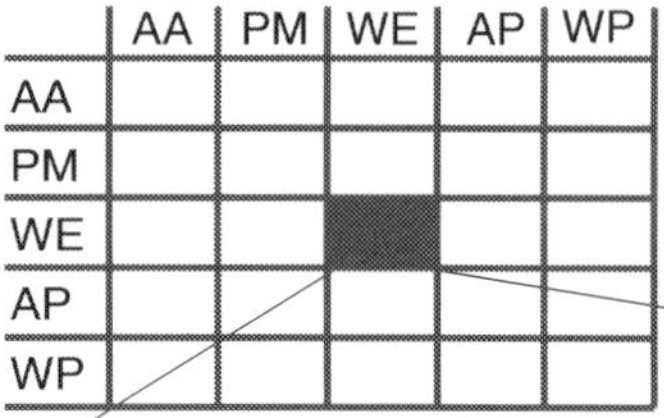

AA: Auftragsakquisition
PM: Projektmanagement
WE: Werkzeugentwicklung
AP: Arbeitsplanung
WP: Werkzeugproduktion

Je mehr Aufwand für die Ermittlung derjenigen Konstruktionsmerkmale aufgewendet wird, die genauer als andere Merkmale definiert sein müssen,
- Unterscheidung von Funktions- und nicht-Funktionsflächen
- Bewertung der Relevanz von Toleranzen
- Priorisierung verschiedener sinnvoller Möglichkeiten zur Ergänzung von Zeichnungen um Informationen zur vorgesehenen Fertigung und Montage

desto geringer ist der mindestens anfallende Aufwand in der Konstruktion.
- Ausdetaillierung
- Berechnung passender Toleranzen

Abbildung 6-9: Auswirkungen unterschiedlicher Konstruktionsdetaillierung

Die zweite von der Werkzeugentwicklung ausgehende Wirkbeziehung stellt den Zusammenhang zwischen Detaillierungsaufwand hinsichtlich produktionsgerechter Konstruktion und dem Aufwand in der Werkzeugproduktion her:

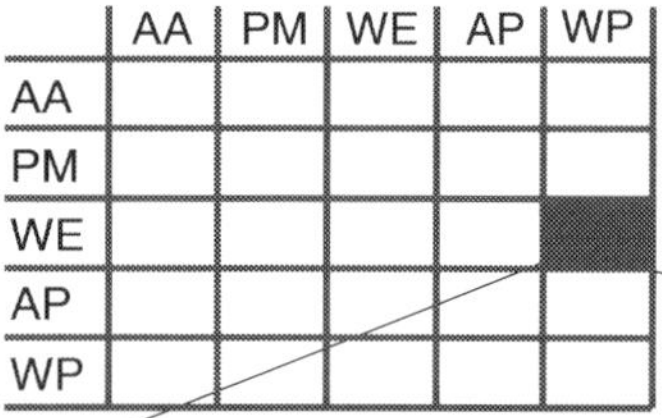

AA: Auftragsakquisition
PM: Projektmanagement
WE: Werkzeugentwicklung
AP: Arbeitsplanung
WP: Werkzeugproduktion

Je mehr Aufwand zur Sicherstellung einer fertigungs- und montagegerechten Konstruktion aufgewendet wird,
- Reduzierung der Anzahl Flächen durch eine geschickte Werkzeugkonzeption
- Festlegung von fertigungsgerechten Toleranzen
- Festlegung, welche Teile mit Aufmaß und welche „auf Null" gefertigt werden sollen

desto geringer fällt der Aufwand für Fertigung und Montage aus.
- Aufwand zur hochgenauen Fertigung auf entsprechenden Maschinen
- Aufwand zur Nacharbeit von Teilen, die mit Aufmaß gefertigt wurden

Abbildung 6-10: Auswirkungen fertigungs- und montagegerechter Konstruktion

Es wurde in der Diskussion deutlich, dass die beiden Wirkbeziehungen in so fern zusammenhängen, als dass die abhängige Größe der ersten Wirkbeziehung – die Konstruktionskapazität – die bestimmende Größe der zweiten Wirkbeziehung darstellt. Wesentliche Merkmale dieser Wirkungskette lassen sich wie folgt zusammenfassen:

- Der Aufwand in der Methodenplanung, der zur Festlegung derjenigen Aspekte genutzt wird, die detaillierter als andere Aspekte in der Konstruktion definiert sein müssen, reduziert den Umfang an Aufwand, der als mindestens notwendig angesehen wird, damit ein Werkzeug konstruiert werden kann.
- Es ergibt sich durch den Initialaufwand der Festlegung der Genauigkeit einzelner Aspekte in der Methodenplanung eine frei werdende Konstruktionskapazität.
- Als Rahmenbedingung der Werkzeugbau GmbH wurde angenommen, dass die Anzahl der Konstrukteure, die nach Abschluss der Methodenplanung die Konstruktion übernehmen, fix ist. Fremdvergabe wurde somit ausgeschlossen.
- Die frei werdende Kapazität der Konstruktion wird genutzt, um die am höchsten priorisierten der nicht unbedingt notwendigen Detaillierungen an der Konstruktion zur Verbesserung der Montagegerechtigkeit des Werkzeugs vorzunehmen.
- Hierdurch wird der notwendige Aufwand in Fertigung und Montage reduziert.

6.3.4 Definition von Planungsalternativen und Bewertung

Die Gestaltung von Planungsalternativen ergab sich bei der Werkzeugbau GmbH direkt aus der Beschreibung der Wirkbeziehungen. Darüber hinaus war es auch möglich, zwei der Szenarien im Vergleich mit der Ursprungssituation zu quantifizieren. Die folgende Abbildung zeigt diese Quantifizierung und die zu Grunde liegenden Wirkungsbeziehungen.

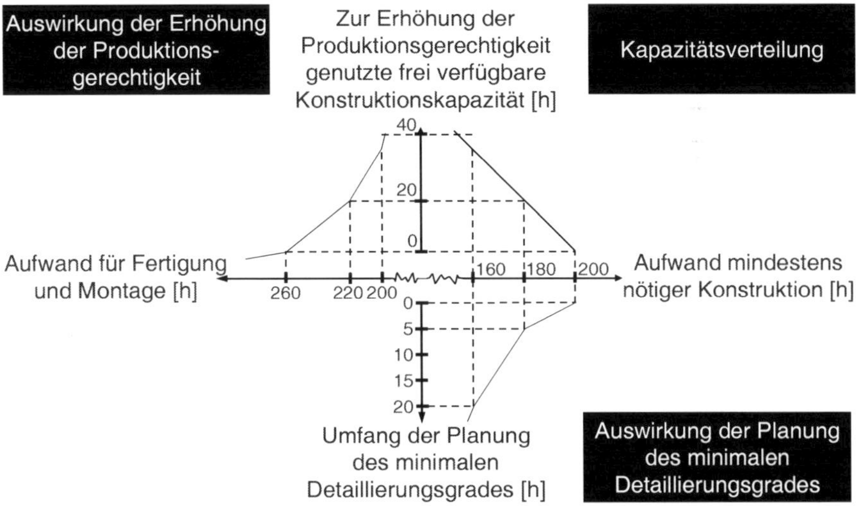

Abbildung 6-11: Mehrstufige Wirkbeziehung der Konstruktion

Beginnend von der Ausgangssituation wurde abgeschätzt, welche Auswirkungen 5 oder 20 Stunden zusätzliche Planung des minimalen Detaillierungsgrads pro durchschnittlichem Neuauftrag für den Aufwand mindestens nötiger Konstruktion bedeuten würden. Hier ergab die Expertenschätzung einen degressiv verlaufenden Nutzen in Form einer Reduzierung des mindestens nötigen Konstruktionsaufwands von 20 bzw. 40 Stunden. In der Diskussion zeigte sich, dass das Verständnis für diese Fragestellung bei den beteiligten Konstrukteuren schon vorlag. Notwendig für die Definition der alternativen Szenarien war es aber, die explizite Möglichkeit einzuräumen, einzelne Aspekte detaillierter auszukonstruieren als andere.

Aufgrund der Rahmenbedingung einer feststehenden Konstruktionskapazität wurde davon ausgegangen, die frei werdende Kapazität vollständig zur Erhöhung der Produktionsgerechtigkeit zu nutzen. Dies ist in der Funktion der Kapazitätsverteilung dargestellt, bei der es sich allerdings um einen trivialen Zusammenhang und nicht um eine Wirkbeziehung im eigentlichen Sinn handelt.

Der Nutzen der zusätzlich investierten 20 bzw. 40 Stunden zur Erhöhung der Produktionsgerechtigkeit wurde auf eine Reduzierung der Summe von Fertigungs- und Montagezeit um 40 bzw. um 60 Stunden pro durchschnittlichem Neuauftrag geschätzt. Diese Schätzung basierte auf Versuchen der Vergangenheit, die Fertigungs- und Montagegerechtigkeit zu erhöhen, die allerdings mangels ganzheitlicher Nutzenbewertung nicht weiter verfolgt worden waren. Die Reduzierung der Durchlaufzeit wurde als möglicher weiterer Effekt erkannt. Sie wurde allerdings an dieser Stelle nicht erfasst, da von einer feststehenden, vom Kunden bestellten Leistung ausgegangen wurde und nur die Aufwandsseite zu bewerten war.

6.3.5 Soll-Konzeption

Es wurde entschieden, als letzten Schritt der Methodenplanung bei Neuaufträgen einen Arbeitsschritt der Planung der minimal erforderlichen Detaillierung vorzusehen, für den etwa fünf Arbeitsstunden vorgesehen sind. Den für die Methodenplanung verantwortlichen Konstrukteuren wird an dieser Stelle ein Freiraum zur Nutzung von bis zu einem vollen Arbeitstag eingeräumt. Als Abschluss dieser Aufgabe ist die Zeit für die Genauigkeitsplanung als solche zu erfassen und das jeweilige Ergebnis zu dokumentieren. Hierdurch sollen insbesondere die Schätzwerte der Quantifizierung der Auswirkung der Genauigkeitsplanung weiter verfeinert werden.

Zwischenfazit

Das Beispiel der Werkzeugbau GmbH zeigt, wie sich die Methodik anwenden lässt und verdeutlicht die Möglichkeiten zum Einsatz der Methodik und zur Analyse und Quantifizierung von Abhängigkeiten über mehrere Wirkbeziehungen hinweg. Im Einzelfall ist es möglich, sich auf Basis einer qualifizierten Diskussion auf bestimmte Wirkbeziehungen zu fokussieren und speziell hierfür Alternativen zu entwickeln. Entwickelte Alternativen können wiederum genutzt werden, um Wirkbeziehungen noch besser zu veranschaulichen und somit das Bewusstsein für das Prinzip des

Grenznutzens des Planungsaufwands bei den verantwortlichen Mitarbeitern zu schärfen.

6.4 Kritische Reflexion

Die realen Fallbeispiele von GEDIA und der Maschinenfabrik Reinhausen sowie das Beispiel der Werkzeugbau GmbH zeigen, dass die Methodik zur Erhöhung der Planungsproduktivität sinnvoll in der Auftragsabwicklung im Werkzeugbau angewendet werden kann: In den Workshops wurden nach einer Analyse der Planungsprozesse in der Auftragsabwicklung Wirkbeziehungen zwischen den Umfängen verschiedener Planungsaufgaben analysiert. Auf dieser Basis wurden dann einzelne Ansätze zu einer umfangreicheren bzw. früheren Planung entwickelt und bewertet, die in den vorangegangenen Abschnitten beschrieben sind.

Bei der Erarbeitung der Fallbeispiele in den Unternehmen wurde neben dem Nachweis der Anwendbarkeit und des Nutzens der Methodik auch Wissen über mögliche Grenzen der Anwendbarkeit sowie Hinweise zur Sicherstellung der Anwendbarkeit erarbeitet. Diese Ergebnisse werden im Folgenden erläutert und die Ergebnisse der Fallbeispiele kritisch reflektiert.

6.4.1 Praxistauglichkeit des Modells des Grenzplanungsnutzens

Bei der Durchführung der Fallbeispiele war es bei der Anwendung verschiedener Schritte der Methodik immer wieder notwendig, die Prinzipien des Grenzplanungsnutzens mit den beteiligten Werkzeugbau-Mitarbeitern zu diskutieren. Hierzu wurden in der Matrix der Wirkbeziehungen die jeweils verursachende und abhängige Phase gegenübersteIlt und die Veränderung des Aufwands in der einen Phase mit den Veränderungen des Aufwands in der anderen Phase verglichen. Doch auch hierbei konnte festgestellt werden, dass es für viele Mitarbeiter zunächst schwierig ist, sich in das Prinzip „je mehr A gemacht wird, desto weniger B ist notwendig" hineinzudenken. Vielmehr wurde immer wieder davon gesprochen, wie viel Planung notwendig sei und davon ausgegangen, dass dieser Bedarf an Planung möglichst genau getroffen werden sollte. Gleichzeitig wurden aber oft Situationen des Schemas „weil in A ein Aspekt nicht untersucht wurde, ist uns in B zusätzlicher Aufwand entstanden" genannt, bei denen von den Mitarbeitern kein feststehender Planungsbedarf angegeben werden konnte. Diese Beispiele der Mitarbeiter konnten genutzt werden, um darauf hinzuweisen, dass es tatsächlich eine Wirkbeziehung gab, die dann auch gemeinsam erfolgreich analysiert wurde.

Das Prinzip der kausalen Wirkbeziehung der Planungsumfänge verschiedener Phasen ist einerseits Grundlage der Methodik und konnte zweitens auf Basis einer intensiven Moderation und durch Diskussion konkreter Beispiele der Vergangenheit gemeinsam mit den Mitarbeitern auch mit Substanz gefüllt werden. Daher stellt die intuitive Denkweise der Mitarbeiter keine Einschränkung für die Anwendbarkeit der Methodik dar. Die Denkweise vieler Mitarbeiter erfordert aber eine intensive Moderationsleistung unter Zuhilfenahme vieler Beispiele, um das Verständnis der Mitarbeiter zu wecken, welches für die systematische Beschreibung der Wirkbeziehung notwendig ist. Mit Hilfe dieser Moderationsleistung konnte die Anwendbarkeit in der Auftragsabwicklung, die als Anforderung in Abschnitt 3.1.1 definiert wurde, im Werkzeugbau anhand von Beispielen mit unterschiedlichen Auftragsumfängen nachgewiesen werden.

6.4.2 Möglichkeit und Genauigkeit der Abschätzung

In den Workshops wurden die Veränderungen als Maßnahmen konzipiert und die einzelnen Aspekte der Veränderungen hinsichtlich der Aufwandsänderungen bewertet. Im Rahmen der Workshops zeigte sich, dass eine grobe Abschätzung immer dann als ausreichend angesehen wird, wenn diese hinreichend sicher eine Aussage über die Rentabilität einer Veränderung zulässt. Auch das Zusammenspiel des Planungsumfangs mehrerer aufeinander folgender Phasen wurde von den Experten einerseits als hochgradig relevant, andererseits aber als nur mit hohem Aufwand abschätzbar bewertet. Daher wurde in den Workshops meist der Ansatz einer zeitnahen realen Umsetzung und anschließenden erneuten Anwendung der Methodik propagiert. Die grundsätzliche Erfüllung der Anforderungen der Objektivität, der Transparenz bzw. Nachvollziehbarkeit und der Vergleichbarkeit, die als Anforderungen in Abschnitt 3.1.2 definiert wurden, konnte aber gezeigt werden.

Eine Detaillierung der Abschätzung erscheint dagegen insbesondere dann sinnvoll, wenn verschiedene Varianten einer Veränderung oder aber Veränderungen der Planungsumfänge mehrerer aufeinander folgender Phasen bewertet werden sollen. In diesem Fall ist aber auch die Anwendung der Methodik mit einem deutlich höheren Aufwand verbunden. Die Anforderung der Wirtschaftlichkeit, die als Anforderung in Abschnitt 3.1.2 definiert wurde, ist daher mindestens dann erfüllt, wenn an Stellen, an denen die Genauigkeit der Abschätzung von untergeordneter Bedeutung ist, auf diese verzichtet wird. Durch die Möglichkeit, zwischen den Zielen der Genauigkeit und der Wirtschaftlichkeit der Anwendung abwägen zu können, ist zudem auch die in Abschnitt 3.1.2 definierte Anforderung nach Pragmatismus erfüllt.

6.4.3 Bedarf nach einer Methodik versus Bedarf nach Improvisation

Nachdem die Wirksamkeit und Anwendbarkeit der Methodik gezeigt worden sind, stellt sich schließlich die Frage nach dem Bedarf nach einer Methodik hierfür bzw. konkreter nach der Notwendigkeit, die Planungsproduktivität mit Hilfe einer Methodik zu erhöhen, anstatt offensichtliche Schwachstellen mit intuitiven Maßnahmen kurzfristig „abzustellen“. Die Frage stellt sich insbesondere vor dem Hintergrund, dass auch bei der Nutzung der Methodik bessere als die jeweils aktuellen Lösungen bzw. Planungsumfänge gefunden werden müssen und hierfür viel Erfahrung der beteiligten Mitarbeiter erforderlich ist.

Die Methodik bietet ein standardisiertes und systematisches Vorgehen in vier Schritten mit Unterstützung durch Formulare und Darstellungen insbesondere derjenigen Aspekte, die sich ohne Unterstützung nur schwer erfassen lassen. Die Anwendung der Methodik in den Fallbeispielen hat aber gezeigt, dass trotz dieses standardisierten Vorgehens und trotz der Unterstützung durch Hilfsmittel ein hohes Maß an Improvisation nötig ist, um mit den Mitarbeitern eines Unternehmens eine mögliche Maßnahme mit mehr oder weniger Planungsaufwand zu konzipieren und zu bewerten: Einerseits sind für die Anwendung der Methodik Improvisationsfähigkeit und Erfahrung notwendig, um sich auf die Sichtweise der Mitarbeiter einzulassen. Andererseits sind Improvisationsfähigkeit und Erfahrung notwendig, um die Mitarbeiter wenn nötig davon überzeugen zu können, dass sie sich auf die modellhafte Sichtweise der Methodik und insbesondere auf die Abhängigkeit des Planungsumfangs der einzelnen Phasen voneinander einlassen.

Der Unterschied gegenüber einer rein intuitiven und improvisierten Lösung ergibt sich dadurch, dass auf eine Übersicht prinzipieller Wirkbeziehungen zurückgegriffen wird, mit Hilfe derer die relevanten Wirkbeziehungen identifiziert und für diese dann je nach geschätzter Intensität Alternativen definiert werden, die sich anschließend miteinander vergleichen lassen. So konnten in den Fallbeispielen bei den involvierten Unternehmen Ansätze entwickelt werden, die ohne das systematische Vorgehen bisher nicht entwickelt werden konnten. Improvisation ist somit zwar notwendig, allerdings vorwiegend für Detailfragestellungen, deren Relevanz sich ohne Anwendung der Methodik gar nicht erschließen würde.

Eine Verschiebung von Planungsaufgaben führt immer auch an irgendeiner Stelle zu Mehraufwand. Die Sinnhaftigkeit dieses Mehraufwands lässt sich jedoch nicht intuitiv erfassen, sondern erfordert, die Situation komplett zu durchdenken. Andererseits können sich auch gegenintuitive Veränderungen ergeben, die systematisch bewertet werden müssen. Dies gilt schon bei einer Erhöhung des Planungsumfangs einer bestimmten Prozessphase, aber erst recht bei einer Reduzierung des Planungsumfangs unter Inkaufnahme eines anschließend erhöhten Aufwands für Improvisation. Es bedarf also einer ganzheitlichen Berücksichtigung aller betroffenen Planungsaufgaben der voneinander abhängigen Phasen des Auftragsabwicklungsprozesses, die durch die entwickelte Methodik gewährleistet wird.

7 Zusammenfassung und Ausblick

7.1 Zusammenfassung

Der Werkzeugbau belegt eine zentrale Rolle an der Schnittstelle zwischen Produktentwicklung und Serienproduktion. Diese Rolle führt dazu, dass der Werkzeugbau in Hochlohnländern wie Deutschland sehr unterschiedlichen Anforderungen gerecht werden muss: Neben der Herausforderung, den Bedarf an technisch überlegenen Werkzeugen zu verhältnismäßig niedrigen Kosten zu decken, bestehen durch die Schnittstellenfunktion organisatorische Anforderungen hinsichtlich der Durchlaufzeit, der Termintreue und der Flexibilität. Die operativen Planungs-, Koordinierungs- und Steuerungsfunktionen in der Auftragsabwicklung im Werkzeugbau schaffen es häufig nur ungenügend, diese Anforderungen zu erfüllen. Es gibt somit in der Praxis große Schwächen im Verhältnis von Aufwand und Nutzen dieser Aufgaben.

Während in der Serienfertigung in den letzten fünfzig Jahren große Verbesserungen der Produktivität erreicht werden konnten, fehlen entsprechende Ansätze für operative Planungstätigkeiten der Auftragsabwicklung bislang noch. Insbesondere wird zwar in der Praxis von einem feststehenden Planungsbedarf ausgegangen, allerdings ohne diesen bestimmen zu können. Somit fehlen bislang systematische Ansätze, um das Praxisproblem zu lösen.

Es wurde daher die Forschungsfrage dieser Arbeit formuliert, wie eine Methodik beschaffen sein muss, welche die Planungsproduktivität durch eine bestmögliche Festlegung und Verteilung von Planungsaufwand auf operative Planungsaufgaben in der Auftragsabwicklung im Werkzeugbau maximiert.

Auf der Basis dieser Einschätzung wurde in dieser Arbeit eine Methodik zur Erhöhung der Planungsproduktivität in der Auftragsabwicklung im Werkzeugbau entwickelt. Diese Methodik beruht erstens darauf, dass der Nutzen, den eine Planungsaufgabe für die nachfolgenden Prozessschritte besitzt, wenn auch nicht direkt exakt und absolut bestimmt werden kann, so doch in irgendeiner Form handhabbar gemacht werden muss. Hierfür werden alternative Umfänge an Aufwand definiert, über deren Auswirkungen auf den Aufwand der folgenden Prozessschritte Aussagen über den Grenznutzen der Planungsaufgabe getroffen werden können. Die Methodik beruht zweitens auf der optimalen Festlegung und Verteilung des Aufwands auf Aufgaben, die durch mehrere Optimierungsschritte für jede der Planungsphasen angenähert werden kann.

Im Einzelnen besteht die Methodik aus den folgenden vier Schritten: Erstens hat eine Beschreibung der Ausgangsituation der Planung den Planungsprozess und die wesentlichen Planungsaufgaben zu erfassen, darzustellen und damit einer detaillierten Analyse zugänglich zu machen. Zweitens sind die Beeinflussungen des Aufwands der einzelnen Phasen durch die vorangegangen Planungsaufgaben zu erklären. Drittens ist der Grenznutzen der Planungsaufgaben zu bewerten, indem alternative Umfänge an Planungsaufwand in den einzelnen Phasen zu definieren und ihre

Auswirkungen auf die Folgephasen zu bewerten sind. Viertens ist für jede Phase der Planungsaufwand so festzulegen, dass der Gesamtaufwand minimal wird.

Die so entwickelte Methodik wurde bei zwei Werkzeugbaubetrieben angewendet. Es konnte zum einen die Funktionsfähigkeit der Methodik verifiziert und gezeigt werden, dass die Methodik bei Werkzeugbaubetrieben erfolgreich anwendbar ist. Es konnten zum anderen Erfahrungen bei der Anwendung der Methodik gesammelt werden, die zeigen, dass in der Praxis bei den unmittelbar betroffenen Mitarbeitern vielfach der Glaube an einen statischen Planungsbedarf vorherrscht und die Vermittlung eines Denkens in kausalen Wirkbeziehungen einer umfangreichen Moderationsleistung zur Vermittlung dieses Denkens bedarf.

Im folgenden letzten Abschnitt bleibt die Anregung zu geben, dass das in dieser Arbeit erläuterte Prinzip keinesfalls nur für den Werkzeugbau gilt. Vielmehr wurde die Erhöhung der Planungsproduktivität *am Beispiel* der Auftragsabwicklung im Werkzeugbau untersucht, ohne damit die Anwendbarkeit in anderen Anwendungsfällen zeigen zu können oder auszuschließen.

7.2 Ausblick

> "If I had six hours to chop down a tree,
> I'd spend the first four hours sharpening the axe."
> (Abraham Lincoln)[384]

Die Aussage von LINCOLN zeigt, dass es sinnvoll ist, Ressourcen (hier zeitlichen Aufwand) gezielt einzusetzen. Der Frage, die LINCOLN sehr anschaulich für das Baumfällen beantwortet, wurde in dieser Arbeit für operative Planungsaufgaben nachgegangen.

Während die Allokation für verschiedene „parallele“ Alternativen als Entscheidungsproblem vielfach untersucht wurde („fälle ich Baum eins oder besser Baum zwei“) wurde in dieser Arbeit eine Vorgehensweise zur Festlegung und Verteilung von Ressourcen auf verschiedene aufeinander folgende Aufgaben, die unmittelbar das gleiche Ziel verfolgen, entwickelt. Hierfür wurde, um das Beispiel von LINCOLN weiter zu strapazieren, der Versuch unternommen, den Nutzen des Axt-Schärfens bewertbar zu machen. Dies wurde erreicht mittels der Definition von alternativen Umfängen an Schärf-Zeit und Ermittlung der sich ergebenden Fäll- sowie Gesamtzeit. Das Optimum ist dann erreicht, wenn der Grenznutzen gleich den Grenzkosten des Schärfens ist und sich weder aus einer geringfügigen Erhöhung, noch durch eine geringfügige Verringerung der Schärf-Zeit eine Verringerung des Gesamtaufwands ergibt.

LINCOLN wird mit dem genannten Ausspruch häufig zitiert, wenn auf die Bedeutung einer guten Vorbereitung und eines planvollen Handels statt eines überhasteten Ak-

---

[384] „Wenn ich sechs Stunden Zeit hätte, um einen Baum zu fällen, würde ich die ersten vier Stunden die Axt schleifen.“ Das Zitat wird Abraham Lincoln zugeschrieben, die genauen Umstände sind allerdings nicht geklärt. So findet es sich auch noch in etlichen Varianten, unter anderem mit anderer Anzahl Stunden.

tionismus hingewiesen werden soll. Der interessanten und gleichzeitig für die sinnvolle Nutzung der Aussage wichtigen Frage, wie sich denn dieser „genau richtige", also optimale, Zeitanteil für die Vorbereitung der eigentlichen Aufgabe ermitteln lässt und wann innerhalb des gesamten Zeitraums diese nicht wertschöpfende Zeit eingesetzt werden sollte, wird dagegen kaum Beachtung geschenkt. Häufig wird dagegen davon ausgegangen, dass es einen Bedarf gäbe, der nun einmal aufzubringen sei, dass beispielsweise exakt vier Stunden benötigt würden, um die Axt ausreichend zu schärfen. Diese einseitige Sichtweise ist nach Einschätzung des Autors auf Basis der in der Praxis der Auftragsabwicklung im Werkzeugbau geführten Diskussionen umso stärker ausgeprägt, je schlechter sich der Nutzen der indirekten für die direkten Aufgaben bewerten lässt.

Das Zitat LINCOLNS wurde an dieser Stelle gewählt, weil sich daran sehr anschaulich aufzeigen lässt, dass eine Übertragung des Prinzips der entwickelten Methodik deutlich weiter gehen kann, als nur auf geringfügig andere Aufgaben der gleichen Unternehmen oder die gleichen Aufgaben bei geringfügig anders strukturierten Unternehmen etc. Das Prinzip betrifft vielmehr alle „nur unterstützenden" Aufgaben und Tätigkeiten, deren Anteil in der Industrie der Hochlohnländer analog zum Grad der Arbeitsteilung zu Gunsten einer hohen Produktivität notwendigerweise höher ist, als im Handwerk oder als in Niedriglohnländern.

Da das Verständnis für das Prinzip alleine allerdings noch nicht reicht, um die Produktivität zu erhöhen, wurde in dieser Arbeit eine Methodik entwickelt, die genau diese Verbesserung des Verhältnisses aus Planungsnutzen und Planungsaufwand leistet. Dem Praktiker gibt die Methodik die Möglichkeit, in einer systematischen Form Alternativen zum aktuellen Planungsvorgehen zu entwickeln, zu bewerten und somit die Basis für Verbesserungen zu identifizieren. Da auch diese Methodik letztlich auf qualifizierte Abschätzungen der Auswirkungen von mehr oder weniger Aufwand für die Planung angewiesen ist, ergibt sich schließlich für den Wissenschaftler ein weites Feld für weitere Forschungsanstrengungen:

Einerseits sind weitere Entwicklungen im Hinblick auf eine Konkretisierung der Methodik im Detail der Wirkzusammenhänge und Erarbeitung der Alternativen möglich, die wiederum für die einfache Anwendbarkeit in der Praxis von großer Bedeutung sind. Andererseits sind Untersuchungen im Hinblick auf ein Verständnis bzgl. der Übertragung der Prinzipien der Industrialisierung auf die Planung sinnvoll. Diese können die möglichen Verbesserungen bei der Anwendung der erarbeiteten Prinzipien in den Gesamtzusammenhang der Industrialisierung stellen. Somit kann die Gültigkeit der Prinzipien der Industrialisierung ausgehend von der Produktion auf indirekte Bereiche erweitert werden.

8 Literaturverzeichnis

Aiken, C.; Keller, S.: (The irrational side of change management)
The irrational side of change management. In: The McKinsey Quarterly. (2009), Nr. 2, S. 100-109.

Alisch, K.: (Gabler-Wirtschaftslexikon)
Gabler-Wirtschaftslexikon - die ganze Welt der Wirtschaft: Betriebswirtschaft, Volkswirtschaft, Recht, Steuern. 16., vollst. überarb. und aktual. Aufl. Wiesbaden: Gabler, 2004.

Baberg, T.: (Rationalisierung in der Arbeitsplanung)
Rationalisierung in der Arbeitsplanung unter Berücksichtigung dynamischer Unternehmensveränderungen und der Auswirkungen auf die Fertigungskosten. Diss. RWTH Aachen, 1980.

Bach, N.; Brehm, C. R.: (Wandlungscontrolling)
Wandlungscontrolling. In: Krüger, W. (Hrsg.): Excellence in Change. Wiesbaden: Gabler, 2000, S. 325-361.

Bach, N.; Steinhaus, H.: (Controlling der strategischen Erneuerung)
Controlling der strategischen Erneuerung. In: Krüger, W. (Hrsg.): Excellence in Change. 4., überarb. und erw. Aufl., Wiesbaden: Gabler, 2009, S. 337-366.

Bachthaler, M.: (Systemmethodik)
Entwicklung und Anwendung der Systemtechnik bei komplexen innovativen Vorhaben sowie bei Mensch-Maschine-Systemen - eine Systemmethodik für das Technische Management. Düsseldorf: VDI, 2000, zugl. Habil. Univ. Duisburg, 1999.

Bandte, H.: (Komplexität in Organisationen)
Komplexität in Organisationen - organisationstheoretische Betrachtungen und agentenbasierte Simulation. Wiesbaden: DUV, 2007, zugl. Diss. TU Braunschweig, 2006.

Becker, J.: (Referenzmodellierung)
Referenzmodellierung - Grundlagen, Techniken und domänenbezogene Anwendung. Heidelberg: Physica, 2004.

Beer, S.: (Anlaufperformance)
Verbesserung der Anlaufperformance durch den Einsatz von Frontloading-Maßnahmen. In: Schuh, G. et al. (Hrsg.): Anlaufmanagement in der Automobilindustrie erfolgreich umsetzen - Ein Leitfaden für die Praxis. Berlin: Springer, 2008, S. 43-52.

Berens, W.; Delfmann, W.; Schmitting, W.: (Quantitative Planung)
Quantitative Planung - Grundlagen, Fallstudien, Lösungen. 4., überarb. und erw. Aufl., Stuttgart: Schäffer-Poeschel, 2004.

Bergholz, M.: (Objektorientierte Fabrikplanung)
Objektorientierte Fabrikplanung. Aachen: Shaker, 2006, zugl. Diss. RTWH Aachen, 2005.

Berlak, J.: (Auswahl von Auftragsabwicklungssystemen)
Methodik zur strukturierten Auswahl von Auftragsabwicklungssystemen. München: Utz, 2003, zugl. Diss. TU München.

Binder, V.; Kantowsky, J.: (Technologiepotentiale)
Technologiepotentiale: Neuausrichtung der Gestaltungsfelder des strategischen Technologiemanagements. Wiesbaden: DUV, 1996, zugl. Diss. Univ. St. Gallen.

Bleck, S.: (Methodik zur integrierten Planung)
Entwicklung einer Methodik zur integrierten Planung von Informationstechnologie-Einsatz und intermediären Informationsdienstleistungen im elektronischen Geschäftsverkehr. Aachen: Shaker, 2004, zugl. Diss. RWTH Aachen.

Bleicher, K.: (Metaplanung)
Metaplanung. In: Szyperski, N. (Hrsg.): Stuttgart: Poeschel, 1989, S. 1119-1130.

Blohm, H.; Lüder, K.; Schaefer, C.: (Investition)
Investition - Schwachstellenanalyse des Investitionsbereichs und Investitionsrechnung. 9., überarb. und aktual. Aufl., München: Vahlen, 2006.

Blomeyer, D.: (Wirtschaftlichkeitsbewertung)
Methodik zur Wirtschaftlichkeitsbewertung bei kooperativer Systementwicklung. Aachen: Shaker, 2003, zugl.: Diss. RWTH Aachen, 2002.

Boos, W.: (Modulare Werkzeuge)
Methodik zur Gestaltung und Bewertung von modularen Werkzeugen. Aachen: Apprimus, 2008, zugl. Diss. RWTH Aachen.

Brandenburg, F.: (Methodik zur Planung)
Methodik zur Planung technologischer Produktinnovationen. Aachen: Shaker 2002, zugl. Diss. RWTH Aachen, 2001.

Brankamp, K.: (Wettbewerbsfaktor)
Wettbewerbsfaktor Werkzeug- und Betriebsmittelbau. Zürich: Industrielle Organisation, 1991.

Brehm, C. R.: (Kommunikation im Wandel)
Kommunikation im Wandel. In: Krüger, W. (Hrsg.): Excellence in Change. 2. Aufl., Wiesbaden: Gabler, 2002, S. 261-292.

Brehm, C. R.: (Kommunikation im Wandel)
Kommunikation im Wandel. In: Krüger, W. (Hrsg.): Excellence in Change. 4., überarb. und erw. Aufl., Wiesbaden: Gabler, 2009, S. 307-336.

Brunkhorst, U.: (Angebots- und Auftragsplanung)
Integrierte Angebots- und Auftragsplanung im Werkzeug- und Formenbau. Düsseldorf: VDI, 1995, zugl. Diss. Univ. Hannover.

Bruns, M.: (Systemtechnik)
Systemtechnik - Ingenieurwissenschaftliche Methodik zur interdisziplinären Systementwicklung. Berlin: Springer 1991, zugl. Habil. RWTH Aachen u. d. T. Strukturentwicklungen zur Systemtechnik für Ingenieure.

Buchner, H.: (Planung im turbulenten Umfeld)
Planung im turbulenten Umfeld - Konzeption idealtypischer Planungssysteme für Unternehmenskonfigurationen. München: Vahlen, 2002, zugl. Diss. Univ. Stuttgart, 2001.

Cen, I. N.: (Produktionsstrategien)
Produktionsstrategien auf Basis von Kernkompetenzprozessen. Diss. Univ. St. Gallen, 1995.

Clark, K. B.: (Automobilentwicklung mit System)
Automobilentwicklung mit System - Strategie, Organisation und Management in Europa, Japan und USA. Frankfurt a. M.: Campus, 1992.

Denkena, B.; Schürmeyer, J.: (Quotation costing of moulds)
Rule-based quotation costing of pressure die casting molds. In: Production Engineering Research and Development. 3 (2009), Nr. 1, S. 87-94.

Dilling, H. J.: (Methodisches Rationalisieren)
Methodisches Rationalisieren von Fertigungsprozessen am Beispiel montagegerechter Produktgestaltung. Diss. TU Darmstadt, 1978.

Dombrowski, U.: (Kennzahlen)
Kennzahlen im ganzheitlichen Produktionssystem. In: pps management. 2005 (2005), Nr. 4, S. 19-23.

Doppler, K.; Lauterburg, C.: (Change-Management)
Change-Management: Den Unternehmenswandel gestalten. 12., aktual. und erw. Aufl., Frankfurt a. M.: Campus, 2008.

Drucker, P. F.: (Management)
Management: tasks, responsibilities, practices. New Brunswick, NJ: Transaction Publishers, 2007.

Dyckhoff, H.: (Produktionstheorie)
Produktionstheorie - Grundzüge industrieller Produktionswirtschaft. 5., überarb. Aufl., Berlin: Springer, 2006.

Ehrlenspiel, K.: (Integrierte Produktentwicklung)
Integrierte Produktentwicklung - Denkabläufe, Methodeneinsatz, Zusammenarbeit. 3., aktual. Aufl., München: Hanser, 2007.

Emery, J. C.: (Organizational Planning)
Organizational Planning and Control Systems - Theory and Technology. New York: Macmillan, 1969.

Eversheim, W.: (Arbeitsvorbereitung)
Organisation in der Produktionstechnik 3 - Arbeitsvorbereitung. Berlin: Springer, 2002.

Eversheim, W.; Deuse, J.; Moron, O.; Muhr, T.: (PPS im Werkzeugbau)
PPS im Werkzeugbau - Low cost-Auftragsplanung und -steuerung - eine Renassaince der "Kistenfertigung"? In: AV. 33 (1996), Nr. 6, S. 378-382.

Eversheim, W.; Klocke, F.: (Werkzeugbau mit Zukunft)
Werkzeugbau mit Zukunft - Strategie und Technologie. Berlin: Springer, 1998.

Eversheim, W.; Kümper, R.; Gupta, C.: (Verursachungsgerechte Vorkalkulation)
Verursachungsgerechte Vorkalkulation. In: krp Kostenrechnungspraxis - Zeitschrift für Controlling. (1994), Nr. 4, S. 239-243.

Eversheim, W.; Schuh, G.; Assmus, D.: (Integrierte Produkt- und Prozessgestaltung)
Integrierte Produkt- und Prozessgestaltung. In: Eversheim, W.; Schuh, G. (Hrsg.): Integrierte Produkt- und Prozessgestaltung. Berlin: Springer, 2005, S. 5-20.

Ewert, R.; Wagenhofer, A.: (Interne Unternehmensrechnung)
Interne Unternehmensrechnung. Berlin: Springer, 2005.

Faust, P.: (Lean durch Frontloading)
Lean durch Frontloading. In: ZWF. 104 (2009), Nr. 5, S. 366-370.

Filz, B.: (Distributionslogistik)
Entwicklung einer systemischen Einflußgröße für die Distributionslogistik. Dortmund: LogBuch, 1993.

Fink, C. A.: (Prozessorientierte Unternehmensplanung)
Prozessorientierte Unternehmensplanung - Analyse, Konzeption und Praxisbeispiele. DUV, 2003, zugl.: Diss. Univ. Stuttgart, u. d. T. Ansatz zur prozessorientierten Gestaltung der Unternehmensplanung.

Finkeißen, A.: (Prozess-Wertschöpfung)
Prozess-Wertschöpfung - Neukonzeption eines Modells für die Analyse und Bewertung. Heidelberg: Libri, 1999, zugl. Diss. Univ. Stuttgart.

Flachskampf, P.; Michulitz, C.; Strina, G.: (Planungsprozesse in KMU)
Planungsprozesse in KMU - Harte Fakten für Weiche Faktoren. In: Meyer, J.-A. (Hrsg.): Planung in kleinen und mittleren Unternehmen – Jahrbuch der KMU-Forschung und -Praxis 2007. Lohmar: Eul, 2007, S. 97-108.

Fleisch, E.; Fuchs, S.; Gottschalk, S.; Güthenke, G.; Höhne, T.; Jacobs, G.; Junker, F.; Millarg, K.; Narr, C.; Nyhuis, P.; Schuh, G.: (High Resolution Production Management)
High Resolution Production Management - Auftragsplanung und Steuerung in der individualisierten Produktion. In: Brecher, C. et al. (Hrsg.): Wettbewerbsfaktor Produktionstechnik - Aachener Perspektiven. Aachen: Apprimus, 2008.

Ford, J. D.; Ford, L. W.; d'Amelio, A.: (Resistance to change)
Resistance to change: the rest of the story. In: Academy of Management Review. 33 (2008), Nr. 2, S. 362-377.

Frese, E.; Noetel, W.: (Kundenorientierung in der Auftragsabwicklung)
Kundenorientierung in der Auftragsabwicklung - Strategie, Organisation und Informationstechnologie. Düsseldorf: VDI, 1992.

Frick, L.: (Geschäftsmodelle im Werkzeugbau)
Erfolgreiche Geschäftsmodelle im Werkzeugbau. Aachen: Shaker, 2006, zugl.: Diss. RWTH Aachen, 2005.

Gassmann, O.: (Projektmanagement)
Praxiswissen Projektmanagement - Bausteine, Instrumente, Checklisten. 2., aktual. Aufl., München: Hanser, 2006.

Gebeshuber, R.: (Werkzeugbau im Wandel der Zeit)
Der Formen- und Werkzeugbau im Wandel der Zeit. Saarbrücken: VDM, 2008, zugl. Diss. FH Wels, 2003.

Giehler, F.: (Lean Management macht das Unmögliche möglich)
Lean Management macht das Unmögliche möglich. In: VDI-Z. 149 (2007), Nr. 10, S. 19.

Giehler, F.: (Pragmatismus und Systematik)
Zwischen Pragmatismus und Systematik - Produktiver mit dem richtigen Mix. In: Industrieanzeiger. (2007), Nr. 40, S. 16.

Gienke, H.; Kämpf, R.; Aldinger, L.: (Handbuch Produktion)
Handbuch Produktion - innovatives Produktionsmanagement: Organisation, Konzepte, Controlling. München: Hanser, 2007.

Gierth, A.: (Selbststeuerung in der Werkstattfertigung)
Beurteilung der Selbststeuerung logistischer Prozesse in der Werkstattfertigung. Aachen: Shaker, 2009, zugl. Diss. RWTH Aachen.

Goeldel, H.: (Gestaltung der Planung)
Gestaltung der Planung - Konzeptioneller Ansatz und Fallstudien. Wiesbaden: Gabler, 1997, zugl. Diss. Wiss. Hochschule für Unternehmensführung Koblenz, 1996.

Gossen, H. H.: (Gesetze des menschlichen Verkehrs)
Entwicklung der Gesetze des menschlichen Verkehrs und der daraus fließenden Regeln für menschliches Handeln. Braunschweig: Vieweg, 1854.

Guba, E. G.; Lincoln, Y. S.: (Paradigms)
Competing paradigms in qualitative research. In: Denzin, N. K.; Lincoln, Y. S. (Hrsg.): Handbook of qualitative research. London: Sage, 1994, S. 105-117.

Gutenberg, E.: (Betriebswirtschaftslehre)
Grundlagen der Betriebswirtschaftslehre - Band 2: Der Absatz. Berlin: Springer, 1970.

Haasler, B.: (Hochtechnologie und Handarbeit)
Hochtechnologie und Handarbeit - eine Studie zur Facharbeit im Werkzeugbau der Automobilindustrie. Bielefeld: wbv, 2004.

Haberfellner, R.; Becker, M.; Büchel, A.; Nagel, P.: (Systems Engineering)
Systems Engineering - Methodik und Praxis. 10. Aufl., Zürich: Industrielle Organisation, 1999.

Harrington, H. J.: (Business Process Improvement)
Business Process Improvement - The Breakthrough Strategy for Total Quality, Productivity and Competitiveness. New York: McGraw-Hill, 1991.

Hauser, C.: (Bewertung von Unternehmungsprozessen)
Marktorientierte Bewertung von Unternehmungsprozessen. Bergisch-Gladbach: Eul, 1996, zugl. Diss. Univ. St. Gallen.

Heiderich, T.: (Informationsflüsse in der Auftragsabwicklung)
Informationsflüsse nach ungeplanten Ereignissen in der technischen Auftragsabwicklung. Aachen: Shaker, 2001, zugl. Diss. RWTH Aachen.

Henriques, E.: (New Business Models for the Tooling Industry)
Novos Modelos de Negócio para a Indústria de Moldes e Ferramentas - New Business Models for the Tooling Industry. Marinha Grande, Portugal: CENTIMFE, 2008.

Herrmann, J. W.: (Production Scheduling)
A History of Production Scheduling. In: Herrmann, J. W. (Hrsg.): Handbook of Production Scheduling. New York: Springer, 2006, S. 1-22.

Hevner, A. R.; March, S. T.; Park, J.; Ram, S.: (Design Science)
Design Science in Information Systems Research. In: MIS Quarterly. 28 (2004), Nr. 1, S. 75-105.

Hill, A.: (Standardisierung im Werkzeugbau)
Standardisierung im Werkzeugbau als strategischer Erfolgsfaktor. In: Der Stahlformenbauer. 6/2008 (2008), S. 2-8.

Hirschmann, P.: (Geschäftsprozesse)
Wertorientiertes Management unternehmensübergreifender Geschäftsprozesse. In: Berkau, C.; Hirschmann, P. (Hrsg.): Kostenorientiertes Geschäftsprozessmanagement. München: Vahlen, 1996, S. 229-254.

Hirschmann, P.: (Unternehmensübergreifende Geschäftsprozesse)
Kooperative Gestaltung unternehmensübergreifender Geschäftsprozesse. Wiesbaden: Gabler, 1998, zugl. Diss. Univ. Saarbrücken.

Horváth, P.; Möller, K.: (Performance Measurement)
Supply Chain Performance Measurement: A transaction cost theory - and value-based approach. In: Epstein, M.; Manzoni, J.-F. (Hrsg.): Performance Measurement and Management Control - Superior Organizational Performance. JAI, 2004, S. 155-185.

Housel, T. J.; Bell, A. H.; Kanevsky, V. A.: (value of reengineering)
Calculating the value of reengineering at Pacific Bell. In: Planning Review. 22 (1994), Nr. 1, S. 40-55.

Housel, T. J.; Kanevsky, V. A.: (business process auditing)
A new business methodology for business process auditing. In: Planning Review. 23 (1995), Nr. 3, S. 31-36.

Huber, R.: (Gemeinkosten-Wertanalyse)
Gemeinkosten-Wertanalyse - Methoden der Gemeinkosten-Wertanalyse (GWA) als Element einer Führungsstrategie für die Unternehmungsverwaltung. 2., erw. Aufl., Bern: Haupt, 1987.

Hungenberg, H.: (Optimierung von operativen Planungssystemen)
Optimierung von operativen Planungssystemen. In: Zeitschrift für Planung. 4 (1993), Nr. 3, S. 233-248.

Jacobs, S.: (Vorgabezeitermittlung im Werkzeugbau)
Systematik zum Aufbau einer Planungsbasis für die Vorgabezeitermittlung im Werkzeugbau. Diss. RWTH Aachen, 1990.

Jodlbauer, H.: (Produktionsoptimierung)
Produktionsoptimierung - Wertschaffende sowie kundenorientierte Planung und Steuerung. 2., erw. Aufl., Wien: Springer, 2008.

Jürgensohn, T.: (Psycho-Ingenieurwesen)
Psycho-Ingenieurwesen - Hinweise für interdisziplinär arbeitende Ingenieure. In: Karrer, K. et al. (Hrsg.): Beiträge zur Mensch-Maschine-Systemtechnik aus Forschung und Praxis - Festschrift für Klaus-Peter Timpe. Düsseldorf: Symposion, 2005, S. 45-61.

Klein, H.: (Pathologie der Organisation)
Fallstudie: “Pathologie der Organisation” Fehlentwicklungen in Organisationen, ihre Bedeutung und Ansätze zur Vermeidung. In: HAW im Dialog: Weidener Diskussionspapiere: Diskussionspapier No. 7. (2008).

Klieber, H.: (Wie viel Arbeitsplanung brauchen wir?)
Wie viel Arbeitsplanung brauchen wir? In: VDWF im Dialog. 2/2009 (2009), S. 36-41.

Klocke, F.; Bergs, T.; Arntz, K.: (Mehrwerte gekonnt generieren)
Mehrwerte gekonnt generieren - Technologieeinsatz als Effizienzbeitrag für den Kunden. In: Klocke, F.; Schuh, G. (Hrsg.): 9. Internationales Kolloquium "Werkzeugbau mit Zukunft". Aachen: Fraunhofer IPT, 2008, S. 1-42 (V 15).

Klocke, F.; Schuh, G.; Zohm, F.; Fricker, I.; Sauer, A.; Wegehaupt, P.: (Zukunftsstudie)
Zukunftsstudie Werkzeug- und Formenbau. Aachen: Eigendruck, 2005.

Klotzbach, C.: (Gestaltungsmodell)
Gestaltungsmodell für den industriellen Werkzeugbau. Aachen: Shaker, 2007, zugl. Diss. RWTH Aachen, 2006.

Koch, H.: (Konzeption in der Betriebswirtschaftslehre)
Zur Diskussion über die handlungstheoretische Konzeption in der Betriebswirtschaftslehre. In: Köhler, R. (Hrsg.): Empirische und handlungstheoretische Forschungskonzeptionen in der Betriebswirtschaftslehre. Stuttgart: Poeschel, 1977, S. 283-300.

Koreimann, D. S.: (Informationsbedarfsanalyse)
Methoden der Informationsbedarfsanalyse. Berlin: de Gruyter, 1976.

Kosiol, E.: (Bausteine der Betriebswirtschaftslehre)
Bausteine der Betriebswirtschaftslehre - eine Sammlung ausgewählter Abhandlungen, Aufsätze und Vorträge. Berlin: Duncker & Humblot, 1973.

Krüger, W.: (Bezugsrahmen für das Wandlungsmanagement)
Das 3W-Modell: Bezugsrahmen für das Wandlungsmanagement. In: Krüger, W. (Hrsg.): Excellence in Change. 4., überarb. und erw. Aufl., Wiesbaden: Gabler, 2009, S. 19-44.

Krüger, W.: (Topmanager als Promotoren und Enabler des Wandels)
Topmanager als Promotoren und Enabler des Wandels. In: Krüger, W. (Hrsg.): Excellence in Change. 4., überarb. und erw. Aufl., Wiesbaden: Gabler, 2009, S. 143-192.

Kubicek, H.: (Bezugsrahmen)
Heuristische Bezugsrahmen und heuristisch angelegte Forschungsdesigns als Elemente einer Konstruktionsstrategie empirischer Forschung. In: Köhler, R. (Hrsg.): Empirische und handlungstheoretische Forschungskonzeptionen in der Betriebswirtschaftslehre. Stuttgart: Poeschel, 1977, S. 3-36.

Kuhn, T. S.: (Struktur wissenschaftlicher Revolutionen)
Die Struktur wissenschaftlicher Revolutionen. 9. Aufl., Frankfurt a. M.: Suhrkamp, 1988.

Lamnek, S.: (Qualitative Sozialforschung)
Qualitative Sozialforschung - Lehrbuch. 4., vollst. überarb. Aufl., Weinheim: Beltz PVU, 2005.

Lassen, S.: (Informationsflüsse der Auftragskoordination)
Gestaltung der Informationsflüsse der Auftragskoordination in Lieferketten mit hybriden Produktionsstrukturen. Aachen: Shaker, 2006, zugl. Diss. RWTH Aachen.

Laux, H.; Liermann, F.: (Grundlagen der Organisation)
Grundlagen der Organisation - die Steuerung von Entscheidungen als Grundproblem der Betriebswirtschaftslehre. 6. Aufl., Berlin: Springer, 2005.

Lehner, F.; Wildner, S.; Scholz, M.: (Wirtschaftsinformatik)
Wirtschaftsinformatik - Eine Einführung. 2. Aufl., München: Hanser, 2008.

Leipold, D.: (Software zur Planung und Steuerung im Werkzeug- und Formenbau)
Einsatzmöglichkeiten einer Software zur Planung und Steuerung im Werkzeug- und Formenbau. In: Der Stahlformenbauer. 1/2009 (2009), S. 60-62.

Lenders, M.: (Lösungsraum-Management)
Beschleunigung der Produktentwicklung durch Lösungsraum-Management. Aachen: Apprimus, 2009, zugl. Diss. RWTH Aachen.

Liker, J. K.: (The Toyota Way)
The Toyota Way - 14 Management Principles from the World's Greatest Manufacturer. New York: McGraw-Hill, 2004.

Löllmann, P.: (Das 3-Liter PPS-Konzept)
Das 3-Liter PPS-Konzept - Ganzheitliche Betrachtung von Organisation und PPS. In: Schraft, R. D. et al. (Hrsg.): 3-Liter PPS : Auftragsmanagement für dezentrale Organisationsstrukturen - Grundlagen, Methoden und Werkzeuge des dezentralen Produktionsmanagements. Stuttgart: FpF, 2004, S. 18-35.

Luczak, H.; Krings, K.: (Organisationsentwicklung und PPS)
Organisationsentwicklung und PPS. In: Luczak, H.; Eversheim, W. (Hrsg.): Produktionsplanung und -steuerung. 2. Aufl., Berlin: Springer, 1999, S. 506-545.

Luhmann, N.: (Organisation und Entscheidung)
Organisation und Entscheidung. 2. Aufl., Wiesbaden: VS, 2006.

MacCarthy, B.: (Production Planning, Scheduling and Control)
Organizational, Systems and Human Issues in Production Planning, Scheduling and Control. In: Herrmann, J. W. (Hrsg.): Handbook of Production Scheduling. New York: Springer, 2006, S. 59-90.

Malik, F.: (Führen Leisten Leben)
Führen Leisten Leben - Wirksames Management für eine neue Zeit. Neuausg., Frankfurt a. M.: Campus, 2006.

Malik, F.: (Strategie des Managements)
Strategie des Managements komplexer Systeme - Ein Beitrag zur Management-Kybernetik evolutionärer Systeme. Neuausgabe, (10. Aufl.), Bern: Haupt, 2008.

Maskell, B. H.; Baggaley, B.: (Practical lean accounting)
Practical lean accounting - a proven system for measuring and managing the lean enterprise. New York: Productivity, 2004.

Mayer, H. O.: (Interview und schriftliche Befragung)
Interview und schriftliche Befragung - Entwicklung, Durchführung und Auswertung. 5., überarb. Aufl., München: Oldenbourg, 2009.

Mennig, G.; Bader, C.: (Werkzeugbau für die Kunststoffverarbeitung)
Werkzeugbau für die Kunststoffverarbeitung - Bauarten, Herstellung, Betrieb. 5. Aufl., München: Hanser, 2008.

Meyer, C.: (Kennzahlen)
Betriebswirtschaftliche Kennzahlen und Kennzahlen-Systeme. 5., überarb. und erw. Aufl., Sternenfels: Wissenschaft & Praxis, 2008.

Miese, M.: (Montageplanung)
Systematische Montageplanung in Unternehmen mit Kleinserienproduktion. Essen: Girardet, 1976, zugl. Diss. RWTH Aachen, 1973.

Milberg, J.; Möller, N.: (Changeable production systems)
Valuation of changeable production systems. In: Production Engineering Research and Development. 2 (2008), Nr. 4, S. 417-424.

Möhring, H.-C.: (Reaktionsschnelle Instandsetzung von Formen)
Reaktionsschnelle Instandsetzung von Formen mit einer transportablen hybridkinematischen Bearbeitungseinheit. Garbsen: PZH, 2008, zugl. Diss. Univ. Hannover.

Möller, K.-H.: (Globalisierung bleibt Realität)
Trotz Wirtschaftskrise: Globalisierung bleibt Realität. In: Der Stahlformenbauer. 3/2009 (2009), S. 1.

Müller-Stewens, G.; Lechner, C.: (Strategisches Management)
Strategisches Management - Wie strategische Initiativen zum Wandel führen - der St. Galler General Management Navigator. 3., aktual. Aufl., Stuttgart: Schäffer-Poeschel, 2005.

Nebl, T.; Dikow, A.: (Produktivitätsmanagement)
Produktivitätsmanagement - theoretische Grundlagen, methodische Instrumentarien, Analyseergebnisse und Praxiserfahrungen zur Produktivitätssteigerung in produzierenden Unternehmen. 2. Aufl., München: Hanser, 2004.

Neemann, C. W.: (Methodik zum Schutz gegen Produktimitationen)
Methodik zum Schutz gegen Produktimitationen. Aachen: Shaker 2007, zugl. Diss. RWTH Aachen.

Neuhausen, J.: (Methodik zur Gestaltung modularer Produktionssysteme)
Methodik zur Gestaltung modularer Produktionssysteme für Unternehmen der Serienproduktion. Diss. RWTH Aachen, 2001.

o. V.: (Auftragsabwicklung)
VDI-Gesellschaft Entwicklung Konstruktion Vertrieb (Hrsg.): Auftragsabwicklung im Maschinen und Anlagenbau. Düsseldorf: VDI, 1991.

o. V.: (Werkzeugbau in Deutschland)
Werkzeugbau in Deutschland. In: FORM + Werkzeug. 2006 (2006), Nr. 3, S. 21-22.

o. V.: (Organisationshandbuch)
Bundesverwaltungsamt (Hrsg.): Handbuch für Organisationsuntersuchungen und Personalbedarfsermittlung. Köln: Eigendruck, 2007.

o. V.: (Rigor vs. Relevance)
Verband der Hochschullehrer für Betriebswirtschaft e.V. (Hrsg.): Rigor vs. Relevance - Tagungsband der 69. Wissenschaftliche Jahrestagung des Verbandes der Hochschullehrer für Betriebswirtschaft e.V. (VHB). Paderborn: Eigendruck, 2007.

o. V.: (Konjunktur der Herstellung von Werkzeugen)
Herstellung von Werkzeugen - Konjunkturelle Perspektiven, Betriebswirtschaftliche Verfassung, Wettbewerbsposition und Unternehmenspolitik. In: VR Info Branchen special. (2009), S. 1-4.

o. V.: (aixperanto)
Werkzeugmaschinenlabor WZL der RWTH Aachen (Hrsg.): aixperanto-Benutzerhandbuch. Download von www.aixperanto.de am 02.09.2009. Aachen: 2009.

Obermeier, T.; Gasper, R.: (Investitionsrechnung und Unternehmensbewertung)
Investitionsrechnung und Unternehmensbewertung. München: Oldenbourg, 2008.

Ohno, T.: (Das Toyota-Produktionssystem)
Das Toyota-Produktionssystem. Frankfurt a. M.: Campus, 2009.

Patzak, G.: (Systemtechnik)
Systemtechnik - Planung komplexer innovativer Systeme: Grundlagen, Methoden, Techniken. Berlin: Springer, 1982.

Paulukuhn, L.: (Typologisierung von Entwicklungsprojekten)
Typologisierung von Entwicklungsprojekten im Maschinenbau. Aachen: Shaker, 2005, zugl. Diss. RWTH Aachen, 2004.

Pelzmann, L.: (Ohnmacht der Manager)
Die Ohnmacht der Manager. In: m.o.m.- Letter. 17 (2009), Nr. 2, S. 18-30.

Petzold, J.: (Vorkalkulation des Werkzeug- und Formenbaus)
Verbesserung der Datenqualität in der Vorkalkulation des Werkzeug- und Formenbaus. Garbsen: PZH, 2008, zugl. Diss. Univ. Hannover.

Pfeifer, T.: (Qualitätsmanagement)
Qualitätsmanagement: Strategien, Methoden, Techniken. 3., völlig überarb. und erw. Aufl., München: Hanser, 2001.

Pfohl, H.-C.: (Logistiksysteme)
Logistiksysteme - Betriebswirtschaftliche Grundlagen. 4. erw. und korrigierte Aufl., Berlin: Springer, 1990.

Pfohl, H.-C.; Stölzle, W.: (Planung und Kontrolle)
Planung und Kontrolle - Konzeption, Gestaltung, Implementierung. 2., neu bearb. Aufl., München: Vahlen, 1997.

Pollack, A.: (Entwicklung eines Informationssystems)
Entwicklung eines Informationssystems zur strategischen Planung des Werkzeugbaus - ein Beitrag zur Strategiefindung auf Basis von Benchmarkingergebnissen. Aachen: Shaker, 1995, zugl. Diss. RWTH Aachen.

Popper, K.: (Logik der Sozialwissenschaften)
Die Logik der Sozialwissenschaften. In: Maus, H.; Fürstenberg, F. (Hrsg.): Der Positivismusstreit in der deutschen Soziologie. Neuwied: Luchterhand, 1969.

Popper, K. R.: (Logik der Forschung)
Logik der Forschung. 11. Aufl., Tübingen: Mohr Siebeck, 2005.

Priese, J.: (Planung in Werkstattstrukturen)
Verfahren zur durchgehenden dezentralen Planung in Werkstattstrukturen. Heimsheim: Jost-Jetter, 2007, zugl. Diss. Univ. Stuttgart.

Probst, J.: (Leancontrolling)
Leancontrolling - Schnelle Controllinglösung für die Praxis. Kissing: WEKA, 2003.

Pyhrr, P. A.: (Zero-base budgeting)
Zero-base budgeting. In: Harvard Business Review, November/ December 1970. S. 111-121.

Reihlen, M.: (Entwicklungsfähige Planungssysteme)
Entwicklungsfähige Planungssysteme - Grundlagen, Konzepte und Anwendungen zur Bewältigung von Innovationsproblemen. Wiesbaden: DUV, 1997, zugl. Diss. Univ. Köln, 1996.

Richter, K.-S.; Ibold, F.: (Organisationssoziologie und Change-Management)
Organisationssoziologie und Change-Management - Die Bedeutung von lokalen Rationalitäten, Machtspielen und Kontingenz. In: Keuper, F.; Groten, H. (Hrsg.): Nachhaltiges Change Management: Interdisziplinäre Fallbeispiele und Perspektiven. Wiesbaden: Gabler, 2007, S. 231-250.

Rieg, R.: (Planung und Budgetierung)
Planung und Budgetierung - was wirklich funktioniert. Wiesbaden: Gabler, 2008.

Rother, M.; Lean Management Institut; Shook, J.: (Sehen lernen)
Sehen lernen. Mit Wertstromdesign die Wertschöpfung erhöhen und Verschwendung beseitigen. Deutsche Ausg. Version 1.2. Aachen: Lean Management Inst., 2006.

Rüegg-Stürm, J.: (Das neue St. Galler Management-Modell)
Das neue St. Galler Management-Modell. In: Dubs, R. et al. (Hrsg.): Einführung in die Managementlehre - Band 1. Bern: Haupt, 2004, S. 65-141.

Sauerwald, K.: (Effektivität und Effizienz)
Effektivität und Effizienz - Zielbeziehungen organisationaler Entscheidungen. München: Hampp, 2007, zugl. Diss. Handelshochschule Leibzig, 2006.

Schanz, G.: (Grundfragen)
Wissenschaftstheoretische Grundfragen der Führungsforschung. In: Kieser, A. et al. (Hrsg.): Handwörterbuch der Führung. Stuttgart: Schäffer-Poeschel, 1995, S. 2189-2197.

Scherm, E.: (Lean Management für die Planungs- und Controllingfunktion)
Konsequenzen eines Lean Management für die Planungs und Controllingfunktion. Sechs Thesen. Univ. Regensburg: Wirtschaftswiss. Fak., 1993.

Schiegg, P.: (Strukturen der Planung und Steuerung)
Typologie und Erklärungsansätze für Strukturen der Planung und Steuerung in Produktionsnetzwerken. Aachen: Shaker, 2005, zugl. Diss. RWTH Aachen.

Schiemenz, B.; Schönert, O.: (Entscheidung und Produktion)
Entscheidung und Produktion. 3., überarb. Aufl., München: Oldenbourg, 2005.

Schmelzer, H. J.; Sesselmann, W.: (Geschäftsprozessmanagement)
Geschäftsprozessmanagement in der Praxis - Kunden zufrieden stellen, Produktivität steigern, Wert erhöhen. 6., vollst. überarb. und erw. Auflage, München: Hanser, 2008.

Schneider, H. M.; Buzacott, J. A.; Rücker, T.: (Operative Produktionsplanung und -steuerung)
Operative Produktionsplanung und -steuerung - Konzepte und Modelle des Informations- und Materialflusses in komplexen Fertigungssystemen. München: Oldenbourg, 2005.

Scholl, A.: (Robuste Planung und Optimierung)
Robuste Planung und Optimierung - Grundlagen - Konzepte und Methoden - experimentelle Untersuchungen. Heidelberg: Physica, 2001, zugl. Diss. TU Darmstadt.

Scholz-Reiter, B.; Böse, F.; Jagalski, T.; Windt, K.: (Selbststeuerung)
Selbststeuerung in der betrieblichen Praxis - Ein Framework zur Auswahl der passenden Selbststeuerungsstrategie. In: Industrie Management. 23 (2007), Nr. 3, S. 7-10.

Scholz-Reiter, B.; Kolditz, J.; Hildebrandt, T.: (Autonomously controlled systems)
Engineering autonomously controlled logistic systems. In: International Journal of Production Research. 47 (2009), Nr. 6, S. 1449-1468.

Schönung, M. M.: (Kundenwertorientierte Preissetzung)
Kundenwertorientierte Preissetzung für Leistungssysteme im Maschinen- und Anlagenbau. Aachen: Apprimus, 2008, zugl. Diss. RWTH Aachen.

Schuh, G.; Boos, W.; Gaus, F.; Kozielski, S.: (Diensleistungsqualität im Werkzeugbau)
Beurteilung der Diensleistungsqualität im Werkzeugbau. In: wt werkstattstechnik. 99 (2009), Nr. 7/8, S. 539-543.

Schuh, G.; Franzkoch, B.; Burggräf, P.; Nöcker, J.; Wesch-Potente, C.: (Frei konfigurierbare Planungsprozesse)
Frei konfigurierbare Planungsprozesse in der Fabrikplanung. In: wt werkstattstechnik. 4 (2009), S. 193-198.

Schuh, G.; Gierth, A.: (Aachener PPS-Modell)
Aachener PPS-Modell. In: Schuh, G. (Hrsg.): Produktionsplanung und -steuerung. Berlin: Springer, 2006, S. 11-27.

Schuh, G.; Gottschalk, S.; Höhne, T.: (High Resolution Production Management)
High Resolution Production Management. In: Annals of the CIRP. 56 (2007), Nr. 1, S. 439-442.

Schuh, G.; Haefke, B.; Hofmann, G.; Klotzbach, C.; Saiko, T.; Waltl, H.; Giehler, F.; Ziskoven, H.: (Strategien im Werkzeugbau)
Strategien im Werkzeugbau - Handwerk oder getaktete Fließfertigung? In: Brecher, C. et al. (Hrsg.): Wettbewerbsfaktor Produktionstechnik - Aachener Perspektiven. Aachen: Apprimus, 2008.

Schuh, G.; Klocke, F.: (Werkzeugbau in China)
Studie: Werkzeugbau in China - Chance oder Bedrohung? Aachen: Eigendruck, 2006.

Schuh, G.; Stölzle, W.; Straube, F.: (Anlaufmanagement in der Automobilindustrie)
Anlaufmanagement in der Automobilindustrie erfolgreich umsetzen - Ein Leitfaden für die Praxis. Berlin: Springer, 2008.

Schuh, G.; Tanner, H. R.: (Prozessorientierung im Kostenmanagement)
Prozessorientierung im Kostenmanagement. In: TR Transfer. (1995), Nr. 25/26, S. 20-23.

Schwarz, S.; Cokbudak, E.: (Führung im Change Management)
Führung als kritischer Erfolgsfaktor im Change Management. In: Keuper, F.; Groten, H. (Hrsg.): Nachhaltiges Change Management: Interdisziplinäre Fallbeispiele und Perspektiven. Wiesbaden: Gabler, 2007, S. 32-59.

Schweicher, B.: (Kosten- und Nutzenanteile)
Identifzierung und Zuordnung der Kosten- und Nutzenanteile von Supply-Chain-Management-Konzepten. Aachen: Shaker, 2009, zugl. Diss RWTH Aachen.

Spath, D.; Hirsch-Kreinsen, H.; Kinkel, S.: (Organisatorische Wandlungsfähigkeit)
Organisatorische Wandlungsfähigkeit produzierender Unternehmen - Unternehmenserfahrungen, Forschungs- und Transferbedarfe. Stuttgart: Fraunhofer IRB, 2008.

Specht, G.: (Distributionsmanagement)
Distributionsmanagement. 2. überarb. und erw. Aufl., Stuttgart: Kohlhammer, 1992.

Stachowiak, H.: (Allgemeine Modelltheorie)
Allgemeine Modelltheorie. Wien: Springer, 1973.

Steinmann, H.; Schreyögg, G.: (Management)
Management - Grundlagen der Unternehmensführung. 6. Aufl., Wiesbaden: Gabler, 2005.

Stephan, A.: (Emergenz)
Emergenz - Von der Unvorhersagbarkeit zur Selbstorganisation. 3., unveränd. Aufl., Paderborn: Mentis, 2007.

Stockhammer, F.: (Honorierung von Planungsleistungen)
Die Honorierung von Planungsleistungen - 6. Novellierung der HOAI. Hamburg: Igel, 2009.

Stufflebeam, D. L.; Shinkfield, A. J.: (Evaluation)
Evaluation theory, models, and applications. San Francisco: Jossey-Bass, 2007.

Szyperski, N.; Welters, K.: (Grenzen und Zweckmäßigkeit der Planung)
Grenzen und Zweckmäßigkeit der Planung - eine Diskussion der Argumente aus betriebswirtschaftlicher Sicht. In: Die Unternehmung. 30 (1976), Nr. 4, S. 265-283.

Tockenbürger, L. W.: (Controlling prozessorientierter Restrukturierungen)
Controlling prozessorientierter Restrukturierungen. Aachen: Shaker, 2000, zugl. Diss. Univ. St. Gallen.

Tomczak, T.: (Forschungsmethoden)
Forschungsmethoden in der Marketingwissenschaft - ein Plädoyer für den qualitativen Forschungsansatz. In: Marketing-Zeitschrift für Forschung und Praxis. 14 (1992), Nr. 2, S. 77-87.

Tomys, A.-K.: (Kostenorientiertes Qualitätsmanagement)
Kostenorientiertes Qualitätsmanagement - ein Beitrag zur Klärung der Qualität-Kosten-Problematik. München: Hanser, 1994, zugl. Diss. TU Berlin, 1993.

Tomys, A.-K.: (Wertschöpfung als Wirkungsgrad)
Wertschöpfung als Wirkungsgrad von Geschäftsprozessen. In: Kamiske, G. F. (Hrsg.): Die hohe Schule des Total Quality Management. Berlin: Springer, 1994, S. 216-232.

Tracht, K.: (Planung des Werkzeugbaus)
Planung und Steuerung des Werkzeug- und Formenbaus auf Basis eines integrierten Produktmodells. Hannover: PZH, 2002, zugl. Diss. Univ. Hannover, 2001.

Tränckner, J.-H.: (Analyse der technischen Auftragsabwicklung)
Entwicklung eines prozeß- und elementorientierten Modells zur Analyse und Gestaltung der technischen Auftragsabwicklung von komplexen Produkten. Diss. RWTH Aachen, 1990.

Tuomi, J.; Suutala, K.; Kanerva, J.: (Survey of the International Tool Manufacturing Business)
Survey of the International Tool Manufacturing Business. Espoo: BIT Research Center, 2005.

Ulrich, H.: (Unternehmung)
Die Unternehmung als produktives, soziales System - Grundlagen der allgemeinen Unternehmungslehre. Bern: Haupt, 1968.

Ulrich, H.: (Management)
Management. Bern: Haupt, 1984.

Ulrich, P.; Hill, W.: (Grundlagen - Teil 1)
Wissenschaftstheoretische Grundlagen der Betriebswirtschaftslehre (Teil 1). In: WiSt Wirtschaftswissenschaftliches Studium. (1976), Nr. 7, S. 304-309.

Ulrich, P.; Hill, W.: (Grundlagen - Teil 2)
Wissenschaftstheoretische Grundlagen der Betriebswirtschaftslehre (Teil 2). In: WiSt Wirtschaftswissenschaftliches Studium. (1976), Nr. 8, S. 345-350.

Verworn, B.: (Die frühen Phasen der Produktentwicklung)
Die frühen Phasen der Produktentwicklung: Eine empirische Analyse in der Mess-, Steuer- und Regelungstechnik. Wiesbaden: DUV, 2005, zugl. Diss. TU Hamburg-Harburg, 2004.

Verworn, B.: (Bedeutung von Planungsaktivitäten)
Die Rolle und Bedeutung von Planungsaktivitäten während der frühen Phasen. In: Herstatt, C.; Verworn, B. (Hrsg.): Management der frühen Innovationsphasen. Wiesbaden: Gabler, 2007.

Wall, F.: (Planungs- und Kontrollsysteme)
Planungs- und Kontrollsysteme - informationstechnische Perspektiven für das Controlling - Grundlagen, Instrumente, Konzepte. Wiesbaden: Gabler, 1999.

Weise, J.: (Planung und Steuerung von Innovationsprojekten)
Planung und Steuerung von Innovationsprojekten. Wiesbaden: DUV, 2007, zugl. Diss. TU Berlin.

Westkämper, E.: (Turbulentes Umfeld)
Turbulentes Umfeld von Unternehmen. In: Westkämper, E.; Zahn, E. (Hrsg.): Wandlungsfähige Unternehmensstrukturen - Das Stuttgarter Unternehmensmodell. Berlin: Springer, 2008, S. 7-23.

Wiegand, B.; Franck, P.; Nutz, K.: (Lean Administration)
Lean Administration. Aachen: Lean Management Institut, 2004.

Wiendahl, H.-H.: (Auftragsmanagement)
Situative Konfiguration des Auftragsmanagements im turbulenten Umfeld. Heimsheim: Jost-Jetter, 2002, zugl. Diss. Univ. Stuttgart.

Wiendahl, H.-P.: (Betriebsorganisation)
Betriebsorganisation für Ingenieure. 6., aktual. Aufl., München: Hanser, 2007.

Wienecke, K.: (Planungsszenarien)
Beschreibung und Bewertung von Planungsszenarien. In: Luczak, H.; Becker, J. (Hrsg.): Workflowmanagement in der Produktionsplanung und -steuerung - Qualität und Effizienz der Auftragsabwicklung steigern. Berlin: Springer, 2003, S. 248-267.

Wild, J.: (Grundlagen der Unternehmungsplanung)
Grundlagen der Unternehmungsplanung. 4. Aufl., Opladen: Westdt. Verl., 1982.

Wildemann, H.: (Auftragsabwicklungssegmente)
Auftragsabwicklungssegmente - Kundenorientierung und Teambildung in der Auftragsabwicklung. München: TCW, 1999.

Windt, K.; Hülsmann, M.: (Autonomous Cooperation and Control)
Changing Paradigms in Logistics - Understanding the Shift from Conventional Control to Autonomous Cooperation and Control. In: Windt, K.; Hülsmann, M. (Hrsg.): Understanding Autonomous Cooperation and Control in Logistics - The Impact of Autonomy on Management, Information, Communication and Material Flow. Berlin: Springer, 2007, S. 1-16.

Winkler, H.: (Wirkbeziehungen)
Modellierung vernetzter Wirkbeziehungen im Produktionsanlauf. Garbsen: PZH, 2007, zugl. Diss. Univ. Hannover.

Wöhe, G.: (Einführung in die allgemeine Betriebswirtschaftslehre)
Einführung in die allgemeine Betriebswirtschaftslehre. 19. Aufl., München: Vahlen, 1996.

Yamasaki, Y.: (Parametrische Konstruktion)
Konstruktionshilfsmittel für die parametrische Konstruktion. Aachen: Apprimus, 2008, zugl. Diss. RWTH Aachen.

Zoschke, M.: (Verbesserung der Planung im Werkzeugbau)
Verbesserung der Planung von Produktionsprozessen im Werkszeugbau durch Qualitätsplanung mittels Quality Function Deployment (QFD). Berlin: Fraunhofer IPK, 1997, zugl. Diss. TU Berlin, 1996.

Zwicker, R.: (Planung und Steuerung im Werkzeug- und Formenbau)
Hilfsmittel für die Planung und Steuerung im Werkzeug- und Formenbau. In: Der Stahlformenbauer. 3/2008 (2008), S. 32-36.

9 Anhang

9.1 Voraussetzungen und Annahmen der Methodik

Im Folgenden wird das Planungsverständnis beschrieben, das dieser Arbeit zu Grunde liegt. Dies erfolgt mit Hilfe eines Grenznutzenmodells der Aufwandsbeeinflussung der Planung in der Auftragsabwicklung. Dieses Modell wird in Abschnitt 9.1 in mehreren Detaillierungsvarianten vorgestellt und in den Abschnitten 9.1.2 bis 9.1.5 anhand von Eigenschaften erläutert, die im Folgenden genannt sind:

- Positiver Grenznutzen
- Abnehmender Grenznutzen
- Linearisierbarkeit
- Beeinflussbarkeit des Planungsbedarfs

9.1.1 Modell der Aufwandsbeeinflussung der Planung in der Auftragsabwicklung

In Abschnitt 5.3 wurde bereits kurz auf das Modell eingegangen. Die folgende Beschreibung ist dagegen detaillierter und umfasst auch die bereits erläuterten Aspekte.

Die Analyse existierender Ansätze zur Nutzenbewertung[385] hat gezeigt, dass es keine praktikable Möglichkeit gibt, einer notwendigen Planungstätigkeit einen absoluten Wert zuzuweisen bzw. einen Gesamtwert auf mehrere notwendige Tätigkeiten aufzuteilen. Damit gibt es auch keine Möglichkeit, eine Entscheidung über die Verteilung von Aufwand von einer solchen absoluten Bewertung abhängig zu machen.

Diese inhärente Problematik lässt sich umgehen, indem nicht auf den absoluten Nutzen, sondern auf den Grenznutzen fokussiert wird. Unter Grenznutzen ist die inkrementelle Nutzenänderung bei einer inkrementellen Änderung des Aufwands für die Tätigkeit zu verstehen. Ist der Grenznutzen für eine bestimmte Situation bekannt, lässt sich für genau diese Situation bewerten, ob ein höherer oder geringerer Aufwand sinnvoller wäre. Die eigentliche Herausforderung liegt aber auch hier in der Ermittlung des Grenznutzens, bzw. einer Nutzenfunktion in der Nähe der Ist-Situation und weniger in der anschließenden Verarbeitung dieser Information. Für die Ermittlung des Grenznutzens gilt, dass sie stark vom Einzelfall abhängig ist. Die Planung, insbesondere die operative Planung bis hin zur Steuerung, hängt stark von den Randbedingungen des Einzelfalls bzw. einer konkreten Auftragsabwicklung ab.[386] Daher wird an dieser Stelle im Rahmen der Methodik ein Grenznutzenmodell erläutert, jedoch nicht eine allgemein gültige Formel für die Ermittlung des Grenznutzens

---

[385] Vgl. Abschnitt 3.5

[386] Vgl. Eversheim (Arbeitsvorbereitung), 2002, S. 207

angegeben. Die Grenzbetrachtung wird vielmehr über Änderungen des Planungsumfangs ermöglicht. Hierfür werden die folgenden Formen einer Änderung des Planungsaufwands zusammengefasst:[387]

- Änderung eines Umfangs der Planungsinhalte („Was wird geplant?")
- Änderung der Detaillierung der Planung („Wie detailliert wird geplant?")
- Änderung des Planungshorizonts („Wann wird geplant?")

Eine Zusammenfassung erscheint sinnvoll, da sich die drei Fragen nicht unabhängig voneinander beantworten lassen, sondern im Gegenteil sich aus der Beantwortung einer Frage die Beantwortung der anderen beiden Frage fast vollständig ergibt.

Entscheidend bei der Grenzbetrachtung ist, dass immer die verursachende und die beeinflusste Entität (hier: Planungsphase) gegenüber gestellt werden. Daher wird im Folgenden auf verschiedene Möglichkeiten eingegangen, diese Phasen innerhalb des Modells realitätsnah und handhabbar auszugestalten. Anhand der verschiedenen Phasenmodelle wird zunächst die Beeinflussung des Aufwands einer Phase durch den Aufwand in einer vorhergehenden Phase erläutert.

Modell mit zwei Phasen „Planung" und „Ausführung

In Abschnitt 3.4.2 wurde der Fall eines Planungsprozesses erläutert, in dem der Planungsaufwand festgelegt wird und der Gesamtaufwand von diesem abhängt.

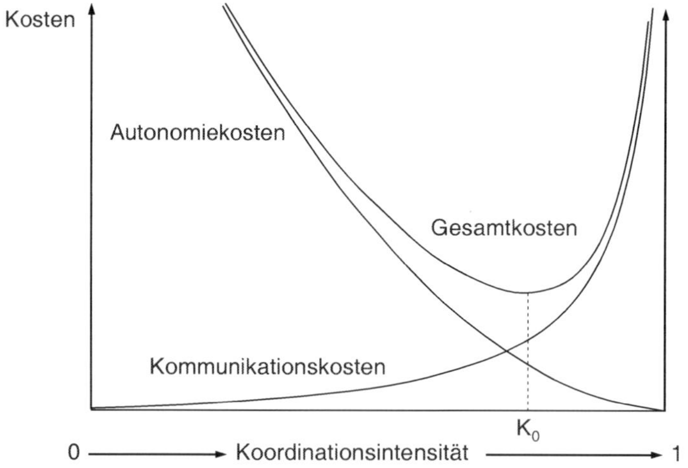

Abbildung 9-1: Gesamtkosten in Abhängigkeit der Koordinationsintensität[388]

[387] Vgl. Hungenberg (Optimierung von operativen Planungssystemen), 1993, S. 238 f. und Wienecke (Planungsszenarien), 2003, S. 252

[388] i.A.a. Emery (Organizational Planning), 1969, S. 31. Es wird dabei von einem einheitlichen Grad der Koordination für alle Aufgaben im Unternehmen ausgegangen.

In diesem Modell ist die Koordinationsintensität zwar intuitiv verständlich, lässt sich allerdings nicht quantifizieren oder messen und ist daher auch noch nicht operativ nutzbar. Daher ist dieses Modell mit den beiden Phasen „Auftragsabwicklung" und „Ausführung" in der folgenden Abbildung weiterentwickelt:

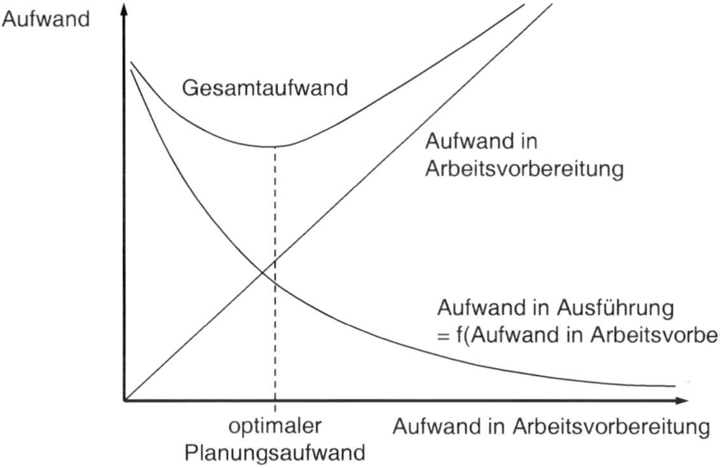

Abbildung 9-2: Gesamtaufwand in Abhängigkeit vom Planungsaufwand in der Auftragsabwicklung[389]

In dieser Darstellung ist die „Koordinationsintensität" durch den absoluten Umfang des Aufwands in der Auftragsabwicklung ersetzt, der sich in Form von Zeit und/ oder Kosten messen lässt. Mit zunehmendem Aufwand in der Auftragsabwicklung sinkt der Aufwand in der Ausführung.

Der Gesamtaufwand stellt sich dar als die Summe des Aufwands in der Auftragsabwicklung und des von diesem abhängigen Aufwand in der Ausführung. Daher ergibt sich die Kurve des „Aufwands in der Arbeitsvorbereitung" als Diagonale. In diesem einfachen Fall liegt das Gesamtoptimum an der Stelle, an der der Grenznutzen im Sinne einer Einsparung der Ausführungskosten gleich dem Grenzaufwand ist.

Die einzelnen Alternativen, die in dieser Darstellung durch den Umfang an Planungsaufwand in der Auftragsabwicklung festgelegt werden, lassen sich auch durch eine Gegenüberstellung des Aufwands der Auftragsabwicklung und der Ausführung in einem Balkendiagramm darstellen, wie es die folgende Abbildung zeigt:

---

[389] Eine ähnliche Darstellung findet sich auch bei Verworn (Bedeutung von Planungsaktivitäten), 2007, S. 255. Vgl. Abschnitt 3.4.6

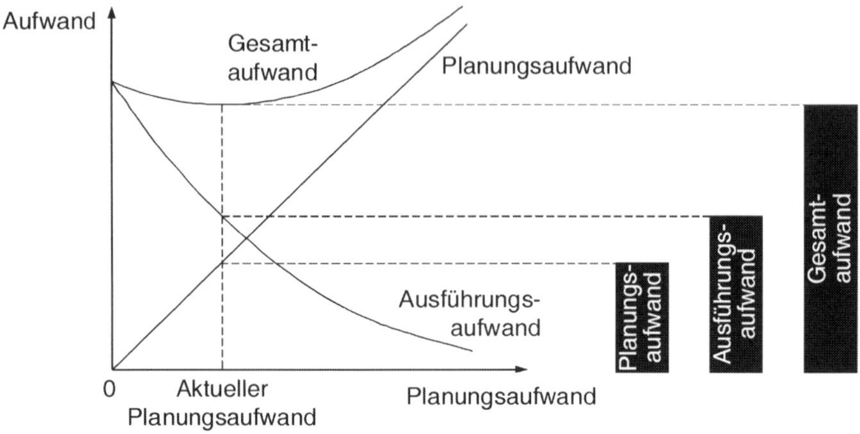

Abbildung 9-3: Mögliche Darstellungen von alternativen Szenarien

Die Verteilung des Aufwands auf verschiedene Phasen ist in der Balkenform sehr übersichtlich darzustellen; ob zuviel oder zu wenig geplant wird, dagegen nicht. Dieses einfache Modell mit nur zwei Phasen wird im Folgenden weiterentwickelt:

Modell mit n aufeinander folgenden Phasen in der Auftragsabwicklung

Eine reale Auftragsabwicklung im Werkzeugbau besteht nicht nur aus Aufwand zu einem Planungszeitpunkt, bspw. in der Arbeitsvorbereitung und weiterem Aufwand zu einem Ausführungszeitpunkt. Vielmehr lässt sich der Auftragsabwicklungsprozess in eine Reihe von Phasen einteilen, beispielsweise in die fünf, die in Abschnitt 5.1.2 beschrieben sind. Bei mehr als zwei Phasen gibt es jedoch nicht mehr die Möglichkeit, in einem zweidimensionalen Diagramm den Aufwand der folgenden Phasen als Funktion des Aufwands der vorhergehenden Phasen darzustellen, so dass zur Darstellung ein Balkendiagramm genutzt wird.

Es gilt dann, dass jeder sinnvoll investierte[390] Aufwand in einer Phase sich positiv auf die folgenden Phasen auswirkt und zu einem höheren Kundennutzen, der hier bei feststehendem Output ausgeklammert werden soll oder zu geringerem Aufwand in den folgenden Phasen führt.

Aus einer sukzessiven Festlegung des Aufwands in der ersten Phase, des Aufwands in der zweiten Phase etc., ergibt sich ein Gesamtaufwand. Die folgende Darstellung geht von fünf Phasen aus, und stellt in dieser Ausgangssituation drei alternative Szenarien dar, wobei im hinten dargestellten Szenario (schwarz) generell am wenigsten geplant und im mittleren Szenario (mittelgrau) am meisten geplant wird.

---

[390] Eine Erläuterung der Eingrenzung auf sinnvoll investierten Aufwand findet sich in Abschnitt 9.1.2

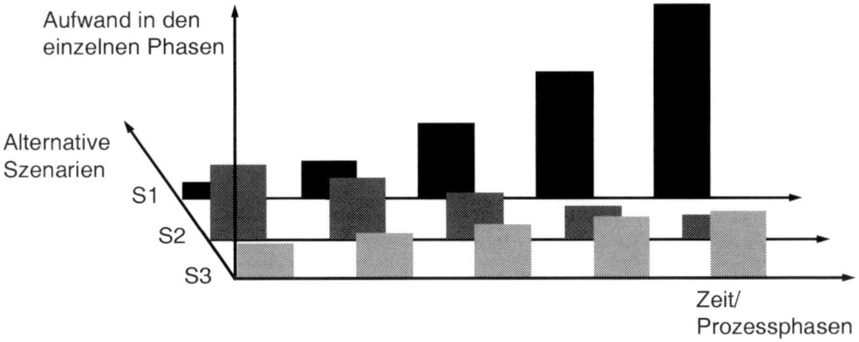

Abbildung 9-4: Drei mögliche alternative Szenarien mit Aufwandsverteilungen über fünf Prozessphasen

Anders als in bisher existierenden Modellen ist es wesentlich, dass nicht nur in *einer* frühen Phase die Rahmenbedingungen für den gesamten folgenden Prozess geschaffen werden, sondern dass für jede einzelne Phase eine Festlegung des Aufwands getroffen wird und sich jede einzelne Festlegung auf alle folgenden Phasen auswirkt.[391]

In diesem Modell ist der Gesamtaufwand dadurch zu minimieren, dass, beginnend mit den frühen Phasen, in jeder Phase der Aufwand investiert wird, der unter Berücksichtigung aller folgenden Möglichkeiten zu einem Gesamtminimum an Aufwand führt. Schon in diesem einfachen Modell gibt es von jeder Phase eine Auswirkung auf jede der späteren Phasen, so dass bei 5 Phasen schließlich 4+3+2+1=10 und bei n Phasen insgesamt

$X = (n-1) + (n-2) + \ldots + 1 = \sum_{\hat{n}=1}^{n-1} \hat{n} = \frac{n \cdot (n-1)}{2}$ Auswirkungen auftreten.

Wesentlich in diesem Modell ist das Verständnis von der Beeinflussung des Planungsbedarfs über die einzelnen Stufen. Dieses Verständnis beruht auf den folgenden Prinzipien:

- Zusätzlicher Planungsaufwand in einer Phase verringert den Aufwand in einer oder mehreren der Folgephasen.[392]
- Mangelnde Planung in einer Phase erhöht den Aufwand in einer oder mehreren der Folgephasen.
- Die Einsparungen an Aufwand in einer Phase, die dem erhöhten Aufwand in einer der Folgephasen geschuldet sind, können auch „reinvestiert" werden. Sie

[391] Vgl. Tockenbürger (Controlling prozessorientierter Restrukturierungen), 2000, S. 217

[392] Der umgekehrte Fall trifft nur bei Fehlplanung zu und tritt in der Realität auch auf. Ein sinnvolles Vorgehen besteht in diesem Fall darin, zunächst diese Fehlplanung zu identifizieren und zu eliminieren, bevor die in dieser Arbeit entwickelte Methodik genutzt wird.

stellen dann wiederum Aufwand dar, der den Aufwand in folgenden Schritten senkt.

- Die Unterscheidung nach notwendigem und darüber hinausgehendem Bedarf ist von hoher Relevanz, auch wenn in der Realität eine eindeutige Bestimmung nicht immer möglich ist. Lösen lässt sich dies durch den Bezug auf ein zu definierendes Szenario mit dem sich Veränderungen und daraus folgende Auswirkungen normieren lassen: Es wird als Konvention festgelegt, dass nur direkte Auswirkungen auch der verursachenden Phase zugeordnet werden und der Nutzen, der durch „reinvestierten Aufwand" entsteht, der Phase, in der er reinvestiert wird.
- Je komplexer die kausalen Zusammenhänge sind, die im Modell berücksichtigt werden sollen, desto schwieriger wird auch die deterministische Ermittlung eines Gesamtoptimums. Da sich die Zusammenhänge in der Realität kaum vollständig mathematisch beschreiben lassen, lässt sich die deterministische und exakte Lösbarkeit eines realen Problems praktisch ausschließen.
- Denkbar ist dagegen eine Verbesserung der Situation durch kleinschrittige Veränderungen des Umfangs des Aufwands in einzelnen Phasen.[393]
- Durch eine Variation des Aufwands in einer der Phasen ergeben sich Auswirkungen auf den Aufwand der nachfolgenden Phasen, so dass eine neue Situation mit einem anderen Gesamtaufwand ergibt. Durch eine ausreichend häufige Durchführung der Variation für jede der Planungsphasen ergibt sich eine fortwährende Verbesserung, bis schließlich ein Optimum gefunden wird.[394]

In einem solchen Modell sind nun beliebige Verteilungen des Aufwands denkbar. Ein Beispiel für eine Verteilung findet sich beispielsweise in der Investitionsplanung, allerdings ohne dass auf die Ursachen für die Verteilung einzugehen ist:

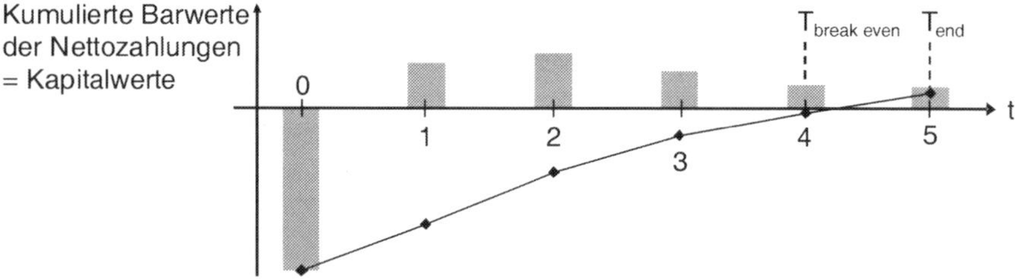

Abbildung 9-5: Projektstandskurven zur Darstellung von auftretendem Aufwand[395]

---

[393] Ein solches Verfahren entspricht den Suchalgorithmen der Informatik

[394] Dieses Optimum kann allerdings auch ein lokales Optimum sein. Soll dies ausgeschlossen werden, ist mit größerer Variation nach alternativen Szenarien zu suchen.

[395] i. A. a. Blohm et al. (Investition), 2006, S. 73

Vgl. Blomeyer (Wirtschaftlichkeitsbewertung), 2003, S. 60 zu Zahlungen im Lebenszyklus eines Systems oder Projekts. Vgl. Schwarz; Cokbudak (Führung im Change Management), 2007, S. 51 zur Anwendung auf Veränderungsprojekte.

Hierbei interessiert einerseits die Gesamtdauer bis zum Abschluss des Gesamtprozesses, andererseits der Gesamtaufwand für alle Aufgaben. Da in dieser Arbeit grundsätzlich davon ausgegangen wird, dass der Kunde extern die Vorgaben für die Leistungserfüllung macht und diese Vorgaben auch eingehalten werden, soll die Variation der Gesamtdauer nicht weiter betrachtet werden.

In der folgenden Darstellung wird auf genau die Kausalität eingegangen, die in üblichen Projektstandskurven vernachlässigt wird:

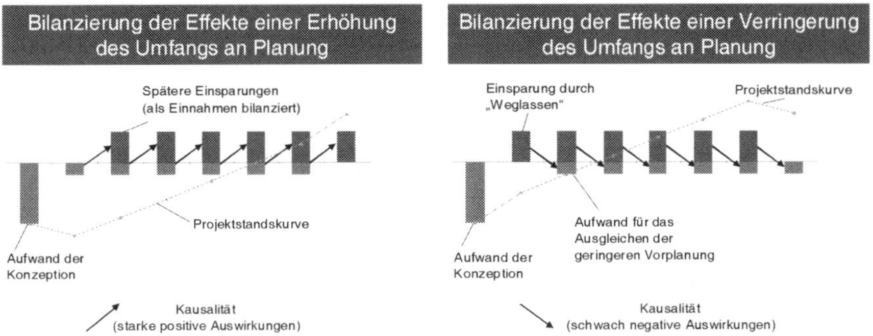

Abbildung 9-6: Projektstandskurve einer Veränderungsmaßnahme unter Berücksichtigung der Beeinflussung des Aufwands

In der linken Bildhälfte ist der Fall dargestellt, dass eine frühe geringe Aufwandserhöhung zu einer größeren Aufwandsreduzierung in der folgenden Phase führt. Da ein Teil des eingesparten Aufwands „reinvestiert" wird, ergibt sich auch für die darauf folgende Phase wiederum eine Reduzierung des Aufwands. Hinzu kommt allerdings ein Initialaufwand für die Veränderung des Gesamtprozesses, die sich dann über die Einzeleffekte rentiert.

In der rechten Bildhälfte ist der Fall dargestellt, dass eine frühe Aufwandssenkung zu einer Aufwandserhöhung in der folgenden Phase führt. In diesem Fall wird aber davon ausgegangen, dass vor der Umsetzung dieser Veränderung die frühe Planung weitgehend nutzlos war. Daher ergibt sich aus einer relativ großen Aufwandsenkung in der frühen Phase nur eine kleinere Aufwandserhöhung in der folgenden Phase. In Kombination mit dem Initialaufwand für die Umsetzung der Maßnahme ergibt sich dann der dargestellte Verlauf der Aufwandsveränderung gegenüber dem Zustand vor der Maßnahme.

Modell mit einem Kontinuum von aufeinander folgenden Planungsaufgaben

Mit Hilfe eines weiteren Detaillierungsschritts in der Modellierung lässt sich aus den n Schritten der Planung ein Kontinuum entwickeln. Dies entspricht dem Fall n gegen unendlich. In diesem Fall beeinflusst jede Aktivität innerhalb des gesamten Planungsprozesses die nachfolgenden Ausgangssituationen der Planung, den benötigten Aufwand, die Planungsaufgaben selbst und den möglichen Nutzen daraus etc.

In der folgenden Abbildung sind nun drei Möglichkeiten der Festlegung des Umfangs und der Allokation des Gesamtaufwands dargestellt:

Abbildung 9-7: Verschiedene Möglichkeiten der Planungsallokation in einem kontinuierlichen Modell

- $Szenario_0$ zeigt eine qualitative Verteilung, so wie sie heute bei traditionellen Werkzeugbaubetrieben oft aussieht
- $Szenario_1$ zeigt die Verteilung mit einem hohen Planungsaufwand z. B. unter der Nutzung von SAP etc.
- $Szenario_2$ zeigt das angenommene Optimum, das sich ergibt, wenn zu Beginn ausreichend intensiv geplant, der Planungsaufwand aber auch nicht übertrieben wird.

Neben diesen drei Szenarien sind beliebig viele weitere denkbar. So kann es Fälle geben, bei denen der Aufwand kurz vor Erreichen von Meilensteinen stark ansteigt und anschließend wieder stark abfällt. Allerdings können an dieser Stelle nicht alle denkbaren Fälle diskutiert werden, da sich, im Gegensatz zum Modell mit zwei Phasen, der Gesamtaufwand nicht als Funktion eines Parameters („Aufwand in der Planungsphase") ergibt, sondern als Funktion aller Einzelaufwände über der Zeit. Somit beschreibt diese Form des Modells die Praxis am genauesten, wird allerdings in der Praxis kaum anwendbar sein.

Entwicklung einer Struktur eines in der Realität anwendbaren Modells

Um eine Anwendbarkeit sicherzustellen, scheidet ein kontinuierliches Modell mit einer gegen unendlich gehenden Anzahl von Stufen aus. Ein Modell mit nur zwei Stufen (Planung und Ausführung) ist dagegen einfach gehalten, scheint allerdings nicht ausreichend realistisch zu sein. Wichtig ist, dass es keine richtige oder falsche Anzahl an Stufen gibt, sondern nur eine sinnvolle oder nicht sinnvolle Anzahl. Die einzelnen Stufen können mit den einzelnen Phasen der Auftragsabwicklung übereinstimmen, so dass je nach konkreter Ausgangssituation in der Praxis des Werkzeugbaus die Anzahl der Phasen festgelegt werden kann.

9.1.2 Positiver Grenznutzen des Planungsaufwands

Der Grenznutzen beschreibt die Nutzenänderung, die sich ergibt, wenn der Umfang an Planungsaufwand in geringem Umfang erhöht wird. Der Grenznutzen ist im Normalfall positiv, d. h. bei einer Erhöhung des Aufwands in einer frühen Phase ergibt sich eine Verringerung des Aufwands in einer oder mehreren folgenden Phasen.[396] Unter Berücksichtigung der Prozessleistungsarten nach TOMYS[397], die auch Fehlleistungsaufwand umfassen, ist darüber hinaus auch negativer Grenznutzen denkbar: In diesem Fall ergibt sich durch eine Erhöhung des Aufwands in einer frühen Phase eine Erhöhung des Aufwands in einer späteren oder durch eine Verringerung des Aufwands in einer frühen eine Verringerung des Aufwands in einer der späteren Phasen.

Im Falle eines solchen negativen Grenznutzens in der Realität sollte der entsprechende Fehlleistungsaufwand möglichst sofort eliminiert werden, bis der Grenznutzen nicht mehr negativ ist. Hierfür ist die in dieser Arbeit entwickelte Methodik nicht notwendig. Wenn Fehlleistungsaufwand auftritt, stellt sich auch nicht die Frage nach dem genauen Umfang des Einflusses auf die nachfolgenden Phasen. Vielmehr sollte Fehlleistungsaufwand immer und nicht nur in bestimmten Fällen behoben werden. Erst dann, wenn der geleistete Aufwand prinzipiell zu einem Nutzen führt, besteht der Bedarf, den optimalen Umfang an Aufwand zu bestimmen. Für den Fall neutraler Leistung – auch Blindleistung genannt, d. h. Grenznutzen = 0 – gilt, dass das Modell anwendbar bleibt, dass aber gleichzeitig die Anwendung der Methodik nicht notwendig ist, da auch die Blindleistung in jedem Fall so weit wie möglich zu eliminieren ist.

Vom Planungsaufwand abzugrenzen ist der Effekt einer Entscheidung. Entscheidungen werden je nach Quelle als Bestandteil, teilweise auch als wichtigster Bestandteil der Planung verstanden.[398] Für Entscheidungen gilt das Prinzip des abnehmenden Grenznutzens jedoch nicht. Entscheidungen schränken den verfügbaren Lösungsraum ein, während Planungsaufwand ohne Entscheidung den verfügbaren Lösungsraum aufweitet. Somit entsteht weder Nutzen, wenn möglichst viele Entscheidungen getroffen werden, noch entsteht Nutzen, wenn Entscheidungen beliebig früh, d. h. vor einer Analyse der Entscheidungsmöglichkeiten getroffen werden. Vielmehr gilt das Prinzip jeweils für den Aufwand, der *vor* jeder Entscheidung aufgewendet wird.

Das Planungsverständnis widerspricht damit auch nicht grundsätzlich der Forderung nach Selbstorganisation: Wesentlich ist, dass auch diejenigen Planungstätigkeiten darunter fallen, die Mitarbeiter in direkten Bereichen ausführen, die eigentlich per Definition gerade nicht die Planung, sondern deren Umsetzung als Arbeitsinhalt haben bzw. haben sollten. Um in der Sprache des Modells zu bleiben, fordert das Prin-

[396] Vgl. die von VERWORN zitierten Studien zum Einfluss der Planung auf nachfolgende Prozessphasen: Verworn (Die frühen Phasen der Produktentwicklung), 2005, S. 80 ff.

[397] Vgl. Abschnitt 3.3.5

[398] Vgl. die Erläuterungen hierzu in Abschnitt 2.1.1

zip der Selbstorganisation, den Planungsaufwand jeweils vor dem Treffen wichtiger Entscheidungen aufzuwenden, auch wenn dies eine Verlagerung der Entscheidung bedeutet. Dies gilt sowohl für strategische Aufgaben, bei denen in großem Umfang Planungsaufwand zur Erarbeitung möglicher Alternativen getrieben wird, bevor endlich die „große" Entscheidung getroffen werden kann, als auch für operative Aufgaben, in denen Planungsaufwand für die Erarbeitung möglicher Detailalternativen und Detailentscheidungen sich laufend abwechseln.

9.1.3 Abnehmender Grenznutzen des Planungsaufwands

Neben der Annahme eines positiven Grenznutzens geht das Modell auch von einem mit zunehmendem Gesamtaufwand abnehmenden Nutzen von zusätzlichem Aufwand aus. Von GOSSEN stammt das so genannte „Gesetz vom abnehmenden Grenznutzen", das besagt, dass „die Größe eines und desselben Genusses fortwährend abnimmt, wenn wir mit der Bereitung des Genusses ununterbrochen fortfahren, bis zuletzt Sättigung eintritt".[399] Während sich das Gesetz ursprünglich auf den Konsum bezieht, lässt es sich auf unterschiedlichste Unternehmensressourcen übertragen, bei denen die Erhöhung der Einsatzmenge ab einem bestimmten Punkt nicht mehr wirtschaftlich ist.

Den gleichen Zusammenhang beschreibt KOSIOL, mit dem Begriff „Informationswiderstand": Für die gleiche zusätzliche Informationsmenge ergeben sich zunehmende zusätzliche Kosten, wenn die zur Verfügung stehende Informationsmenge steigt.[400]

Die Grenzen der Planung, die in Abschnitt 2.1.3 erläutert wurden, lassen sich in diesem Verständnis als Gründe für den abnehmenden Grenznutzen interpretieren: Selbst wenn sie vor dem Hintergrund einer nicht sinnvollen „Überplanung" geschrieben sind, stellen sie nicht grundsätzlich den Nutzen von Planung in Frage, sondern begründen einzig, dass einem zusätzlichen Planungsaufwand ab einer bestimmten Grenze kein angemessener Planungsnutzen mehr gegenübersteht.

Im Modell des Grenznutzens bedeutet dieser Zusammenhang, dass für alle Betriebspunkte und damit für alle Umfänge an Planungsaufwand innerhalb jeder Planungsstufe der folgende Zusammenhang gilt: Die Erhöhung des Umfangs an Planungsaufwand ist mit einem geringeren Nutzen in Form einer Aufwandsreduktion in folgenden Phasen verbunden, als die gleich große Verringerung des Umfangs an Planungsaufwand mit Schaden in Form von Aufwandserhöhung in folgenden Phasen verbunden ist.

Dies hat zur Folge, dass es prinzipiell für die isolierte Auslegung des Planungsumfangs einer Stufe immer nur ein Optimum des geringsten Gesamtaufwands, nicht jedoch mehrere lokale Optima gibt.

---

[399] Vgl. Gossen (Gesetze des menschlichen Verkehrs), 1854

[400] Vgl. Kosiol (Bausteine der Betriebswirtschaftslehre), 1973, S. 396

9.1.4 Linearisierbarkeit des Planungsnutzens

Das Modell des Grenznutzens von Planungstätigkeiten geht von der grundsätzlichen Linearisierbarkeit des Planungsnutzens aus. Hierunter ist zu verstehen, dass der Verlauf des Nutzens eine glatte und stetige Funktion darstellt[401], auch wenn im Einzelfall diese Kurve nicht unbedingt bekannt sein muss. Der denkbare Fall, dass erst ab einem bestimmten Planungsumfang das Planungsergebnis wirksam wird und einen Effekt erzielt, wird damit im Modell nicht berücksichtigt. Dieser Ansatz ist vergleichbar mit dem Prinzip der Linearisierbarkeit aus der Regelungstechnik, das nur in der Nähe eines Betriebspunkts gilt.

An dieser Stelle sind zwei mögliche Einwände zu diskutieren: Einerseits ist es denkbar, dass eine Nutzenfunktion Sprünge aufweist, beispielsweise weil eine Planungsaufgabe nur dann überhaupt Nutzen bringt, wenn sie vollständig abgeschlossen wird. In der Anwendung der Methodik stellen diese Sprünge keine Einschränkung dar, da in der Methodik mit diskreten Alternativen gearbeitet wird und Grenznutzen und Grenzaufwand über eine Nutzen- und Aufwandsdifferenz angenähert werden.

Andererseits gibt es in der Praxis die Vorstellung des feststehenden Planungsbedarfs, so dass sich unterhalb des „richtigen" Planungsumfangs ein sehr großer Zusatzaufwand ergäbe, oberhalb dieses Punkts aber nur ein verschwindend geringer Zusatznutzen. Selbst bei angenommener Existenz eines solchen Punkts wäre jedoch eine linearisierbare Nutzenfunktion mit großer Krümmung in der Nähe dieses Punkts denkbar.

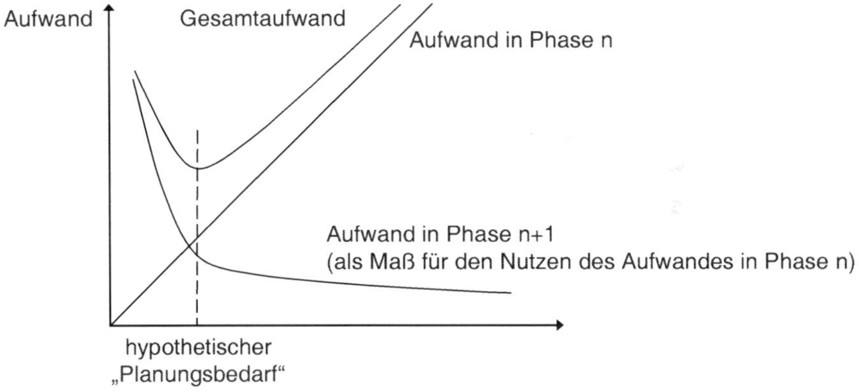

Abbildung 9-8: Linearisierbarkeit des Planungsnutzens in der Umgebung eines angenommenen feststehenden Planungsbedarfs

Das Modell geht dagegen ausdrücklich davon aus, dass es einen solchen, einfach zu bestimmenden Punkt nicht gibt. Insbesondere ist ein aktuell in der Praxis anzu-

[401] Dies bedeutet aber ausdrücklich nicht, dass die Funktion auf ihrer gesamten Länge linear ist. Vgl. Winkler (Wirkbeziehungen), 2007, S. 95 ff.

treffender Betriebspunkt in der Regel gerade nicht optimal in diesem Sinne. Darüber hinaus ist auch der Planungsbedarf nicht feststehend, sondern beeinflussbar, wie im folgenden Abschnitt erläutert wird.

9.1.5 Beeinflussbarkeit des Planungsbedarfs

Wesentlich für den tatsächlich erbrachten Umfang an Planungsaufwand ist die Einschätzung des Bedarfs an Planung für die nachfolgenden Stellen. Häufig haben Mitarbeiter, die Planungstätigkeiten ausführen, eine sehr genaue Vorstellung davon, wie detailliert sie planen müssen, damit nachfolgende Stellen sinnvoll arbeiten können. In der Praxis kann das bedeuten, dass davon ausgegangen wird, dass die erbrachte Planung absolut notwendig ist und mehr Planung absolut nichts bringe. Diese Einschätzung des Planungsbedarfs ist wesentlich für den tatsächlich aufgewendeten Umfang an Planungsaufwand und zwar auch dann, wenn die nachfolgenden Stellen selbst eine ganz andere Vorstellung von ihrem Planungsbedarf haben.[402] Dieser Sachverhalt wird in der Literatur bisher nicht vollständig abgebildet:

Wall geht davon aus, dass für eine Planungsaufgabe eine bestimmte Informationsmenge benötigt wird. Somit unterscheidet sie zwischen einerseits Informationsbereitstellung für die Planung und andererseits Informationsnutzung bei der Planung.

Wall unterscheidet darüber hinaus einen objektiven und einen subjektiven Planungsbedarf: Der objektive Planungsbedarf wird für die Erfüllung einer Aufgabe tatsächlich benötigt, der subjektive Planungsbedarf dagegen entspricht der Erwartung des Aufgabenträgers bzgl. des Planungsbedarfs. Hierbei wird immer auf die Situation der Nutzung der Planungsergebnisse abgezielt, nicht auf die Ausführung der Planung selbst: Somit wird auch nicht auf die Einschätzung des Planungsbedarfs durch den Planer, sondern nur auf die Einschätzung durch den Nutzer des Planungsergebnisses abgezielt.[403] Darüber hinaus erfolgt auch keine Modellierung der gegenseitigen Beeinflussung von Planern und Nutzern der Planungsergebnisse. Vielmehr handelt es sich um ein eher statisches Verständnis.

Koreimann zielt dagegen auf die Verfügbarkeit von Informationen ab, so dass zwischen tatsächlich angebotenen Informationen, den potenziell verfügbaren sowie den objektiv sinnvoll einsetzbaren Informationen unterschieden werden kann.[404] Abbildung 9–9 zeigt den Zusammenhang zwischen diesen Informationen:

---

[402] Gassmann beschreibt diesen Effekt für das Projektmanagement: Gassmann (Projektmanagement), 2006, S. 64. Er lässt sich aber nach Erfahrung des Autors auch auf etliche andere Aufgaben in der Auftragsabwicklung im Werkzeugbau übertragen.

[403] Vgl. Wall (Planungs- und Kontrollsysteme), 1999, S. 33 f.

[404] Vgl. Koreimann (Informationsbedarfsanalyse), 1976, S. 67
Zur Definition und Abgrenzung von Zeichen (Syntax), Nachrichten (Semantik) und Informationen (Pragmatik) siehe z. B. Lassen (Informationsflüsse der Auftragskoordination), 2006, S. 10 f.

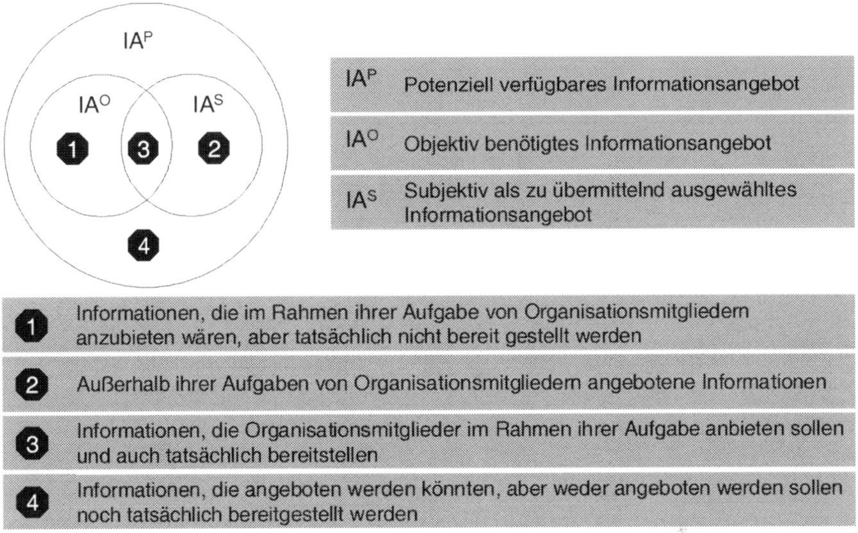

Abbildung 9-9: Potenziell verfügbares, objektiv benötigtes und subjektiv als zu übermitteln ausgewähltes Informationsangebot[405]

Bei der Anwendung der Methodik wird die Einschätzung des Planungsbedarfs durch die Planungsverantwortlichen ausgeklammert: Diese Einschätzung wird als Teil der expliziten oder häufiger impliziten Metaplanung angesehen, die zu dem aktuellen Betriebspunkt geführt hat.

Darüber hinaus muss bei einer Definition von Veränderungen berücksichtigt werden, dass Mitarbeiter bei der Ausübung ihrer Planungstätigkeiten eine Einschätzung des Planungsbedarfs vornehmen, diese Einschätzung auch individuell nutzen und sich nicht auf festgelegte Umfänge des Planungsaufwands verlassen werden.[406]

Abhängigkeit des Planungsbedarfs von vorhergehenden Planungsaktivitäten

Durch die Erhöhung des Umfangs an Planungsaufwand in frühen Phasen sinkt der Planungsbedarf in folgenden Phasen. Problematisch bei dieser Grundannahme ist, dass auf Seiten von Ursache und Wirkung zwei unterschiedliche Dinge verglichen werden, nämlich *tatsächlicher* Planungsaufwand in frühen Phasen mit *objektiv sinnvollem* Planungsaufwand in späten Phasen. Würden die Auswirkungen des tatsächlichen Aufwands in frühen Phasen auf den tatsächlichen Aufwand in späten Phasen betrachtet, ergäbe sich dieses Problem nicht. Nur wirkt sich der tatsächliche Auf-

---

[405] I. A. a. Wall (Planungs- und Kontrollsysteme), 1999, S. 36

[406] Vgl. Abschnitt 5.4.2 und Richter; Ibold (Organisationssoziologie und Change-Management), 2007, S. 234 ff.

wand in frühen Phasen nicht direkt auf den tatsächlichen Aufwand in späten Phasen aus, sondern nur auf den objektiv und subjektiv sinnvollen Aufwand.

Eine Erfassung des entscheidenden subjektiv sinnvollen Aufwands ist jedoch im Bewertungsmodell nicht möglich, da dieser gerade eben nicht auf rationalem Weg entsteht. Die sich aus dem Zusammenhang zwischen tatsächlichem Planungsaufwand in frühen Phasen und objektiv sinnvollem Planungsbedarf in späten Phasen ergebenden Herausforderungen lassen sich jedoch durch Konvention lösen:

Wenn in einer frühen Phase Planungsaufwand getrieben wird, spart dies Planungsbedarf in späten Phasen. Nun gibt es zwei Fälle, die unterschieden werden müssen:

1. Die späte Phase nutzt die gute Vorarbeit der frühen Phase und spart den nicht notwendigen eigenen Aufwand ein. Damit ergibt sich für diese Phase selbst eine Verringerung des Aufwands. Für folgende Phasen ergibt sich keine Änderung.
2. Die späte Phase investiert den gleichen eigenen Aufwand, den sie auch ohne die gute Vorarbeit investiert hätte, allerdings für etwas anders geartete Aufgaben, beispielsweise für eine feinere Detaillierung der Planung. Somit ergibt sich für diese Phase keine Veränderung der Summe des investierten Aufwands. Für die nachfolgenden Phasen ergibt sich aber ein umso größerer Nutzen durch die intensivere und damit z. B. detailliertere Planung der beiden ersten genannten Phasen. Dieser zweite Fall entspricht genau der „Reinvestition“ von Aufwand.[407]

Eine systematische Beschreibung dieses Zusammenhangs erfordert eine deutliche Trennung von dem ersten Effekt der Phase n auf die Phase n +1 bzw. auf diejenige, die direkt von der Änderung in der Phase n betroffen ist und dem zweiten Effekt der Phase n+1 auf die Phase n+2 bzw. auf diejenige, die von der Änderung in der Phase n+1 betroffen ist. Der zweite (indirekte) Effekt lässt sich als Reinvestition der Einsparungen des ersten Effekts interpretieren.

Konsequenzen für die praktische Anwendung

Konsequenzen aus dem Prinzip der Beeinflussbarkeit des Planungsbedarfs ergeben sich in zweierlei Hinsicht: Erstens ist bei der Anwendung der Methodik mit dem falschen Gedanken eines feststehenden Planungsbedarfs umzugehen und zweitens ist für die Analyse zu berücksichtigen, welche Konsequenzen sich für die Motivation der beteiligten Mitarbeiter dadurch ergeben, dass der tatsächlich erbrachte Planungsaufwand der vorgelagerten Planungsphasen von dem subjektiv sinnvollen Planungsbedarf abweicht.

Der Gedanke eines feststehenden Planungsbedarfs widerspricht dem Prinzip des abnehmenden Grenznutzens und der Linearisierbarkeit, ist aber intuitiv nachvoll-

[407] Vgl. Abschnitt 9.1.1

ziehbar und für betroffene Mitarbeiter „angenehm".[408] Dieser Gedanke sollte entkräftet werden, und Mitarbeiter sind zu überzeugen, dass die Betrachtung eines Grenznutzens richtig und sinnvoll ist. Hierfür sind Beispiele von „besserer" oder „schlechterer" Planung geeignet, die veranschaulichen, dass es sowohl kleine Auswirkungen durch kleine Änderungen des Planungsaufwands als auch große Auswirkungen durch große Änderungen des Planungsaufwands geben kann.

Wird in einer Planungsphase festgestellt, dass die vorgelagerte Planung vom Idealfall abweicht, hat dies negative Konsequenzen auf die Motivation und damit die Leistung der Mitarbeiter: Wird festgestellt, dass überdurchschnittlich gut vorgearbeitet wurde, so wird dies überwiegend zum eigenen Vorteil genutzt werden, d. h. der eigene Planungsaufwand kann entsprechend reduziert werden. Wird dagegen festgestellt, dass unterdurchschnittlich gut vorgeplant wurde, so wird dies nur in seltenen Fällen vollständig durch eigene Anstrengung ausgeglichen, sondern es werden die Folgen der geringen Vorplanung zumindest teilweise weitergegeben. Eine Motivation zu einer besonders guten im Sinne von möglichst optimalen Planung und Planungsintensität ist in beiden Fällen nicht gegeben, da das Planungsergebnis, das der Planungsverantwortliche weitergibt, nicht nur von seiner Leistung, sondern maßgeblich auch von der Leistung der vorgelagerten Planungsphasen abhängt.

Sowohl in diesen beiden Fällen als auch im Fall, dass der vermeintliche Planungsbedarf genau getroffen wird, lässt sich der jeweilige getätigte Planungsumfang als Betriebspunkt annehmen, von dem aus alternative Planungsumfänge definiert werden können.[409]

9.1.6 Abgrenzung von Informationsverarbeitung und Entscheidung

In Abschnitt 2.1.1 wurde bereits die Unterschiedlichkeit der verschiedenen Planungsbegriffe dargelegt und als Grundlage der Arbeit die folgende Definition gewählt:

> „Planung ist ein geistiger Akt, der alle Überlegungen über die erstrebten Ziele sowie über die Mittel und Wege zu ihrer Erreichung umfaßt."[410]

Diese Definition wie auch weitere Definitionen umfassen sowohl die Informationsverarbeitung als auch das Treffen von Entscheidungen. In diesem Abschnitt wird die Abgrenzung der beiden Aspekte präzisiert.

Gemäß der obigen Definition nach KOSIOL umfasst die Planung im weiteren Sinn sowohl die Informationsverarbeitung, d. h. die Überlegung über die benötigten Mittel

---

[408] Auch HUNGENBERG, der eine Verringerung der Planungsinhalte fordert, geht zumindest davon aus, dass sich Planungsinhalte aus dem feststehenden Entscheidungsbedarf ableiten ließen. Vgl. Hungenberg (Optimierung von operativen Planungssystemen), 1993, S. 238. Diesem Verständnis wird auf Grund der beschriebenen Gründe nicht gefolgt.

[409] Vgl. „Business as usual" in Pyhrr (Zero-base budgeting), , S. 114 f.

[410] Vgl. Kosiol (Bausteine der Betriebswirtschaftslehre), 1973, S. 307

und Wege zu ihrer Beschaffung, als auch die Entscheidungsfindung, d. h. die erstrebten Ziele sowie Festlegung der Wege zu ihrer Erreichung.

Der Fokus der Arbeit liegt aber auf der Informationsverarbeitung als Prozess, der Aufwand erzeugt, der wiederum möglichst optimal angelegt sein sollte. Die Entscheidung kann dann als „punktförmig"[411] angesehen werden, wenn alle Bewertungsaktivitäten („welche Entscheidungsmöglichkeiten führen zu welchen Ergebnissen?") vorher, d. h. im Rahmen der Informationsverarbeitung durchdacht wurden.

Dieses Verständnis lässt sich auch dann anwenden, wenn kontinuierlich Entscheidungen zu treffen sind, wie es in administrativen Funktionen häufig der Fall ist. Dies soll an einem Beispiel erläutert werden:

- Zunächst wird ein bestimmtes Vorgehen oder mehrere Vorgehensweisen konzipiert.
- Das Vorgehen zeichnet sich dadurch aus, dass bestimmte Dinge festgelegt werden, da sich die Festlegung beispielsweise nicht verschieben lässt und bestimmte Dinge zu einem späteren Zeitpunkt festgelegt werden sollen, wobei auch der spätere Zeitpunkt nicht unbedingt schon feststehen muss.
- Die Bewertung (=Informationsverarbeitung) führt dann zu der Einschätzung, dass dieses Vorgehen das vermutlich Beste ist. Dies kann nach Konzeption eines Vorgehens oder auch nach Konzeption mehrerer Vorgehensweisen erfolgen.
- Dieses Vorgehen wird dann (in einer punktförmigen Entscheidung) beschlossen.
- Das beschlossene Vorgehen wird gestartet und im weiteren Prozessverlauf werden sowohl Informationen verarbeitet (wofür Aufwand investiert wird) als auch Entscheidungen getroffen (ohne hierfür Aufwand zu investieren).
- Jede der anschließenden Entscheidungen basiert wiederum auf einer mehr oder weniger aufwändigen Entscheidungsvorbereitung und jede Entscheidung zieht Konsequenzen für den nachfolgend aufzuwendenden Aufwand nach sich.
- Es kann auch vorkommen, dass bei der Informationsverarbeitung festgestellt wird, dass eine bereits getroffene Entscheidung unter Umständen revidiert werden müsste. Auch dann wird wiederum abgewogen, ob eine Revision nötig ist und anschließend eine entsprechende Entscheidung getroffen.

Das Vorgehen wird natürlich in der Praxis nicht in dieser Form durchdacht. Sowohl die Informationsverarbeitung zur Entscheidungsfindung als auch die Entscheidungsfindung selbst werden nicht unbedingt als solche definiert. Unsicherheiten werden meist nicht systematisch bewertet, sondern überwiegend intuitiv erfasst. Doch auch

[411] Der Begriff „punktförmig" sagt in diesem Zusammenhang aus, dass sämtliche Aktivitäten, die Zeit in Anspruch nehmen, als entscheidungsvorbereitend (vor dem Augenblick der Entscheidung) oder als umsetzungsvorbereitend (nach dem Augenblick der Entscheidung) interpretiert werden können.

diese realen Abfolgen entsprechen einzelnen Schritten des beschriebenen modellhaften Vorgehens.

Für die Anwendung des Bewertungsmodells ist es aber von Bedeutung, die Planung im hier beschriebenen Sinne als Aufwand zu verstehen und Aufwand einerseits von der Entscheidungsfindung andererseits klar zu trennen.

9.1.7 Definition von Bilanzhüllen

Im Gegensatz zu existierenden Modellen geht das in dieser Arbeit entwickelte Modell des Planungsnutzens davon aus, dass auf *jeder* Planungsebene eine Festlegung bzgl. des Umfangs an aufgewendeter Planung getroffen wird. Um Begrifflichkeiten der Regelungstechnik zu benutzen: Jede Planungsebene stellt einen Regler dar und gleichzeitig sieht jeder dieser Regler alle nachfolgenden Planungsphasen als Regelstrecke an. Das kann nur funktionieren, wenn die Regelung zentral koordiniert wird und damit nicht mehr jeder Regler „machen kann, was er will", sondern seine Regelungsfunktion an den Rahmenbedingungen ausrichtet, die die vorgelagerten Planungsebenen vorgeben.

Um dies bei der Auslegung der „Regler" umsetzen zu können, ist eine Variation der Bilanzgrenzen notwendig: Die erste Planungsphase muss alle nachfolgenden Phasen, ihre Anforderungen sowie deren Möglichkeiten einer möglichst optimalen Auslegung berücksichtigen. Ist die Planungstiefe der ersten Phase festgelegt, kann die Auslegung der zweiten Phase beginnen und so weiter. Damit ergibt sich in jeder Phase des Planungsprozesses analog zu jeder Ebene der Regelstrecke eine Optimierung. Es stellt sich dann die Frage nach der Komplexität des Gesamtprozesses: Ein Großteil von Problemen kann daher rühren, dass die Planung in späten Phasen sehr komplex ist. Idealerweise berücksichtigt die frühe Phase nun die voraussichtliche Komplexität der Planung der späten Phase und die Planung der späten Phase wählt dann wiederum die eigene Komplexität optimal.

In der Anwendung der Methodik bedeutet das, dass bei der Festlegung des Umfangs an Planungsaufwand einer jeden Planungsebene die Bilanzhülle so gelegt wird, dass alle Planungsebenen enthalten sind, die vom Umfang an eigener Planung betroffen sind. Dies werden im Normalfall alle Planungsebenen sein, die auf die zu optimierende Ebene folgen, einschließlich dieser selbst.

Damit hat die erste Planungsebene, beispielsweise die Festlegung der anzubietenden Produkte bzw. Werkzeuge, den gesamten Auftragsabwicklungsprozess zu berücksichtigen. Eine der späten Planungsphasen, beispielsweise die Montagesteuerung, muss dagegen nur noch auf die Situation der Montage, des Try-outs, möglicher Nacharbeit sowie der Inbetriebnahme eingehen.

9.1.8 Definition eines Betriebspunkts

Als Betriebspunkt wird die Gleichgewichtssituation der Verteilung von Planungsaufwand auf die einzelnen Phasen der Planung bzw. die Kombination der Planungsaufwände aller Phasen bezeichnet. Die Bezeichnung ist vor dem Hintergrund von Bedeutung, dass jede Änderung des Planungsaufwands einer Phase zu Veränderungen der folgenden Phasen führt. Nachdem alle Phasen ihren jeweiligen Aufwand an die neuen Rahmenbedingungen angepasst haben, ergibt sich dann ein neuer Betriebspunkt.

Mathematisch lässt sich ein Betriebspunkt in der Form eines Vektors beschreiben, bei dem der Aufwand jeder Phase die Ausprägung der entsprechenden Dimension bestimmt. In dieser Form lassen sich die verschiedenen Allokationen des Planungsaufwands darstellen und als Grundlage der Bewertung des damit verbundenen Gesamtaufwands nutzen.

Während das Prinzip des Betriebspunkts als Ausgangspunkt der Definition von Veränderungen wichtig ist, gehen die Entwicklung der alternativen Szenarien deutlich darüber hinaus und benötigen die Bewertung des Grenznutzens des Planungsaufwands.

9.1.9 Nutzung frei werdender Kapazität bei besserer Vorplanung

Durch eine bessere Vorplanung ergibt sich in folgenden Phasen eine Verringerung an Aufwand, während sich durch einen geringeren Aufwand für die Planung in frühen Phasen eine Erhöhung des Aufwands in folgenden Phasen ergibt. Für beide Fälle ist in der späteren Phase zu entscheiden, ob der ursprüngliche Umfang an Aufwand dieser späteren Phase nach wie vor aufgebracht werden sollte und damit die positiven oder negativen Veränderungen von dieser späteren auf weitere folgende Phasen weitergereicht werden, oder ob durch eine Anpassung des Aufwands der späteren Phase die Auswirkungen der Veränderungen in früheren Phasen nur auf die eigene Phase begrenzt werden sollen.

In jedem Fall wird die beschriebene Entscheidung getroffen, sei es explizit oder implizit. Eine explizite Entscheidung bedeutet, dass schon bei der Festlegung des Planungsaufwands, der zu den späteren Aufwandseinsparungen geführt hat, über diese spätere Phase mit entschieden wird. Dies erfolgt dann sinnvoller Weise durch diejenigen Verantwortlichen, die auch den verursachenden Planungsumfang festgelegt haben. Wenn die Entscheidung implizit getroffen wird, so wird sich in der Regel eine Verteilung des Nutzens sowohl auf die direkt betroffene als auch auf spätere Phasen ergeben. Das bedeutet, dass sowohl spätere Phasen von dem weitergegebenen Planungsnutzen profitieren, als auch dass die direkt betroffene Phase selbst einen Teil des Nutzens „abschöpft" und sich auf der guten Vorarbeit „ausruht".

Die Unterscheidung ist immer dann hinfällig, wenn nach der Festlegung des Aufwands in den vor- auch die Festlegung des Aufwands in den nachgelagerten Phasen mit Hilfe der Methodik durchgeführt wird. Die Entscheidung über die Verwendung des größeren Planungsnutzens wird dann bei dieser nachgelagerten Bewertung mit berücksichtigt.

9.2 Übersicht über Planungsaufgaben

Im Folgenden sind empirisch gefundene Aufgaben im Werkzeugbau aufgelistet. Die Liste kann weder vollständig noch einheitlich detailliert sein, liefert aber einen Überblick über real auftretende Aufgaben im Werkzeugbau.

9.2.1 Auftragsakquisition

Vertrieb

- Anfragenbearbeitung
- Angebotserstellung
- Angebotsverfolgung
- Abstimmung und Beratung mit Kunden
- Angebotsumwandlung in Auftrag
- Festlegung der Anzahl der Arbeitsschritte
- Fremdvergabeentscheidung
- Bestellung und Terminierung von Kaufteilen

Kalkulation

- Vorkalkulation
- Kostenbestimmung
- Übertragung des Lasten- ins Pflichtenheft
- Zwischenkalkulation

9.2.2 Projektmanagement

- Abstimmung und Beratung
- Auftragsgrobplanung
- Auftragsprüfung und Freigabe
- Projektablaufkontrolle/ -steuerung
- Lieferantenbewertung
- Organisation und Durchführung eines Kick-offs
- Einkauf und Materialdisposition
- Troubleshooting

9.2.3 Werkzeugentwicklung

Methodenplanung

- Festlegung des technologischen Werkzeugkonzepts
- FEM-Simulation
- Durchlaufplanerstellung

Konstruktion

- Abstimmung und Beratung
- Feinterminierung der Konstruktionsschritte
- Auftragsklärung
- Planung der Konstruktionskapazitäten
- Erstellung der Fertigungsunterlagen (teilweise durch Konstruktion, häufiger durch Arbeitsplanung)
- Konstruktion von Fertigungshilfsmitteln für die Werkzeugherstellung
- Durchführung von FMEAs
- Werkzeug-Analyse
- Kontrolle von Konstruktionen
- Ausdetaillierung der Konstruktion
- Abstimmung mit Einkauf
- Lasten- und Pflichtenhefterstellung
- Umsetzungsprüfung (teilweise durch Konstruktion, teilweise durch Arbeitsvorbereitung)
- Musterbau

9.2.4 Arbeitsplanung

Arbeitsvorbereitung

- Umsetzungsprüfung (teilweise durch Konstruktion, teilweise durch Arbeitsvorbereitung)
- Stücklistenumwandlung (Konstruktions- in Fertigungsstückliste)
- Durchführung einer Auftragsstartsitzung
- Erstellung der Arbeitspläne
- Technische Beschaffung, Materialdisposition
- Kapazitätsplanung
- Grobterminierung der Fertigung

- Personaleinsatzplanung
- Troubleshooting

NC-Programmierung

- Festlegung der Fertigungsschritte
- Programmierung
- Freigabe der Fertigungsaufträge

9.2.5 Werkzeugproduktion

Mechanische Fertigung der Werkzeugeinzelteile

- Feinterminierung
- Abstimmung mit dem Einkauf
- Materialdisposition
- Erstellung von Einzelarbeitsplänen
- Priorisierung und Terminierung
- Troubleshooting

Werkzeugmontage

- Ablaufplanung
- Feinabstimmung der Reihenfolge der Montage
- Arbeitsplatzgestaltung
- Vollständigkeitsprüfung
- Funktionsprüfung
- Troubleshooting (organisatorisch)
- Fehlerbehebung (technisch)
- Priorisierung und Terminierung

Try-out, Erprobung

- Mustern, Fehlerdokumentation
- Planung der Erprobung
- Erprobung auf Serienpresse
- Übergabe an Serienfertigung

9.3 Lebenslauf

Name:	Florian Giehler
Geburtsdatum:	05.10.1979
Geburtsort:	Duisburg
Familienstand:	ledig

Ausbildung/ Wehrdienst

08/86 → 06/99	Besuch der Freien Waldorfschule Mülheim an der Ruhr (Abschluss Abitur)
09/99 → 06/00	Wehrdienst

Studium

10/00 → 09/05	Studium des Maschinenbaus an der RWTH Aachen, Vertiefungsrichtung Fertigungstechnik (Abschluss Dipl.-Ing.)
04/04 → 09/06	Studium des „Wirtschaftswissenschaftlichen Zusatzstudiums" an der RWTH Aachen (Abschluss Dipl.-Wirt. Ing.)

Praktika/ Berufserfahrung vor Abschluss des Studiums

06/99 → 10/01	14 Wochen Grundpraktika in verschiedenen metallverarbeitenden Unternehmen
11/03 → 04/04	Studienarbeit „Klassifizierung von Deviationen und deren Lösungsansätzen bei Produktionsanläufen in der Automobilindustrie" (Ford Werke AG, Köln)
04/04 → 07/04	Studentische Hilfskraft am WZL der RWTH Aachen Themen Kooperationsmanagement und Wertschöpfungsgestaltung
09/04 → 12/04	12 Wochen Fachpraktikum: Porsche Consulting GmbH, Bietigheim-Bissingen
04/05 → 09/05	Diplomarbeit „Erarbeitung eines Konzepts zur Erhöhung der Planungsgenauigkeit bei Produktionsanläufen in der Automobilindustrie" (Adam Opel AG, Rüsselsheim)

Berufserfahrung

10/05 → 02/10	Wissenschaftlicher Mitarbeiter am Werkzeugmaschinenlabor WZL der RWTH Aachen (Lehrstuhl für Produktionssystematik, Abteilung Unternehmensentwicklung, Gruppe Prozessmanagement)
01/08 → 02/10	Leitung der Gruppe Prozessmanagement der Abteilung Unternehmensentwicklung am WZL
Seit 04/10	Programm-Manager Werksverbund, MAN Nutzfahrzeuge AG, München